TURING 图灵程序设计丛书

U0377448

OpenCV 3 Computer Vision
Application Programming Cookbook, Third Edition

OpenCV
计算机视觉编程攻略

（第3版）

[加] Robert Laganière 著

相银初 译

人民邮电出版社
北京

图书在版编目（CIP）数据

OpenCV计算机视觉编程攻略：第3版 /（加）罗伯特·
拉戈尼尔著；相银初　译. -- 北京：人民邮电出版社，
2018.5（2023.8重印）
（图灵程序设计丛书）
ISBN 978-7-115-48093-4

Ⅰ. ①O… Ⅱ. ①罗… ②相… Ⅲ. ①图象处理软件—
程序设计 Ⅳ. ①TP391.413

中国版本图书馆CIP数据核字(2018)第052734号

内 容 提 要

本书结合 C++ 和 OpenCV 全面讲解计算机视觉编程，不仅涵盖计算机视觉和图像处理的基础知识，而且通过完整示例讲解 OpenCV 的重要类和函数。主要内容包括 OpenCV 库的安装和部署、图像增强、像素操作、图形分析等各种技术，并且详细介绍了如何处理来自文件或摄像机的视频，以及如何检测和跟踪移动对象。

第 3 版针对 OpenCV 最新版本进行了修改，调整了很多函数和算法说明，还增加加了立体图像深度检测、运动目标跟踪、人脸识别、人脸定位、行人检测等内容，适合计算机视觉新手、专业软件开发人员、学生以及所有想要了解图像处理和计算机视觉技术的人员学习参考。

◆ 著　　　 [加] Robert Laganière
　　译　　　 相银初
　　责任编辑　朱　巍
　　执行编辑　夏静文
　　责任印制　周昇亮
◆ 人民邮电出版社出版发行　　北京市丰台区成寿寺路11号
　　邮编　100164　　电子邮件　315@ptpress.com.cn
　　网址　http://www.ptpress.com.cn
　　三河市君旺印务有限公司印刷
◆ 开本：800×1000　1/16
　　印张：20.25　　　　　　　　2018年 5 月第 1 版
　　字数：479千字　　　　　　　2023年 8 月河北第 18 次印刷
　　　　著作权合同登记号　图字：01-2017-2566号

定价：79.00元
读者服务热线：(010)84084456-6009　印装质量热线：(010)81055316
反盗版热线：(010)81055315
广告经营许可证：京东市监广登字 20170147 号

版权声明

译　者　序

计算机视觉：人工智能的眼睛

如今科技界最热门的词语，非人工智能莫属。人工智能就是要让机器跟人一样，能听懂，能看懂，会思考。在这些技能中，"看懂"是最重要的，因为不管是在现实世界还是网络空间中，大部分信息都是通过视觉获取的。"一图胜千言"说的就是这个道理。如果看不懂外部世界，不能感知外部场景的变化并做出反应，是很难称为"智能"的。

计算机视觉就是人工智能的眼睛，是机器认识世界、感知变化的窗口，让机器能真正看懂外部世界。在工商业领域，计算机视觉的应用越来越多，比如人们用它来识别图片或视频中有没有人，判断图中的人是谁，判断前方有没有车辆或行人、有什么交通标志，等等。

本书特色

本书全面而系统地介绍了计算机视觉领域最著名的开源程序库——OpenCV。本书不只是简单列出了各种函数和类，而是由浅入深地介绍了 OpenCV 及有关算法，并通过详细的实用案例，让读者从零开始学习计算机视觉和 OpenCV，真正掌握相关程序的开发方法。

通过阅读本书，你将了解计算机视觉的基础知识，知道有关算法的来龙去脉，掌握 OpenCV 的总体架构和常用功能，学会用 OpenCV 解决具体问题。本书将带你进入图像和视频分析的世界，揭开图像识别、三维重建、目标跟踪、人脸识别等技术的神秘面纱。

第 3 版简介

这几年计算机视觉领域发展迅猛，OpenCV 也在持续升级。本书第 3 版针对 OpenCV 最新版本进行了修改，调整了很多函数和算法说明，还增加了立体图像深度检测、运动目标跟踪、人脸识别、人脸定位、行人检测等内容。

致谢

本书的翻译得到了朱巍老师的支持和帮助，在此表示感谢。由于本人水平有限，书中难免有疏忽和错误，恳请读者朋友们批评指正。

2018 年 1 月于深圳

前　言

如今，计算机视觉和图像分析技术的应用越来越广泛，例如增强现实、辅助驾驶、视频监控等，但是要让计算机真正看懂现实世界，还有大量的工作要做。随着高性能又廉价的计算设备和视觉传感器的出现，创建复杂的图像处理程序比以往任何时候都要容易。虽然在图像和视频处理领域有很多软件工具和库可以选用，但如果想开发出智能的计算机视觉程序，OpenCV 是很好的选择。

OpenCV（Open source Computer Vision）是一个开源程序库，包含了 500 多个用于图像和视频分析的优化算法。该程序库建立于 1999 年，目前在计算机视觉领域的研发人员社区中非常流行，被用作主要开发工具。OpenCV 最初由英特尔公司的 Gary Bradski 带领一个小组开发，其目的是推动计算机视觉的研究，促进基于大量视觉处理、CPU 密集型应用程序的开发。在一系列 beta 版本后，1.0 版于 2006 年发布。第二个重要版本是 2009 年发布的 OpenCV 2，它做了一些重要改动，特别是本书所用的新 C++接口。OpenCV 于 2012 年改组为一个非营利基金会（http://opencv.org/），依靠众筹进行后续开发。

OpenCV 在 2013 年升级到 OpenCV 3，主要的变化是提升了易用性。此外，OpenCV 的结构也有所调整，去掉了一些不必要的依赖项，一些较大的模块被分割成多个小模块，还简化了 API。本书为《OpenCV 计算机视觉编程攻略》的第 3 版，首次引入了 OpenCV 3 的内容，并且对旧版本中的所有编程方法进行了审核和更新，还增加了很多新内容以更全面地覆盖程序库的主要功能点。本书介绍了程序库的很多功能，并且讲述了如何使用这些功能完成特定的任务，这样做并不是为了详细罗列 OpenCV 中的所有函数和类，而是为读者提供从零起步开发应用的方法。本书还探讨了图像分析的基本概念，介绍了计算机视觉的一些重要算法。

本书将带你走进图像和视频分析的世界，但这只是个开始，因为 OpenCV 还在不断地演变和扩展。你可以访问 OpenCV 的在线文档（http://opencv.org/）获取最新资料，也可以访问本书作者的个人网站 www.laganiere.name 了解有关本书的最新信息。

内容速览

第 1 章将介绍 OpenCV 库，演示如何构建一个可以读取并显示图像的简单应用，并介绍基本的 OpenCV 数据结构。

第 2 章将解释读取图像的过程，描述扫描图像的不同方法，让你能在每一个像素上执行操作。

第 3 章涵盖各种面向对象设计模式的使用案例，这些设计模式能帮助你更好地构建计算机视觉程序。这一章也将讨论图像中有关颜色的概念。

第 4 章将解释如何计算图像的直方图，以及如何用直方图修改图像。这一章还将介绍基于直方图的各种应用，包括图像分割、目标检测和图像检索。

第 5 章将探讨数学形态学的概念，展示不同的算子，并解释如何用这些算子检测图像中的边界、角点和区段。

第 6 章将讲解频率分析和图像滤波的原理，介绍低通滤波器和高通滤波器在图像处理中的应用，并介绍导数算子的概念。

第 7 章将重点介绍几何图像特征的检测方法，解释如何提取图像中的轮廓、直线和连续区域。

第 8 章将介绍图像的几种特征点检测器。

第 9 章将解释如何计算兴趣点描述子，并用其在图像之间匹配兴趣点。

第 10 章将探讨同一场景中两个图像之间的投影关系，以及如何从图像中检测出特定的目标。

第 11 章将介绍如何重构三维场景，即利用多个图像重构某个场景的三维元素，并还原出相机的姿态。本章还将讲解相机标定的过程。

第 12 章将提出一个读写视频序列和处理帧的框架，并且展示如何提取在摄像机前移动的前景物体。

第 13 章将介绍跟踪运动目标的方法，包括如何计算视频中的表观运动，如何跟踪图像序列中的运动物体。

第 14 章将介绍机器学习的基本概念，并利用图像样本构建物体分类器。

阅读须知

本书基于 OpenCV 库的 C++ API 展开介绍，因此你需要有使用 C++语言的经验。另外，你还需要一个良好的 C++开发环境以便运行和试用书中的例子，常用的开发环境有 Microsoft Visual Studio 和 Qt。

读者对象

本书适合准备用 OpenCV 库开发计算机视觉应用的 C++初学者，也适合想了解计算机视觉编程概念的专业软件开发人员。本书可作为大学计算机视觉课程的教材，也是一本非常优秀的参考书，可供图像处理和计算机视觉方面的研究生和科研人员使用。

小标题

本书将经常用到一些小标题（准备工作、如何实现、实现原理、扩展阅读、参阅）。为便于理解，对小标题的使用做出以下约定。

准备工作

这部分将对准备实现的功能做简要介绍，建立所需的软件环境并进行初步设置。

如何实现

这部分将讲解实现该功能的具体步骤。

实现原理

这部分将详细解释该功能的内部原理。

扩展阅读

这部分是补充知识，以便读者深入理解相关知识点。

参阅

这部分将列出一些相关的网址。

排版规范

本书使用不同的文本样式区分不同类型的内容，下面是一些样式示例和相关说明。

程序代码、数据库的表、用户输入等内容以这种格式显示："可以用 include 指令包含额外的内容。"

代码块的格式为：

```
// 用 LaplacianZC 类计算拉普拉斯值
LaplacianZC laplacian;
laplacian.setAperture(7); // 7×7 拉普拉斯算子
cv::Mat flap= laplacian.computeLaplacian(image);
laplace= laplacian.getLaplacianImage();
```

需要特别注意的代码行，用加粗字体表示：

```
// 用 LaplacianZC 类计算拉普拉斯值
LaplacianZC laplacian;
laplacian.setAperture(7); // 7×7 拉普拉斯算子
cv::Mat flap= laplacian.computeLaplacian(image);
laplace= laplacian.getLaplacianImage();
```

新名词和重要内容会用**黑体字**表示。屏幕上菜单或对话框的显示形式为："点击**下一步**进入下个页面。"

读者反馈

我们一贯欢迎读者的反馈意见。请告诉我们你对本书的看法，喜欢或不喜欢哪些内容。这些反馈能帮助我们创作出真正对读者有所裨益的内容。

一般性的反馈意见，请直接发邮件到 feedback@packtpub.com，并在邮件标题中注明书名。

如果你是某一方面的专家并愿意参与写作或合作著书，请访问 www.packtpub.com/authors 查看作者指南。

客户支持

现在你已经拥有了一本由 Packt 出版的书，为了让你的付出得到最大的回报，我们还为你提供了其他许多方面的服务，请注意以下信息。

下载代码

你可以用 http://www.packpub.comd 的账号下载本书代码[①]。如果你是从其他地方购买的本书英文版，那么可以访问 http://www. packtpub.com/support 并注册，然后会通过邮件接收到文件。

下载代码文件的步骤如下所示。

---

① 本书中文版的读者可免费注册 iTuring.cn，至本书页面（http://www.ituring.com.cn/book/1962）下载。——编者注

(1) 使用 E-mail 和密码登录网站。

(2) 鼠标移动到 SUPPORT 标签。

(3) 点击 Code Downloads & Errata。

(4) 根据书名搜索。

(5) 选择需要下载代码的图书。

(6) 在下拉列表中选择图书的购买方式。

(7) 点击 Code Download。

也可以在 Packt Publishing 网站搜索本书，进入本书页面后点击 Code Files 下载代码。注意，登录后才能进行有关操作。

可以用以下工具解压代码：

❑ WinRAR / 7-Zip (Windows)；

❑ Zipeg / iZip / UnRarX (Mac)；

❑ 7-Zip / PeaZip (Linux)。

此外还可以在 https://github.com/PacktPublishing/OpenCV3-Computer-Vision-Application-Programming-Cookbook-Third-Edition 下载代码。https://github.com/PacktPublishing/上还有其他图书的代码，欢迎下载。

访问本书作者的代码库 https://github.com/laganiere 也能下载到最新代码。

下载书中的彩色图片

为方便读者理解输出中的变化，我们已将书中用到的截图、图表等彩色图片做成了一个 PDF 文件。要下载该 PDF 文件，可以访问 https://www.packtpub.com/sites/default/files/downloads/OpenCV3ComputerVisionApplicationProgrammingCookbookThirdEditionColorImages.pdf。

勘误

我们已经尽最大努力确保内容准确，但错误仍在所难免。如果你发现书中有错（文字或代码错误），请告诉我们，这可免于让其他读者产生困惑，也可帮助我们在后续版本中加以改进。发现错误后，请访问 http://www.packtpub.com/submit-errata，选择对应的图书，点击链接 errata submission form（提交勘误表[①]）登记错误详情。勘误通过核实后，你提交的错误信息会上传到网站或添加到该书已有的勘误表中。你可以在 http://www.packtpub.com/support 中通过书名查看已有的勘误表。

----

① 中文版勘误请至本书页面（http://www.ituring.com.cn/book/1962）查看和提交。——编者注

举报盗版

　　网络盗版是个老问题了。Packt 非常重视版权和许可。如果你在网上见到我们作品的任何形式的非法复制品，请将网址或网站名称及时告知我们，以便我们采取补救措施。

　　请将疑似盗版内容的链接发送到 copyright@packtpub.com。

　　非常感谢你的帮助，这不仅将保护作者权益，也让我们有能力为大家提供有价值的内容。

疑难解答

　　如果你有关于本书的任何疑问，请通过 questions@packtpub.com 联系我们，我们会尽力解决。

电子书

　　扫描如下二维码，即可购买本书电子版。

目　　录

第 1 章　图像编程入门 ……………………… 1

1.1　简介 …………………………………… 1

1.2　安装 OpenCV 库 ……………………… 1

1.2.1　准备工作 …………………………… 1

1.2.2　如何实现 …………………………… 2

1.2.3　实现原理 …………………………… 4

1.2.4　扩展阅读 …………………………… 5

1.2.5　参阅 ………………………………… 6

1.3　装载、显示和存储图像 ……………… 6

1.3.1　准备工作 …………………………… 6

1.3.2　如何实现 …………………………… 6

1.3.3　实现原理 …………………………… 8

1.3.4　扩展阅读 …………………………… 9

1.3.5　参阅 ……………………………… 11

1.4　深入了解 cv::Mat ………………… 11

1.4.1　如何实现 ………………………… 11

1.4.2　实现原理 ………………………… 13

1.4.3　扩展阅读 ………………………… 16

1.4.4　参阅 ……………………………… 17

1.5　定义感兴趣区域 …………………… 17

1.5.1　准备工作 ………………………… 17

1.5.2　如何实现 ………………………… 17

1.5.3　实现原理 ………………………… 18

1.5.4　扩展阅读 ………………………… 18

1.5.5　参阅 ……………………………… 19

第 2 章　操作像素 ………………………… 20

2.1　简介 ………………………………… 20

2.2　访问像素值 ………………………… 21

2.2.1　准备工作 ………………………… 21

2.2.2　如何实现 ………………………… 21

2.2.3　实现原理 ………………………… 23

2.2.4　扩展阅读 ………………………… 24

2.2.5　参阅 ……………………………… 24

2.3　用指针扫描图像 …………………… 24

2.3.1　准备工作 ………………………… 25

2.3.2　如何实现 ………………………… 25

2.3.3　实现原理 ………………………… 26

2.3.4　扩展阅读 ………………………… 27

2.3.5　参阅 ……………………………… 31

2.4　用迭代器扫描图像 ………………… 31

2.4.1　准备工作 ………………………… 31

2.4.2　如何实现 ………………………… 31

2.4.3　实现原理 ………………………… 32

2.4.4　扩展阅读 ………………………… 33

2.4.5　参阅 ……………………………… 33

2.5　编写高效的图像扫描循环 ………… 33

2.5.1　如何实现 ………………………… 34

2.5.2　实现原理 ………………………… 34

2.5.3　扩展阅读 ………………………… 36

2.5.4　参阅 ……………………………… 36

2.6　扫描图像并访问相邻像素 ………… 36

2.6.1　准备工作 ………………………… 36

2.6.2　如何实现 ………………………… 36

2.6.3　实现原理 ………………………… 38

2.6.4　扩展阅读 ………………………… 38

2.6.5　参阅 ……………………………… 39

2.7　实现简单的图像运算 ……………… 39

2.7.1　准备工作 ………………………… 39

2.7.2　如何实现 ………………………… 40

2.7.3　实现原理 ………………………… 40

2.7.4　扩展阅读 ………………………… 41

2.8　图像重映射 ············42
   2.8.1　如何实现 ········42
   2.8.2　实现原理 ········43
   2.8.3　参阅 ············44

第3章　处理图像的颜色 ········45
3.1　简介 ················45
3.2　用策略设计模式比较颜色 ····45
   3.2.1　如何实现 ········46
   3.2.2　实现原理 ········47
   3.2.3　扩展阅读 ········50
   3.2.4　参阅 ············53
3.3　用GrabCut算法分割图像 ···53
   3.3.1　如何实现 ········54
   3.3.2　实现原理 ········56
   3.3.3　参阅 ············56
3.4　转换颜色表示法 ········56
   3.4.1　如何实现 ········57
   3.4.2　实现原理 ········58
   3.4.3　参阅 ············59
3.5　用色调、饱和度和亮度表示颜色 ···59
   3.5.1　如何实现 ········59
   3.5.2　实现原理 ········61
   3.5.3　拓展阅读 ········64
   3.5.4　参阅 ············66

第4章　用直方图统计像素 ·····67
4.1　简介 ················67
4.2　计算图像直方图 ········67
   4.2.1　准备工作 ········68
   4.2.2　如何实现 ········68
   4.2.3　实现原理 ········72
   4.2.4　扩展阅读 ········72
   4.2.5　参阅 ············74
4.3　利用查找表修改图像外观 ···74
   4.3.1　如何实现 ········74
   4.3.2　实现原理 ········75
   4.3.3　扩展阅读 ········76
   4.3.4　参阅 ············78
4.4　直方图均衡化 ··········78

4.4.1　如何实现 ········78
   4.4.2　实现原理 ········79
4.5　反向投影直方图检测特定图像内容 ···79
   4.5.1　如何实现 ········80
   4.5.2　实现原理 ········81
   4.5.3　扩展阅读 ········82
   4.5.4　参阅 ············84
4.6　用均值平移算法查找目标 ···85
   4.6.1　如何实现 ········85
   4.6.2　实现原理 ········87
   4.6.3　参阅 ············88
4.7　比较直方图搜索相似图像 ···88
   4.7.1　如何实现 ········88
   4.7.2　实现原理 ········90
   4.7.3　参阅 ············90
4.8　用积分图像统计像素 ·····91
   4.8.1　如何实现 ········91
   4.8.2　实现原理 ········92
   4.8.3　扩展阅读 ········93
   4.8.4　参阅 ············99

第5章　用形态学运算变换图像 ···100
5.1　简介 ···············100
5.2　用形态学滤波器腐蚀和膨胀图像 ···100
   5.2.1　准备工作 ·······101
   5.2.2　如何实现 ·······101
   5.2.3　实现原理 ·······102
   5.2.4　扩展阅读 ·······103
   5.2.5　参阅 ···········104
5.3　用形态学滤波器开启和闭合图像 ···104
   5.3.1　如何实现 ·······104
   5.3.2　实现原理 ·······105
   5.3.3　参阅 ···········106
5.4　在灰度图像中应用形态学运算 ···106
   5.4.1　如何实现 ·······106
   5.4.2　实现原理 ·······107
   5.4.3　参阅 ···········108
5.5　用分水岭算法实现图像分割 ···108
   5.5.1　如何实现 ·······109
   5.5.2　实现原理 ·······111

5.5.3 扩展阅读 ……………… 112

5.5.4 参阅 …………………… 114

5.6 用 MSER 算法提取特征区域 …… 114

5.6.1 如何实现 ……………… 114

5.6.2 实现原理 ……………… 116

5.6.3 参阅 …………………… 118

第 6 章 图像滤波 ……………… 119

6.1 简介 ………………………… 119

6.2 低通滤波器 …………………… 120

6.2.1 如何实现 ……………… 120

6.2.2 实现原理 ……………… 121

6.2.3 参阅 …………………… 123

6.3 用滤波器进行缩减像素采样 …… 124

6.3.1 如何实现 ……………… 124

6.3.2 实现原理 ……………… 125

6.3.3 扩展阅读 ……………… 126

6.3.4 参阅 …………………… 127

6.4 中值滤波器 …………………… 128

6.4.1 如何实现 ……………… 128

6.4.2 实现原理 ……………… 129

6.5 用定向滤波器检测边缘 ……… 129

6.5.1 如何实现 ……………… 130

6.5.2 实现原理 ……………… 132

6.5.3 扩展阅读 ……………… 135

6.5.4 参阅 …………………… 136

6.6 计算拉普拉斯算子 …………… 136

6.6.1 如何实现 ……………… 137

6.6.2 实现原理 ……………… 138

6.6.3 扩展阅读 ……………… 141

6.6.4 参阅 …………………… 142

第 7 章 提取直线、轮廓和区域 … 143

7.1 简介 ………………………… 143

7.2 用 Canny 算子检测图像轮廓 …… 143

7.2.1 如何实现 ……………… 143

7.2.2 实现原理 ……………… 145

7.2.3 参阅 …………………… 146

7.3 用霍夫变换检测直线 ………… 146

7.3.1 准备工作 ……………… 146

7.3.2 如何实现 ……………… 147

7.3.3 实现原理 ……………… 151

7.3.4 扩展阅读 ……………… 153

7.3.5 参阅 …………………… 155

7.4 点集的直线拟合 ……………… 155

7.4.1 如何实现 ……………… 155

7.4.2 实现原理 ……………… 157

7.4.3 扩展阅读 ……………… 158

7.5 提取连续区域 ………………… 158

7.5.1 如何实现 ……………… 159

7.5.2 实现原理 ……………… 160

7.5.3 扩展阅读 ……………… 161

7.6 计算区域的形状描述子 ……… 161

7.6.1 如何实现 ……………… 162

7.6.2 实现原理 ……………… 163

7.6.3 扩展阅读 ……………… 164

第 8 章 检测兴趣点 …………… 166

8.1 简介 ………………………… 166

8.2 检测图像中的角点 …………… 166

8.2.1 如何实现 ……………… 167

8.2.2 实现原理 ……………… 171

8.2.3 扩展阅读 ……………… 172

8.2.4 参阅 …………………… 174

8.3 快速检测特征 ………………… 174

8.3.1 如何实现 ……………… 174

8.3.2 实现原理 ……………… 175

8.3.3 扩展阅读 ……………… 176

8.3.4 参阅 …………………… 178

8.4 尺度不变特征的检测 ………… 178

8.4.1 如何实现 ……………… 179

8.4.2 实现原理 ……………… 180

8.4.3 扩展阅读 ……………… 181

8.4.4 参阅 …………………… 183

8.5 多尺度 FAST 特征的检测 …… 183

8.5.1 如何实现 ……………… 183

8.5.2 实现原理 ……………… 184

8.5.3 扩展阅读 ……………… 185

8.5.4 参阅 …………………… 186

第 9 章　描述和匹配兴趣点 ┄┄┄┄ 187

9.1　简介 ┄┄┄┄┄┄┄┄┄┄┄ 187

9.2　局部模板匹配 ┄┄┄┄┄┄ 187

　　9.2.1　如何实现 ┄┄┄┄┄ 188

　　9.2.2　实现原理 ┄┄┄┄┄ 190

　　9.2.3　扩展阅读 ┄┄┄┄┄ 191

　　9.2.4　参阅 ┄┄┄┄┄┄┄ 192

9.3　描述并匹配局部强度值模式 ┄ 192

　　9.3.1　如何实现 ┄┄┄┄┄ 193

　　9.3.2　实现原理 ┄┄┄┄┄ 195

　　9.3.3　扩展阅读 ┄┄┄┄┄ 196

　　9.3.4　参阅 ┄┄┄┄┄┄┄ 199

9.4　用二值描述子匹配关键点 ┄ 199

　　9.4.1　如何实现 ┄┄┄┄┄ 199

　　9.4.2　实现原理 ┄┄┄┄┄ 200

　　9.4.3　扩展阅读 ┄┄┄┄┄ 201

　　9.4.4　参阅 ┄┄┄┄┄┄┄ 202

第 10 章　估算图像之间的投影关系 ┄ 203

10.1　简介 ┄┄┄┄┄┄┄┄┄ 203

10.2　计算图像对的基础矩阵 ┄ 205

　　10.2.1　准备工作 ┄┄┄┄ 205

　　10.2.2　如何实现 ┄┄┄┄ 206

　　10.2.3　实现原理 ┄┄┄┄ 208

　　10.2.4　参阅 ┄┄┄┄┄┄ 209

10.3　用 RANSAC（随机抽样一致性）
　　　算法匹配图像 ┄┄┄┄┄ 209

　　10.3.1　如何实现 ┄┄┄┄ 209

　　10.3.2　实现原理 ┄┄┄┄ 212

　　10.3.3　扩展阅读 ┄┄┄┄ 213

10.4　计算两幅图像之间的单应矩阵 ┄ 214

　　10.4.1　准备工作 ┄┄┄┄ 214

　　10.4.2　如何实现 ┄┄┄┄ 215

　　10.4.3　实现原理 ┄┄┄┄ 217

　　10.4.4　扩展阅读 ┄┄┄┄ 218

　　10.4.5　参阅 ┄┄┄┄┄┄ 219

10.5　检测图像中的平面目标 ┄ 219

　　10.5.1　如何实现 ┄┄┄┄ 219

　　10.5.2　实现原理 ┄┄┄┄ 221

　　10.5.3　参阅 ┄┄┄┄┄┄ 224

第 11 章　三维重建 ┄┄┄┄┄┄ 225

11.1　简介 ┄┄┄┄┄┄┄┄┄ 225

11.2　相机标定 ┄┄┄┄┄┄┄ 226

　　11.2.1　如何实现 ┄┄┄┄ 227

　　11.2.2　实现原理 ┄┄┄┄ 230

　　11.2.3　扩展阅读 ┄┄┄┄ 232

　　11.2.4　参阅 ┄┄┄┄┄┄ 233

11.3　相机姿态还原 ┄┄┄┄┄ 233

　　11.3.1　如何实现 ┄┄┄┄ 233

　　11.3.2　实现原理 ┄┄┄┄ 235

　　11.3.3　扩展阅读 ┄┄┄┄ 236

　　11.3.4　参阅 ┄┄┄┄┄┄ 238

11.4　用标定相机实现三维重建 ┄ 238

　　11.4.1　如何实现 ┄┄┄┄ 238

　　11.4.2　实现原理 ┄┄┄┄ 241

　　11.4.3　扩展阅读 ┄┄┄┄ 243

　　11.4.4　参阅 ┄┄┄┄┄┄ 244

11.5　计算立体图像的深度 ┄┄ 244

　　11.5.1　准备工作 ┄┄┄┄ 244

　　11.5.2　如何实现 ┄┄┄┄ 245

　　11.5.3　实现原理 ┄┄┄┄ 247

　　11.5.4　参阅 ┄┄┄┄┄┄ 247

第 12 章　处理视频序列 ┄┄┄┄ 248

12.1　简介 ┄┄┄┄┄┄┄┄┄ 248

12.2　读取视频序列 ┄┄┄┄┄ 248

　　12.2.1　如何实现 ┄┄┄┄ 248

　　12.2.2　实现原理 ┄┄┄┄ 250

　　12.2.3　扩展阅读 ┄┄┄┄ 251

　　12.2.4　参阅 ┄┄┄┄┄┄ 251

12.3　处理视频帧 ┄┄┄┄┄┄ 251

　　12.3.1　如何实现 ┄┄┄┄ 251

　　12.3.2　实现原理 ┄┄┄┄ 252

　　12.3.3　扩展阅读 ┄┄┄┄ 256

　　12.3.4　参阅 ┄┄┄┄┄┄ 258

12.4　写入视频帧 ┄┄┄┄┄┄ 258

　　12.4.1　如何实现 ┄┄┄┄ 259

　　12.4.2　实现原理 ┄┄┄┄ 259

　　12.4.3　扩展阅读 ┄┄┄┄ 262

　　12.4.4　参阅 ┄┄┄┄┄┄ 263

12.5　提取视频中的前景物体 ·········263
　　12.5.1　如何实现 ·············264
　　12.5.2　实现原理 ·············266
　　12.5.3　扩展阅读 ·············266
　　12.5.4　参阅 ···············268

第 13 章　跟踪运动目标 ············269
13.1　简介 ·················269
13.2　跟踪视频中的特征点 ·········269
　　13.2.1　如何实现 ·············269
　　13.2.2　实现原理 ·············274
　　13.2.3　参阅 ···············274
13.3　估算光流 ···············275
　　13.3.1　准备工作 ·············275
　　13.3.2　如何实现 ·············276
　　13.3.3　实现原理 ·············278
　　13.3.4　参阅 ···············279
13.4　跟踪视频中的物体 ··········279
　　13.4.1　如何实现 ·············279
　　13.4.2　实现原理 ·············282

　　13.4.3　参阅 ···············284

第 14 章　实用案例 ··············285
14.1　简介 ·················285
14.2　人脸识别 ···············286
　　14.2.1　如何实现 ·············286
　　14.2.2　实现原理 ·············288
　　14.2.3　参阅 ···············290
14.3　人脸定位 ···············291
　　14.3.1　准备工作 ·············291
　　14.3.2　如何实现 ·············292
　　14.3.3　实现原理 ·············295
　　14.3.4　扩展阅读 ·············297
　　14.3.5　参阅 ···············298
14.4　行人检测 ···············298
　　14.4.1　准备工作 ·············298
　　14.4.2　如何实现 ·············299
　　14.4.3　实现原理 ·············302
　　14.4.4　扩展阅读 ·············304
　　14.4.5　参阅 ···············308

第 1 章

图像编程入门

本章将开始 OpenCV 库的学习之旅，你将学到：

❑ 如何安装 OpenCV 库；
❑ 如何装载、显示和存储图像；
❑ 深入理解 cv::Mat 数据结构；
❑ 定义 ROI（感兴趣区域）。

1.1 简介

本章将介绍 OpenCV 的基本要素，并演示如何完成最基本的图像处理任务：读取、显示和存储图像。在开始之前，首先需要安装 OpenCV 库。安装过程非常简单，1.2 节会详细介绍。

所有的计算机视觉应用程序都涉及对图像的处理，因此 OpenCV 提供了一个操作图像和矩阵的数据结构。此数据结构功能非常强大，具有多种实用属性和方法。此外，它还包含先进的内存管理模型，对于应用程序的开发大有帮助。本章最后两节将介绍如何使用这个重要的 OpenCV 数据结构。

1.2 安装 OpenCV 库

OpenCV 是一个开源的计算机视觉程序库，可在 Windows、Linux、Mac、Android、iOS 等多种平台下运行。在 BSD 许可协议下，它可以用于学术应用和商业应用的开发，可随意使用、发布和修改。本节将介绍如何安装 OpenCV 程序库。

1.2.1 准备工作

你可以在 OpenCV 官方网站http://opencv.org/获取最新版程序库、在线 API 文档以及诸多其他有用的资源。

1.2.2　如何实现

在 OpenCV 网站上找到最新版本，选择你使用的平台（Windows、Linux/Mac 或 iOS），下载 OpenCV 包并解压。解压时会生成 opencv 目录。最好修改这个目录名称，以体现出当前版本号（例如在 Windows 系统中可用 C:\opencv-3.2）。该目录下的文件和子目录构成了程序库。请注意，有一个 sources 目录，它包含所有的源代码文件。（是的，它是开源的！）

要完成程序库的安装并投入使用，还有一个重要的步骤：针对所选环境生成程序库的二进制文件。这时必须选定创建 OpenCV 程序所用的目标平台：使用哪种操作系统？使用什么编译器？使用哪个版本？32 位还是 64 位？正因为选项众多，才必须根据实际需要生成二进制文件。

在**集成开发环境**（integrated development environment，IDE）中也可以设置这些选项。请注意，库文件也是预先编译好的，如果与环境匹配（可查看 build 目录），可以直接使用。如果二进制文件能满足需求，就可以开始使用了。

需要特别注意的是，从第 3 版开始，OpenCV 已经分成了两个主要部分。第一部分是包含了成熟算法的 OpenCV 主源码库，也就是之前下载的内容。此外还有一个独立的代码库，它包含了最近加入 OpenCV 的计算机视觉算法。如果只想使用 OpenCV 的核心函数，就不需要这个 contrib 包；但如果要使用最先进的算法，就很可能需要这个额外的模块。实际上，本书就介绍了其中的几种高级算法，因此你需要准备好 contrib 模块——到https://github.com/opencv/opencv_contrib 即可下载额外的 OpenCV 模块（zip 文件）。模块解压后，可以放在任何目录下，但需要能够在 opencv_contrib-master/modules 中找到。方便起见，可以将文件夹改名为 contrib，并直接复制到主程序包的 sources 目录下。在这些额外的模块中，你可以只选取和保存需要使用的；不过为了避免麻烦，这里先全部保存下来。

现在就可以开始安装了！编译 OpenCV 时，强烈建议你使用 **CMake** 工具（可从 http://cmake.org 下载）。CMake 也是一个开源软件，采用平台无关的配置文件，可以控制软件的编译过程。它可以根据不同的环境，生成编译所需的 makefile 或 solution 文件，因此它是必须下载和安装的。你还可以根据需要下载**可视化工具包**（Visualization Toolkit，VTK），详情请参见 1.2.4 节。

你可以在命令行中运行 cmake，但是采用图形界面（cmake-gui）的 CMake 会更加容易。如果使用图形界面，只需要指定 OpenCV 源程序和二进制文件的路径，点击 Configure 并选择编译器即可。

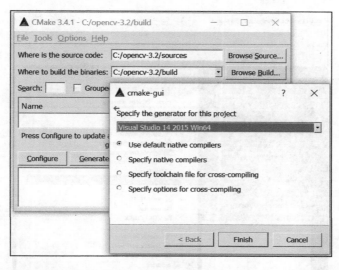

除了基本设置，CMake 还有许多选项，例如是否安装文档、是否安装额外的库。如果不是非常熟悉，最好采用默认设置。但因为这次需要包含附加模块，所以需要指定这些模块的安装目录。

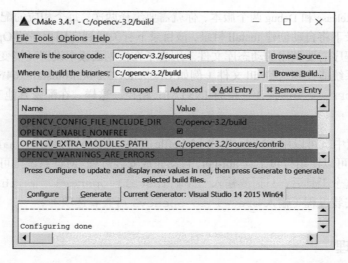

指定附加模块后，再次点击 Configure。现在可以点击 Generate 按钮生成项目文件了，这些项目文件将用来编译程序库。这是安装过程的最后一个步骤，会生成能在指定开发环境下使用的程序库。如果你选用 MS Visual Studio，那么只需要打开由 CMake 创建的位于顶层的解决方案文件（通常是 OpenCV.sln 文件），然后选择 INSTALL 项目（CMakeTargets 下）并执行 Build 指令（使用右键）。

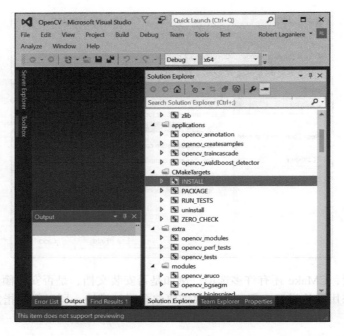

如果要得到 Release 和 Debug 两个版本，你就需要编译两次，每个相应的配置各一次。如果一切顺利，build 目录下将自动创建 install 目录，该目录下有关联到应用程序的 OpenCV 库的所有二进制文件，以及程序需要调用的动态库文件。别忘了在**控制面板**中设置环境变量 PATH，以确保运行程序时操作系统能找到这些 dll 文件（例如 C:\opencv-3.2\build\install\x64\vc14\bin）。你还可以定义环境变量 OPENCV_DIR，让它指向 INSTALL 路径。这样，在配置其他工程时，CMake 就能找到库文件了。

在 Linux 环境中，可以用 CMake 生成 Makefile 文件，然后运行 sudo make install 命令完成安装过程；也可以使用打包工具 apt-get，自动完成安装过程。Mac 系统则可以使用 Homebrew 管理工具。安装这个工具后，只需要输入 brew install opencv3 --with-contrib 即可完成整个 OpenCV 安装过程（输入 brew info opencv3 可查看选项）。

1.2.3　实现原理

OpenCV 一直在升级，第 3 版增加了很多新功能，也提高了性能。从第 2 版起，API 就开始迁移到 C++，现在已经基本迁移完毕，并实现了更一致的接口。新版本的一个主要变化是重构了库模块，使部署更加方便。它创建了一个包含最新算法的独立库（contrib 库），其中包含一些基于特定许可协议、需要付费才能使用的算法。这样做的好处是，开发者和研发人员可以在 OpenCV 上共享最新的功能，同时能确保核心 API 的稳定性和易维护性。你可以从 http://opencv.org/ 下载主体模块，而附加模块则必须到 GitHub（https://github.com/opencv/）下载。需要注意的是，这些附加模块仍在开发中，它们的算法会经常修改。

OpenCV 库分为多个模块：`opencv_core` 模块包含库的核心功能，`opencv_imgproc` 模块包含主要的图像处理函数，`opencv_highgui` 模块提供了读写图像和视频的函数以及一些用户交互函数，等等。在使用某个模块之前，需要包含该模块对应的头文件。很多使用 OpenCV 的应用程序会在文件的开头处声明：

```
#include <opencv2/core.hpp>
#include <opencv2/imgproc.hpp>
#include <opencv2/highgui.hpp>
```

在学习 OpenCV 的过程中，你会逐步发现它的众多模块中包含的大量功能。

1.2.4 扩展阅读

OpenCV 网站 http://opencv.org/ 上有详细的安装说明，还有完整的在线文档，包括几个针对程序库中不同组件的教程。

1. 可视化工具包和 cv::viz 模块

一些程序会利用计算机视觉技术，根据图像重构某个场景的三维信息。在处理三维数据时，在三维虚拟世界中呈现相关结果的效果往往更好。第 11 章将介绍 cv::viz 模块，它提供了很多函数，用于在三维环境下展示场景目标和相机。不过这个模块是基于另一个开源库 VTK 的。因此，如果要使用 cv::viz 模块，必须在编译 OpenCV 之前安装 VTK。

可以从 http://www.vtk.org/ 下载 VTK。只需下载该开源库并执行 CMake，即可在开发环境中创建库。本书使用的版本为 6.3.0。此外，还需要创建环境变量 VTK_DIR，让它指向编译文件所在的文件夹。在使用 CMake 安装 OpenCV 并进行配置的过程中，要确保 WITH_VTK 选项处于选中状态。

2. OpenCV 开发者网站

OpenCV 是一个开源项目，非常欢迎用户来添砖加瓦。它被托管在 GitHub（提供基于 Git 的版本控制和源代码管理工具的 Web 服务）上。你可以访问开发者网站 https://github.com/opencv/opencv/wiki。除此之外，你还可以从此处获取已经开发完毕的 OpenCV 版本。这个社区使用 Git 作为版本控制系统。作为一个免费、开源的软件系统，Git 可能是管理源代码的最好工具。

下载本书的示例代码

本书示例的源代码已经托管到 GitHub，你可以访问作者的个人库 https://github.com/laganiere 下载最新代码。凡是 Packt 出版的书，都可以在 http://www.packtpub.com 下载示例代码。如果从其他途径购买了本书，你可以访问 http://www.packtpub.com/support 并注册账号，我们会将代码发到你的邮箱。

1.2.5   参阅

❑ 作者的网站（www.laganiere.name）上有安装最新版本 OpenCV 库的详细步骤。

❑ 有关源代码管理的方法，可参阅https://git-scm.com/和https://github.com/。

1.3   装载、显示和存储图像

现在开始运行第一个 OpenCV 应用程序。既然 OpenCV 是用来处理图像的，那就先来演示几个图像应用程序开发中最基本的操作：从文件中装载输入的图像、在窗口中显示图像、应用处理函数再保存输出的图像。

1.3.1   准备工作

使用你喜欢的 IDE（例如 MS Visual Studio 或者 Qt）新建一个控制台应用程序，使用待填充内容的 main 函数。

1.3.2   如何实现

首先要引入定义了所需的类和函数的头文件。这里我们只想显示一幅图像，因此需要定义了图像数据结构的核心头文件和包含了所有图形接口函数的 highgui 头文件：

```
#include <opencv2/core.hpp>
#include <opencv2/highgui.hpp>
```

首先在 main 函数中定义一个表示图像的变量。在 OpenCV 中，就是定义 cv::Mat 类的对象：

```
cv::Mat image; // 创建一个空图像
```

这个定义创建了一个尺寸为 0×0 的图像，可以通过访问 cv::Mat 的 size 属性来验证这一点：

```
std::cout << "This image is " << image.rows << " x "
          << image.cols << std::endl;
```

接下来只需调用读函数，即会从文件读入一个图像，解码，然后分配内存：

```
image= cv::imread("puppy.bmp"); // 读取输入图像
```

现在可以使用这幅图像了，但是要先检查一下图像的读取是否正确（如果找不到文件、文件被破坏或者文件格式无法识别，就会发生错误）。用下面的代码来验证图像是否有效：

```
if (image.empty()) { // 错误处理
  // 未创建图像……
  // 可能显示一个错误消息
  // 并退出程序
  ...
}
```

如果没有分配图像数据，`empty` 方法将返回 `true`。

对这幅图像的第一个操作就是显示它——你可以使用 `highgui` 模块的函数来实现。首先定义用来显示图像的窗口，然后让图像在指定的窗口中显示出来：

```
// 定义窗口 (可选)
cv::namedWindow("Original Image");
// 显示图像
cv::imshow("Original Image", image);
```

可以看到，这个窗口是以名称命名的。稍后可以用这个窗口来显示其他图像，也可以用不同的名称创建多个窗口。运行这个应用程序，可看到如下的图像窗口。

这时，我们通常会对图像做一些处理。OpenCV 提供了大量处理函数，本书将对其中的一些进行深入探讨。先来看一个水平翻转图像的简单函数。OpenCV 中的有些图像转换过程是就地进行的，即转换过程直接在输入的图像上进行（不创建新的图像），比如翻转方法就是这样。不过，我们总是可以创建新的矩阵来存放输出结果。下面就试试这种方法：

```
cv::Mat result; // 创建另一个空的图像
cv::flip(image,result,1); // 正数表示水平
                          // 0 表示垂直
                          // 负数表示水平和垂直
```

在另一个窗口显示结果：

```
cv::namedWindow("Output Image"); // 输出窗口
cv::imshow("Output Image", result);
```

因为它是控制台窗口，会在 `main` 函数结束时关闭，所以需要增加一个额外的 `highgui` 函数，待用户键入数值后再结束程序：

```
cv::waitKey(0); // 0 表示永远地等待按键
                // 键入的正数表示等待的毫秒数
```

我们可以在另一个窗口上看到输出的图像，如下所示。

最后，可以使用 highgui 函数把处理过的图像存储在磁盘里：

```
cv::imwrite("output.bmp", result); // 保存结果
```

保存图像时会根据文件名后缀决定使用哪种编码方式。其他常见的受支持图像格式是 JPG、TIFF 和 PNG。

1.3.3   实现原理

在 OpenCV 的 C++ API 中，所有类和函数都在命名空间 cv 内定义。访问它们的方法共有两种，第一种是在定义 main 函数前使用如下声明：

```
using namespace cv;
```

第二种方法是根据命名空间规范给所有 OpenCV 的类和函数加上前缀 cv::，本书采用的就是这种方法。添加前缀后，代码中 OpenCV 的类和函数将更容易识别。

highgui 模块中有一批能帮助我们轻松显示图像并对图像进行操作的函数。在使用 imread 函数装载图像时，你可以通过设置选项把它转换为灰度图像。这个选项非常实用，因为有些计算机视觉算法是必须使用灰度图像的。在读入图像的同时进行色彩转换，可以提高运行速度并减少内存使用，做法如下所示：

```
// 读入一个图像文件并将其转换为灰度图像
image= cv::imread("puppy.bmp", CV::IMREAD_GRAYSCALE);
```

这样生成的图像由无符号字节（unsigned byte，C++中为 `unsigned char`）构成，在 OpenCV 中用常量 `CV_8U` 表示。另外，即使图像是作为灰度图像保存的，有时仍需要在读入时把它转换成三通道彩色图像。要实现这个功能，可把 `imread` 函数的第二个参数设置为正数：

```
// 读取图像，并将其转换为三通道彩色图像
image= cv::imread("puppy.bmp", CV::IMREAD_COLOR);
```

在这样创建的图像中，每个像素有 3 字节，OpenCV 中用 `CV_8UC3` 表示。当然了，如果输入的图像文件是灰度图像，这三个通道的值就是相同的。最后，如果要在读入图像时采用文件本身的格式，只需把第二个参数设置为负数。可用 `channels` 方法检查图像的通道数：

```
std::cout << "This image has "
          << image.channels() << " channel(s)";
```

请注意，当用 `imread` 打开路径指定不完整的图像时（前面例子的做法），`imread` 会自动采用默认目录。如果从控制台运行程序，默认目录显然就是当前控制台的目录；但是如果直接在 IDE 中运行程序，默认目录通常就是项目文件所在的目录。因此，要确保图像文件在正确的目录下。

当你用 `imshow` 显示由整数（`CV_16U` 表示 16 位无符号整数，`CV_32S` 表示 32 位有符号整数）构成的图像时，图像每个像素的值会被除以 256，以便能够在 256 级灰度中显示。同样，在显示由浮点数构成的图像时，值的范围会被假设为 0.0（显示黑色）~1.0（显示白色）。超出这个范围的值会显示为白色（大于 1.0 的值）或黑色（小于 0.0 的值）。

`highgui` 模块非常适用于快速构建原型程序。在生成程序的最终版本前，你很可能会用到 IDE 提供的 GUI 模块，这样会让程序看起来更专业。

这个程序同时使用了输入图像和输出图像，作为练习，你可以对这个示例程序做一些改动，比如改成就地处理的方式，也就是不定义输出图像而直接写入原图像：

```
cv::flip(image,image,1); // 就地处理
```

1.3.4　扩展阅读

`highgui` 模块中有大量可用来处理图像的函数，它们可以使程序对鼠标或键盘事件做出响应，也可以在图像上绘制形状或写入文本。

1. 在图像上点击

通过编程，你可以让鼠标在置于图像窗口上时运行特定的指令。要实现这个功能，需定义一个合适的**回调函数**。回调函数不会被显式地调用，但是会在响应特定事件（这里是指有关鼠标与图像窗口交互的事件）的时候被程序调用。为了能被程序识别，回调函数需要具有特定的签名，并且必须注册。对于鼠标事件处理函数，回调函数必须具有这种签名：

```
void onMouse( int event, int x, int y, int flags, void* param);
```

第一个参数是整数，表示触发回调函数的鼠标事件的类型。后面两个参数是事件发生时鼠标的位置，用像素坐标表示。参数 flags 表示事件发生时按下了鼠标的哪个键。最后一个参数是指向任意对象的指针，作为附加的参数发送给函数。你可用下面的方法在程序中注册回调函数：

```
cv::setMouseCallback("Original Image", onMouse,
                     reinterpret_cast<void*>(&image));
```

在本例中，函数 onMouse 与名为 **Original Image**（原始图像）的图像窗口建立了关联，同时把所显示图像的地址作为附加参数传给函数。现在，只要用下面的代码定义回调函数 onMouse，每当遇到鼠标点击事件时，控制台就会显示对应像素的值（这里假定它是灰度图像）：

```
void onMouse( int event, int x, int y, int flags, void* param) {

    cv::Mat *im= reinterpret_cast<cv::Mat*>(param);

    switch (event) { // 调度事件

        case CV::EVENT_LBUTTONDOWN: // 鼠标左键按下事件

            // 显示像素值(x,y)
            std::cout << "at (" << x << "," << y << ") value is: "
                      << static_cast<int>(
                              im->at<uchar>(cv::Point(x,y))) << std::endl;
            break;
    }
}
```

这里用 cv::Mat 对象的 at 方法来获取(x，y)的像素值，第 2 章会详细讨论这个方法。鼠标事件的回调函数可能收到的事件还有 cv::EVENT_MOUSEMOVE、cv::EVENT_LBUTTONUP、cv::EVENT_RBUTTONDOWN 和 cv::EVENT_RBUTTONUP。

2. 在图像上绘图

OpenCV 还提供了几个用于在图像上绘制形状和写入文本的函数。基本的形状绘制函数有circle、ellipse、line 和 rectangle。这是一个使用 circle 函数的例子：

```
cv::circle(image,                    // 目标图像
           cv::Point(155,110),       // 中心点坐标
           65,                       // 半径
           0,                        // 颜色 (这里用黑色)
           3);                       // 厚度
```

在 OpenCV 的方法和函数中，我们经常用 cv::Point 结构来表示像素的坐标。这里假定是在灰度图像上进行绘制的，因此用单个整数来表示颜色。1.4 节将讲述如何使用 cv::Scalar 结构表示彩色图像颜色值。你也可以在图像上写入文本，方法如下所示：

```
cv::putText(image,                    // 目标图像
            "This is a dog.",         // 文本
```

```
cv::Point(40,200),              // 文本位置
cv::FONT_HERSHEY_PLAIN,         // 字体类型
2.0,                            // 字体大小
255,                            // 字体颜色 (这里用白色)
2);                             // 文本厚度
```

在测试图像上调用上述两个函数后，得到的结果如下图所示。

请注意，只有在包含顶层模块头文件 opencv2/imgproc.hpp 的前提下，这些例子才能正常运行。

1.3.5　参阅

❑ cv::Mat 类是用来存放图像（以及其他矩阵数据）的数据结构。在所有 OpenCV 类和函数中，这个数据结构占据着核心地位，1.4 节将对它做详细介绍。

1.4　深入了解 cv::Mat

1.3 节提到了 cv::Mat 数据结构。正如前面所说，它是程序库中的关键部件，用来操作图像和矩阵（从计算机和数学的角度看，图像其实就是矩阵）。在开发程序时，你会经常用到这个数据结构，因此有必要熟悉它。通过本节的学习，你将了解到它采用了很巧妙的内存管理机制。

1.4.1　如何实现

可以用下面的程序来测试 cv::Mat 数据结构的不同属性：

```
#include <iostream>
#include <opencv2/core.hpp>
```

```cpp
#include <opencv2/highgui.hpp>

// 测试函数，它创建一幅图像
cv::Mat function() {
    // 创建图像
    cv::Mat ima(500,500,CV_8U,50);
    // 返回图像
    return ima;
}

int main() {
    // 创建一个 240 行×320 列的新图像
    cv::Mat image1(240,320,CV_8U,100);
    cv::imshow("Image", image1); // 显示图像
    cv::waitKey(0); // 等待按键

    // 重新分配一个新图像
    image1.create(200,200,CV_8U);
    image1= 200;

    cv::imshow("Image", image1); // 显示图像
    cv::waitKey(0); // 等待按键

    // 创建一个红色的图像
    // 通道次序为 BGR
    cv::Mat image2(240,320,CV_8UC3,cv::Scalar(0,0,255));

    // 或者
    // cv::Mat image2(cv::Size(320,240),CV_8UC3);
    // image2= cv::Scalar(0,0,255);

    cv::imshow("Image", image2); // 显示图像
    cv::waitKey(0); // 等待按键

    // 读入一幅图像
    cv::Mat image3= cv::imread("puppy.bmp");

    // 所有这些图像都指向同一个数据块
    cv::Mat image4(image3);
    image1= image3;

    // 这些图像是源图像的副本图像
    image3.copyTo(image2);
    cv::Mat image5= image3.clone();

    // 转换图像进行测试
    cv::flip(image3,image3,1);

    // 检查哪些图像在处理过程中受到了影响
    cv::imshow("Image 3", image3);
    cv::imshow("Image 1", image1);
    cv::imshow("Image 2", image2);
    cv::imshow("Image 4", image4);
    cv::imshow("Image 5", image5);
```

```
        cv::waitKey(0); // 等待按键


        // 从函数中获取一个灰度图像
        cv::Mat gray= function();

        cv::imshow("Image", gray); // 显示图像
        cv::waitKey(0); // 等待按键

        // 作为灰度图像读入
        image1= cv::imread("puppy.bmp", CV_LOAD_IMAGE_GRAYSCALE);
        image1.convertTo(image2,CV_32F,1/255.0,0.0);

        cv::imshow("Image", image2); // 显示图像
        cv::waitKey(0); // 等待按键

        return 0;
}
```

运行这个程序，你将得到下面这些图像。

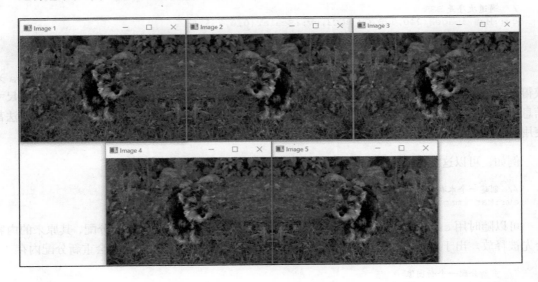

1.4.2　实现原理

　　cv::Mat 有两个必不可少的组成部分：一个头部和一个数据块。头部包含了矩阵的所有相关信息（大小、通道数量、数据类型等），1.3 节介绍了如何访问 cv::Mat 头部文件的某些属性（例如通过使用 cols、rows 或 channels）。数据块包含了图像中所有像素的值。头部有一个指向数据块的指针，即 data 属性。cv::Mat 有一个很重要的属性，即只有在明确要求时，内存块才会被复制。实际上，大多数操作仅仅复制了 cv::Mat 的头部，因此多个对象会指向同一个数据块。这种内存管理模式可以提高应用程序的运行效率，避免内存泄漏，但是我们必须了解它带来

的后果。本节的例子会对这点进行说明。

新创建的 cv::Mat 对象默认大小为 0，但也可以指定一个初始大小，例如：

```
// 创建一个 240 行×320 列的新图像
cv::Mat image1(240,320,CV_8U,100);
```

我们需要指定每个矩阵元素的类型，这里用 CV_8U 表示每个像素对应 1 字节（灰度图像），用字母 U 表示无符号；你也可用字母 S 表示有符号。对于彩色图像，你应该用三通道类型（CV_8UC3），也可以定义 16 位和 32 位的整数（有符号或无符号），例如 CV_16SC3。我们甚至可以使用 32 位和 64 位的浮点数（例如 CV_32F）。

图像（或矩阵）的每个元素都可以包含多个值（例如彩色图像中的三个通道），因此 OpenCV 引入了一个简单的数据结构 cv::Scalar，用于在调用函数时传递像素值。该结构通常包含一个或三个值。如果要创建一个彩色图像并用红色像素初始化，可用如下代码：

```
// 创建一个红色图像
// 通道次序是 BGR
cv::Mat image2(240,320,CV_8UC3,cv::Scalar(0,0,255));
```

与之类似，初始化灰度图像可这样使用这个数据结构：cv::Scalar(100)。

图像的尺寸信息通常也需要传递给调用函数。前面讲过，我们可以用属性 cols 和 rows 来获得 cv::Mat 实例的大小。cv::Size 结构包含了矩阵高度和宽度，同样可以提供图像的尺寸信息。另外，可以用 size() 方法得到当前矩阵的大小。当需要指明矩阵的大小时，很多方法都使用这种格式。

例如，可以这样创建一幅图像：

```
// 创建一个未初始化的彩色图像
cv::Mat image2(cv::Size(320,240),CV_8UC3);
```

可以随时用 create 方法分配或重新分配图像的数据块。如果图像已被分配，其原来的内容会先被释放。出于对性能的考虑，如果新的尺寸和类型与原来的相同，就不会重新分配内存：

```
// 重新分配一个新图像
// (仅在大小或类型不同时)
image1.create(200,200,CV_8U);
```

一旦没有了指向 cv::Mat 对象的引用，分配的内存就会被自动释放。这一点非常方便，因为它避免了 C++动态内存分配中经常发生的内存泄漏问题。这是 OpenCV（从第 2 版开始引入）中的一个关键机制，它的实现方法是通过 cv::Mat 实现计数引用和浅复制。因此，当在两幅图像之间赋值时，图像数据（即像素）并不会被复制，此时两幅图像都指向同一个内存块。这同样适用于图像间的值传递或值返回。由于维护了一个引用计数器，因此只有当图像的所有引用都将释放或赋值给另一幅图像时，内存才会被释放：

```
// 所有图像都指向同一个数据块
cv::Mat image4(image3);
image1= image3;
```

对上面图像中的任何一个进行转换都会影响到其他图像。如果要对图像内容做一个深复制，你可以使用 copyTo 方法，目标图像将会调用 create 方法。另一个生成图像副本的方法是 clone，即创建一个完全相同的新图像：

```
// 这些图像是原始图像的新副本
image3.copyTo(image2);
cv::Mat image5= image3.clone();
```

在本节的例子中，我们对 image3 做了修改。其他图像也包含了这幅图像，有的图像共用了同一个图像数据，有的图像则有图像数据的独立副本。查看显示的图像，找出哪些图像因修改 image3 而产生了变化。

如果你需要把一幅图像复制到另一幅图像中，且两者的数据类型不一定相同，那就要使用 convertTo 方法了：

```
// 转换成浮点型图像[0,1]
image1.convertTo(image2,CV_32F,1/255.0,0.0);
```

本例中的原始图像被复制进了一幅浮点型图像。这一方法包含两个可选参数：缩放比例和偏移量。需要注意的是，这两幅图像的通道数量必须相同。

cv::Mat 对象的分配模型还能让程序员安全地编写返回一幅图像的函数（或类方法）：

```
cv::Mat function() {

    // 创建图像
    cv::Mat ima(240,320,CV_8U,cv::Scalar(100));
    // 返回图像
    return ima;
}
```

我们还可以从 main 函数中调用这个函数：

```
// 得到一个灰度图像
cv::Mat gray= function();
```

运行这条语句后，就可以用变量 gray 操作这个由 function 函数创建的图像，而不需要额外分配内存了。正如前面解释的，从 cv::Mat 实例到灰度图像实际上只是进行了一次浅复制。当局部变量 ima 超出作用范围后，ima 会被释放。但是从相关引用计数器可以看出，另一个实例（即变量 gray）引用了 ima 内部的图像数据，因此 ima 的内存块不会被释放。

请注意，在使用类的时候要特别小心，不要返回图像的类属性。下面的实现方法很容易引发错误：

```
class Test {
    // 图像属性
    cv::Mat ima;
 public:
    // 在构造函数中创建一幅灰度图像
    Test() : ima(240,320,CV_8U,cv::Scalar(100)) {}

    // 用这种方法回送一个类属性,这是一种不好的做法
    cv::Mat method() { return ima; }
};
```

如果某个函数调用了这个类的 method,就会对图像属性进行一次浅复制。副本一旦被修改,class 属性也会被"偷偷地"修改,这会影响这个类的后续行为(反之亦然)。这违反了面向对象编程中重要的封装性原理。为了避免这种类型的错误,你需要将其改成返回属性的一个副本。

1.4.3 扩展阅读

OpenCV 中还有几个与 cv::Mat 相关的类,熟练掌握这些类也很重要。

1. 输入和输出数组

在 OpenCV 的文档中,很多方法和函数都使用 cv::InputArray 类型作为输入参数。cv::InputArray 类型是一个简单的代理类,用来概括 OpenCV 中数组的概念,避免同一个方法或函数因为使用了不同类型的输入参数而有多个版本。也就是说,你可以在参数中使用 cv::Mat 对象或者其他的兼容类型。因为它是一个输入数组,所以你必须确保函数不会修改这个数据结构。有趣的是,cv::InputArray 也能使用常见的 std::vector 类来构造;也就是说,用这种方式构造的对象可以作为 OpenCV 方法和函数的输入参数(但千万不要在自定义类和函数中使用这个类)。其他兼容的类型有 cv::Scalar 和 cv::Vec,后者将在下一章介绍。此外还有一个代理类 cv::OutputArray,用来指定某些方法或函数的返回数组。

2. 处理小矩阵

开发应用程序时,你可能会遇到需要处理小矩阵的情况,这时就可以使用模板类 cv::Matx 和它的子类。举个例子,下面的代码定义了一个 3×3 的双精度型浮点数矩阵和一个 3 元素的向量,然后使两者相乘:

```
// // 3×3 双精度型矩阵
cv::Matx33d matrix(3.0, 2.0, 1.0,
                   2.0, 1.0, 3.0,
                   1.0, 2.0, 3.0);
// 3×1 矩阵 (即向量)
cv::Matx31d vector(5.0, 1.0, 3.0);
// 相乘
cv::Matx31d result = matrix*vector;
```

这些矩阵可以进行常见的数学运算。

1.4.4　参阅

- □ 要查看完整的 OpenCV 文档，请访问 http://docs.opencv.org/。
- □ 第 2 章将介绍如何高效地访问和修改 cv::Mat 表示的图像的像素值。
- □ 1.5 节将解释如何定义图像内的感兴趣区域。

1.5　定义感兴趣区域

有时需要让一个处理函数只在图像的某个部分起作用。OpenCV 内嵌了一个精致又简洁的机制，可以定义图像的子区域，并把这个子区域当作普通图像进行操作。本节将介绍如何定义图像内部的感兴趣区域。

1.5.1　准备工作

假设我们要把一个小图像复制到一个大图像上。例如要把下面的标志插入到测试图像中。

为了实现这个功能，可以定义一个**感兴趣区域**（Region Of Interest，ROI），在此处进行复制操作，这个 ROI 的位置将决定标志的插入位置。

1.5.2　如何实现

第一步是定义 ROI。定义后，就可以把 ROI 当作一个普通的 cv::Mat 实例进行操作。关键在于，ROI 实际上就是一个 cv::Mat 对象，它与它的父图像指向同一个数据缓冲区，并且在头部指明了 ROI 的坐标。接着，可以用下面的方法插入标志：

```
// 在图像的右下角定义一个 ROI
cv::Mat imageROI(image,
        cv::Rect(image.cols-logo.cols,  // ROI 坐标
                 image.rows-logo.rows,
                 logo.cols,logo.rows)); // ROI 大小

// 插入标志
logo.copyTo(imageROI);
```

这里的 image 是目标图像，logo 是标志图像（相对较小）。运行上述代码后，你将得到下面的图像。

1.5.3 实现原理

定义 ROI 的一种方法是使用 cv::Rect 实例。正如其名，它通过指明左上角的位置（构造函数的前两个参数）和矩形的尺寸（后两个参数表示宽度和高度），描述了一个矩形区域。在这个例子中，我们利用图像和标志的尺寸来确定标志的位置，即图像的右下角。很明显，整个 ROI 肯定处于父图像的内部。

ROI 还可以用行和列的值域来描述。值域是一个从开始索引到结束索引的连续序列（不含开始值和结束值），可以用 cv::Range 结构来表示这个概念。因此，一个 ROI 可以用两个值域来定义。本例中的 ROI 也可以定义为：

```
imageROI= image(cv::Range(image.rows-logo.rows,image.rows),
                cv::Range(image.cols-logo.cols,image.cols));
```

cv::Mat 的 operator() 函数返回另一个 cv::Mat 实例，可供后续使用。由于图像和 ROI 共享了同一块图像数据，因此 ROI 的任何转变都会影响原始图像的相关区域。在定义 ROI 时，数据并没有被复制，因此它的执行时间是固定的，不受 ROI 尺寸的影响。

要定义由图像中的一些行组成的 ROI，可用下面的代码：

```
cv::Mat imageROI= image.rowRange(start,end);
```

与之类似，要定义由图像中一些列组成的 ROI，可用下面的代码：

```
cv::Mat imageROI= image.colRange(start,end);
```

1.5.4 扩展阅读

OpenCV 的方法和函数包含了很多本书并未涉及的可选参数。第一次使用某个函数时，你需要花时间看一下文档，查清该函数支持哪些选项。一个十分常见的选项很可能被用来定义图像掩码。

使用图像掩码

OpenCV 中的有些操作可以用来定义掩码。函数或方法通常对图像中所有的像素进行操作，通过定义掩码可以限制这些函数或方法的作用范围。掩码是一个 8 位图像，如果掩码中某个位置的值不为 0，在这个位置上的操作就会起作用；如果掩码中某些像素位置的值为 0，那么对图像中相应位置的操作将不起作用。例如，在调用 copyTo 方法时就可以使用掩码，我们可以利用掩码只复制标志中白色的部分，如下所示：

```
// 在图像的右下角定义一个 ROI
imageROI= image(cv::Rect(image.cols-logo.cols,
                         image.rows-logo.rows,
                         logo.cols,logo.rows));
// 把标志作为掩码（必须是灰度图像）
cv::Mat mask(logo);

// 插入标志，只复制掩码不为 0 的位置
logo.copyTo(imageROI,mask);
```

执行这段代码后你将得到下面这幅图像。

因为标志的背景是黑色的（因此值为 0），所以很容易同时作为被复制图像和掩码来使用。当然，我们也可以在程序中自己决定如何定义掩码。OpenCV 中大多数基于像素的操作都可以使用掩码。

1.5.5 参阅

❑ 2.6 节将用到 row 和 col 方法，它们是 rowRange 和 colRange 方法的特例，即开始和结束的索引是相同的，以定义一个单行或单列的 ROI。

第 2 章

操作像素

本章包括以下内容：

☐ 访问像素值；

☐ 用指针扫描图像；

☐ 用迭代器扫描图像；

☐ 编写高效的图像扫描循环；

☐ 扫描图像并访问相邻像素；

☐ 实现简单的图像运算；

☐ 图像重映射。

2.1 简介

为了构建计算机视觉应用程序，我们需要学会访问图像内容，有时也要修改或创建图像。本章将讲解如何操作图像的元素（即**像素**），你将学会如何扫描一幅图像并处理每一个像素，还将学会如何进行高效处理，因为即使是中等大小的图像，也可能包含数十万个像素。

图像本质上就是一个由数值组成的矩阵。正因为如此，OpenCV 使用了 `cv::Mat` 结构来操作图像，这在第 1 章已经讲过。矩阵中的每个元素表示一个像素。对灰度图像（黑白图像）而言，像素是 8 位无符号数（数据类型为 `unsigned char`），0 表示黑色，255 表示白色。

对彩色图像而言，需要用三原色数据来重现不同的可见色。这是因为人类的视觉系统是三原色的，视网膜上有三种类型的视锥细胞，它们将颜色信息传递给大脑。这意味着彩色图像的每个像素都要对应三个数值。在摄影和数字成像技术中，常用的主颜色通道是红色、绿色和蓝色，因此每三个 8 位数值组成矩阵的一个元素。请注意，8 位通道通常是够用的，但有些特殊的应用程序需要用 16 位通道（例如医学图像）。

第 1 章曾提到，OpenCV 也可以用其他类型的像素值来创建矩阵（或图像），例如整型（`CV_32U` 或 `CV_32S`）和浮点数（`CV_32F`）。这些类型非常有用，有的可以存储图像处理过程中的中间结果。大部分操作可以使用所有类型的矩阵，也有一些操作必须使用特定的类型或特定的通道数量。因此，为了避免常见的编程错误，必须充分理解函数的先决条件。

本章将一直使用下面的彩色图像作为输入对象（彩图请另见彩色图片 PDF 或本书网站）。

2.2 访问像素值

若要访问矩阵中的每个独立元素，只需要指定它的行号和列号即可。返回的对应元素可以是单个数值，也可以是多通道图像的数值向量。

2.2.1 准备工作

为了说明如何直接访问像素值，我们将创建一个简单的函数，用它在图像中加入**椒盐噪声**（salt-and-pepper noise）。顾名思义，椒盐噪声是一个专门的噪声类型，它随机选择一些像素，把它们的颜色替换成白色或黑色。如果通信时出错，部分像素的值在传输时丢失，就会产生这种噪声。这里只是随机选择一些像素，把它们设置为白色。

2.2.2 如何实现

创建一个接受输入图像的函数，在函数中对图像进行修改。第二个参数是需要改成白色的像素数量。

```
void salt(cv::Mat image, int n) {

    // C++11 的随机数生成器
```

```
std::default_random_engine generator;
std::uniform_int_distribution<int>
              randomRow(0, image.rows - 1);
std::uniform_int_distribution<int>
              randomCol(0, image.cols - 1);

int i,j;
for (int k=0; k<n; k++) {

    // 随机生成图形位置
    i= randomCol(generator);
    j= randomRow(generator);
    if (image.type() == CV_8UC1) { // 灰度图像

        // 单通道 8 位图像
        image.at<uchar>(j,i)= 255;
    } else if (image.type() == CV_8UC3) { // 彩色图像

        // 3 通道图像
        image.at<cv::Vec3b>(j,i)[0]= 255;
        image.at<cv::Vec3b>(j,i)[1]= 255;
        image.at<cv::Vec3b>(j,i)[2]= 255;
    }
  }
}
```

这个函数使用一个简单的循环，执行 n 次，每次都把随机选择的像素设置为 255。这里用随机数生成器生成像素的列 i 和行 j。请注意，这里使用了 type 方法来区分灰度图像和彩色图像。对于灰度图像，把单个的 8 位数值设置为 255；对于彩色图像，需要把三个主颜色通道都设置为 255 才能得到一个白色像素。

现在你可以调用这个函数，并传入已经打开的图像。参考下面的代码：

```
// 打开图像
cv::Mat image= cv::imread("boldt.jpg",1);
// 调用函数以添加噪声
salt(image,3000);

// 显示结果
cv::namedWindow("Image");
cv::imshow("Image",image);
```

结果图像如下所示。

2.2.3　实现原理

cv::Mat 类包含多种方法，可用来访问图像的各种属性：利用公共成员变量 cols 和 rows 可得到图像的列数和行数；利用 cv::Mat 的 at(int y,int x) 方法可以访问元素，其中 x 是列号，y 是行号。在编译时必须明确方法返回值的类型，因为 cv::Mat 可以接受任何类型的元素，所以程序员需要指定返回值的预期类型。正因为如此，at 方法被实现成一个模板方法。在调用 at 方法时，你必须指定图像元素的类型，例如：

```
image.at<uchar>(j,i)= 255;
```

有一点需要特别注意，程序员必须保证指定的类型与矩阵内的类型是一致的。at 方法不会进行任何类型转换。

彩色图像的每个像素对应三个部分：红色通道、绿色通道和蓝色通道，因此包含彩色图像的 cv::Mat 类会返回一个向量，向量中包含三个 8 位的数值。OpenCV 为这样的短向量定义了一种类型，即 cv::Vec3b。这个向量包含三个无符号字符（unsigned character）类型的数据。因此，访问彩色像素中元素的方法如下所示：

```
image.at<cv::Vec3b>(j,i)[channel]= value;
```

channel 索引用来指明三个颜色通道中的一个。OpenCV 存储通道数据的次序是蓝色、绿色和红色（因此蓝色是通道 0）。你也可以直接使用短向量，方法如下所示：

```
image.at<cv::Vec3b>(j, i) = cv::Vec3b(255, 255, 255);
```

还有类似的向量类型用来表示二元素向量和四元素向量（cv::Vec2b 和 cv::Vec4b）。此外还有针对其他元素类型的向量。例如，表示二元素浮点数类型的向量就是把类型名称的最后一个字母换成 f，即 cv::Vec2f。对于短整型，最后的字母换成 s；对于整型，最后的字母换成 i；对于双精度浮点数向量，最后的字母换成 d。所有这些类型都用 cv::Vec<T,N>模板类定义，其中 T 是类型，N 是向量元素的数量。

最后一个提示，你也许会觉得奇怪，为什么这些修改图像的函数在使用图像作为参数时，都采用了值传递的方式？之所以这样做，是因为它们在复制图像时仍共享了同一块图像数据。因此在需要修改图像内容时，图像参数没必要采用引用传递的方式。顺便说一下，编译器做代码优化时，用值传递参数的方法通常比较容易实现。

2.2.4　扩展阅读

cv::Mat 类的定义采用了 C++模板，因此它的通用性很强。

cv::Mat_模板类

因为每次调用都必须在模板参数中指明返回类型，所以 cv::Mat 类的 at 方法有时会显得冗长。如果已经知道矩阵的类型，就可以使用 cv::Mat_类（cv::Mat 类的模板子类）。cv::Mat_类定义了一些新的方法，但没有定义新的数据属性，因此这两个类的指针或引用可以直接互相转换。新方法中有一个 operator()，可用来直接访问矩阵的元素。因此可以这样写代码（其中 image 是一个对应 uchar 矩阵的 cv::Mat 变量）：

```
// 用 Mat 模板操作图像
cv::Mat_<uchar> img(image);
img(50,100)= 0; // 访问第 50 行、第 100 列处那个值
```

在创建 cv::Mat_变量时，我们就定义了它的元素类型，因此在编译时就已经知道了 operator()的返回类型。使用操作符 operator()和使用 at 方法产生的结果是完全相同的，只是前者的代码更简短。

2.2.5　参阅

□ 2.3.4 节将解释如何创建一个带有输入和输出参数的函数。
□ 2.5 节将讨论 at 方法的效率。

2.3　用指针扫描图像

在大多数图像处理任务中，执行计算时你都需要对图像的所有像素进行扫描。需要访问的像素数量非常庞大，因此你必须采用高效的方式来执行这个任务。本节和下一节将展示几种实现高效扫描循环的方法，本节将使用指针运算。

2.3.1　准备工作

为了说明图像扫描的过程，我们来做一个简单的任务：减少图像中颜色的数量。

彩色图像由三通道像素组成，每个通道表示红、绿、蓝三原色中一种颜色的亮度值，每个数值都是 8 位无符号字符类型，因此颜色总数为 256×256×256，即超过 1600 万种颜色。因此，为了降低分析的复杂性，有时需要减少图像中颜色的数量。一种实现方法是把 RGB 空间细分到大小相等的方块中。例如，如果把每种颜色数量减少到 1/8，那么颜色总数就变为 32×32×32。将旧图像中的每个颜色值划分到一个方块，该方块的中间值就是新的颜色值；新图像使用新的颜色值，颜色数就减少了。

因此，基本的减色算法很简单。假设 N 是减色因子，将图像中每个像素的值除以 N（这里假定使用整数除法，不保留余数）。然后将结果乘以 N，得到 N 的倍数，并且刚好不超过原始像素值。加上 N / 2，就得到相邻的 N 倍数之间的中间值。对所有 8 位通道值重复这个过程，就会得到 (256 / N) × (256 / N) × (256 / N) 种可能的颜色值。

2.3.2　如何实现

减色函数的签名如下：

```
void colorReduce(cv::Mat image, int div=64);
```

用户提供一幅图像和每个颜色通道的减色因子。这里的处理过程是就地进行的，也就是说，函数直接修改了输入图像的像素值。2.3.4 节将介绍一个更为通用的签名，用于输入和输出参数。

处理过程很简单，只要创建一个二重循环遍历所有像素值，代码如下所示：

```
void colorReduce(cv::Mat image, int div=64) {

  int nl= image.rows; // 行数
  // 每行的元素数量
  int nc= image.cols * image.channels();
  for (int j=0; j<nl; j++) {
  // 取得行 j 的地址
    uchar* data= image.ptr<uchar>(j);

    for (int i=0; i<nc; i++) {

      // 处理每个像素 ---------------------

      data[i]= data[i]/div*div + div/2;

      // 像素处理结束 -----------------
    } // 一行结束
  }
}
```

可以用下面的代码片段测试这个函数：

```
// 读取图像
image= cv::imread("boldt.jpg");
// 处理图像
colorReduce(image,64);
// 显示图像
cv::namedWindow("Image");
cv::imshow("Image",image);
```

执行后得到下面的图像。

2.3.3 实现原理

在彩色图像中，图像数据缓冲区的前 3 字节表示左上角像素的三个通道的值，接下来的 3 字节表示第 1 行的第 2 个像素，以此类推（注意 OpenCV 默认的通道次序为 BGR）。一个宽 W 高 H 的图像所需的内存块大小为 W×H×3 uchars。不过出于性能上的考虑，我们会用几个额外的像素来填补补行的长度。这是因为，如果行数是某个数字（例如 8）的整数倍，图像处理的性能可能会提高，因此最好根据内存配置情况将数据对齐。当然，这些额外的像素既不会显示也不被保存，它们的额外数据会被忽略。OpenCV 把经过填充的行的长度指定为有效宽度。如果图像没用额外的像素填充，那么有效宽度就等于实际的图像宽度。我们已经学过，用 cols 和 rows 属性可得到图像的宽度和高度。与之类似，用 step 数据属性可得到单位是字节的有效宽度。即使图像的类型不是 uchar，step 仍然能提供行的字节数。我们可以通过 elemSize 方法（例如一个三通道短整型的矩阵 CV_16SC3，elemSize 会返回 6）获得像素的大小，通过 nchannels 方法（灰度图像为 1，彩色图像为 3）获得图像中通道的数量，最后用 total 方法返回矩阵中的像素（即矩阵的条目）总数。

用下面的代码可获得每一行中像素值的个数：

```
int nc= image.cols * image.channels();
```

为了简化指针运算的计算过程，cv::Mat 类提供了一个方法，可以直接访问图像中一行的起始地址。这就是 ptr 方法，它是一个模板方法，返回第 j 行的地址：

```
uchar* data= image.ptr<uchar>(j);
```

请注意，我们也可以在处理语句中采用另一种等价的做法，即利用指针运算从一列移到下一列。因此可以使用下面的代码：

```
*data++= *data/div*div + div2;
```

2.3.4　扩展阅读

前面介绍的减色函数只是完成任务的一种方法，也可以采用其他的减色算法。要想使函数更加通用，就要允许指定不同的输入和输出图像。另外，考虑到图像数据的连续性，扫描的速度还可以提高。最后，也可以使用低层次指针运算来扫描图像缓冲区。下面分别讨论这几点。

1. 其他减色算法

在前面的例子中，减色功能的实现是利用了整数除法的特性，即取不超过又最接近结果的整数，代码如下所示：

```
data[i]= (data[i]/div)*div + div/2;
```

减色计算也可以使用取模运算符，它可以直接得到 div 的倍数，代码如下所示：

```
data[i]= data[i] - data[i]%div + div/2;
```

另外还可以使用位运算符。如果把减色因子限定为 2 的指数，即 div=pow(2,n)，那么把像素值的前 n 位掩码后就能得到最接近的 div 的倍数。可以用简单的位移操作获得掩码，代码如下所示：

```
// 用来截取像素值的掩码
uchar mask= 0xFF<<n; // 如 div=16, 则 mask= 0xF0
```

可用下面的代码实现减色运算：

```
*data &= mask;        // 掩码
*data++ += div>>1;    // 加上 div/2
// 这里的+也可以改用"按位或"运算符
```

一般来说，使用位运算的代码运行效率很高，因此在效率为重时，位运算是不二之选。

2. 使用输入和输出参数

前面的减色函数直接在输入图像中进行了转换，这称为就地转换。这种做法不需要额外的图像来输出结果，可以减少内存的使用。但是有的程序不希望对原始图像进行修改，这时就必须在调用函数前备份图像。请注意，对图像进行深复制最简单的方法是使用 clone()方法，如下面的代码所示：

```
// 读入图像
image= cv::imread("boldt.jpg");
// 复制图像
cv::Mat imageClone= image.clone();
// 处理图像副本
// 原始图像保持不变
colorReduce(imageClone);
// 显示结果图像
cv::namedWindow("Image Result");
cv::imshow("Image Result",imageClone);
```

如果在定义函数时，能允许用户选择是否要采用就地处理，就可以避免这些额外的过程。方法的签名为：

```
void colorReduce(const cv::Mat &image,    // 输入图像
                 cv::Mat &result,          // 输出图像
                 int div=64);
```

注意，输入图像是一个引用的 const，表示这幅图像不会在函数中修改。输出图像是一个引用参数，在函数中会被修改，并且返回给调用这个函数的代码。如果需要就地处理，可以在输入和输出参数中用同一个 image 变量：

```
colorReduce(image,image);
```

否则就可以提供一个 cv::Mat 实例：

```
cv::Mat result;
colorReduce(image,result);
```

这里的关键是先检查输出图像，验证它是否分配了一定大小的数据缓冲区，以及像素类型与输入图像是否相符——所幸 cv::Mat 的 create 方法中已经包含了这个检查过程。当你用新的大小和像素类型重新分配矩阵时，就要调用 create 方法。如果矩阵已有的大小和类型刚好与指定的大小和类型相同，这个方法就不会执行任何操作，也不会修改实例，而只是直接返回。

因此，函数中首先要调用 create 方法，构建一个大小和类型都与输入图像相同的矩阵（如果必要）：

```
result.create(image.rows,image.cols,image.type());
```

分配的内存块的大小表示为 total()*elemSize()。扫描过程中使用两个指针：

```
for (int j=0; j<nl; j++) {

    // 获得第 j 行的输入和输出的地址
    const uchar* data_in= image.ptr<uchar>(j);
    uchar* data_out= result.ptr<uchar>(j);

    for (int i=0; i<nc*nchannels; i++) {

        // 处理每个像素 ---------------------

        data_out[i]= data_in[i]/div*div + div/2;

        // 像素处理结束 -----------------

    } // 一行结束
}
```

如果输入和输出参数用了同一幅图像，这个函数就与本节前面的版本完全等效。如果输出用了另一幅图像，不管在调用函数前是否已经分配了这幅图像，函数都会正常运行。

最后需要注意的是，这个函数的参数类型也可以用 cv::InputArray 和 cv::OutputArray。这样得到的结果是一样的，但在参数类型的选择上提供了更大的灵活性，详见第 1 章。

3. 对连续图像的高效扫描

前面解释过，为了提高性能，可以在图像的每行末尾用额外的像素进行填充。有趣的是，在去掉填充后，图像仍可被看作一个包含 W×H 像素的长一维数组。用 cv::Mat 的 isContinuous 方法可轻松判断图像有没有被填充。如果图像中没有填充像素，它就返回 true。我们还能这样测试矩阵的连续性：

```
// 检查行的长度 (字节数) 与"列的个数×单个像素"的字节数是否相等
image.step == image.cols*image.elemSize();
```

为确保完整性，测试时还需要检查矩阵是否只有一行；如果是，这个矩阵就是连续的。但是不管哪种情况，都可以用 isContinuous 方法检查矩阵的连续性。在一些特殊的处理算法中，你可以充分利用图像的连续性，在单个（更长）循环中处理图像。处理函数就可以改为：

```
void colorReduce(cv::Mat image, int div=64) {

    int nl= image.rows; // 行数
    // 每行的元素总数
    int nc= image.cols * image.channels();

    if (image.isContinuous()) {
        // 没有填充的像素
        nc= nc*nl;
        nl= 1;  // 它现在成了一个一维数组
    }
        int n= staic_cast<int>(
```

```
      log(static_cast<double>(div))/log(2.0) + 0.5);
   // 用来截取像素值的掩码
   uchar mask= 0xFF<<n; // 如果 div=16，那么 mask= 0xF0
   uchar div2 = div >> 1; // div2 = div/2

   // 对于连续图像，这个循环只执行一次
   for (int j=0; j<nl; j++) {

      uchar* data= image.ptr<uchar>(j);

      for (int i=0; i<nc; i++) {

         *data &= mask;
         *data++ += div2;
      } // 一行结束
   }
}
```

如果连续性测试结果表明图像中没有填充像素，我们就把宽度设为 1，高度设为 W×H，从而去除外层的循环。注意，这里还需要用 reshape 方法。本例中需要这样写：

```
if (image.isContinuous())
{
   // 没有填充像素
   image.reshape(1,  // 新的通道数
                 1); // 新的行数
}

int nl= image.rows; // 行数
int nc= image.cols * image.channels();
```

如果是用 reshape 方法修改矩阵的维数，就不需要复制内存或重新分配内存了。第一个参数是新的通道数，第二个参数是新的行数。列数会进行相应的修改。

在这些实现方式中，内层循环按顺序处理图像中的所有像素。

4. 低层次指针算法

在 cv::Mat 类中，图像数据是存放在无符号字符型的内存块中的。其中 data 属性表示内存块第一个元素的地址，它会返回一个无符号字符型的指针。如果要从图像的起点开始循环，你可以用如下代码：

```
uchar *data= image.data;
```

利用有效宽度来移动行指针，可以从一行移到下一行，代码如下所示：

```
data+= image.step; // 下一行
```

用 step 属性可得到一行的总字节数（包括填充像素）。通常可以用下面的方法得到第 j 行、第 i 列的像素的地址：

```
// (j,i)像素的地址，即&image.at(j,i)
data= image.data+j*image.step+i*image.elemSize();
```

然而，尽管这种处理方法在上述例子中能起作用，但是并不推荐使用。

2.3.5 参阅

- ❑ 2.5 节将讨论各种扫描方法的效率。
- ❑ 1.4 节详细介绍了 cv::Mat 类的属性和方法，也介绍了 cv::InputArray 和 cv::Output Array 等相关的类。

2.4 用迭代器扫描图像

在面向对象编程时，我们通常用迭代器对数据集合进行循环遍历。迭代器是一种类，专门用于遍历集合的每个元素，并能隐藏遍历过程的具体细节。信息隐藏原则的应用，使扫描集合的过程变得更加容易和安全。并且不管被用于哪种类型的集合，它都能提供类似的形式。**标准模板库** （Standard Template Library，STL）对每个集合类都定义了对应的迭代器类，OpenCV 也提供了 cv::Mat 的迭代器类，并且与 C++ STL 中的标准迭代器兼容。

2.4.1 准备工作

本节仍使用 2.3 节的减色程序作为例子。

2.4.2 如何实现

要得到 cv::Mat 实例的迭代器，首先要创建一个 cv::MatIterator_对象。跟 cv::Mat_ 类似，这个下划线表示它是一个模板子类。因为图像迭代器是用来访问图像元素的，所以必须在编译时就明确返回值的类型。可以这样定义彩色图像的迭代器：

```
cv::MatIterator_<cv::Vec3b> it;
```

也可以使用在 Mat_模板类内部定义的 iterator 类型：

```
cv::Mat_<cv::Vec3b>::iterator it;
```

然后就可以使用常规的迭代器方法 begin 和 end 对像素进行循环遍历了。不同之处在于它们仍然是模板方法。现在，减色函数可以这样编写：

```
void colorReduce(cv::Mat image, int div=64) {
  // div 必须是 2 的幂
  int n= staic_cast<int>(
log(static_cast<double>(div))/log(2.0) + 0.5);
```

```
// 用来截取像素值的掩码
uchar mask= 0xFF<<n; // 如果div=16, mask=0xF0
uchar div2 = div >> 1; // div2 = div/2
// 迭代器
cv::Mat_<cv::Vec3b>::iterator it= image.begin<cv::Vec3b>();
cv::Mat_<cv::Vec3b>::iterator itend= image.end<cv::Vec3b>();

// 扫描全部像素
for ( ; it!= itend; ++it) {

    (*it)[0]&= mask;
    (*it)[0]+= div2;
    (*it)[1]&= mask;
    (*it)[1]+= div2;
    (*it)[2]&= mask;
    (*it)[2]+= div2;
}
}
```

请注意，这里处理的是一个彩色图像，因此迭代器返回 cv::Vec3b 实例。你可以用取值运算符 [] 访问每个颜色通道的元素。这里也可以使用 cv::Vec3b 的重载运算符，可简化为：

```
*it= *it/div*div+offset;
```

短向量的元素运算都可以使用这种方法。

2.4.3   实现原理

不管扫描的是哪种类型的集合，使用迭代器时总是遵循同样的模式。

首先你要使用合适的专用类创建迭代器对象，在本例中是 cv::Mat_<cv::Vec3b>::iterator（或 cv::MatIterator_<cv::Vec3b>）。

然后可以用 begin 方法，在开始位置（本例中为图像的左上角）初始化迭代器。对于彩色图像的 cv::Mat 实例，可以使用 image.begin<cv::Vec3b>()。还可以在迭代器上使用数学计算，例如若要从图像的第二行开始，可以用 image.begin<cv::Vec3b>()+image.cols 初始化 cv::Mat 迭代器。获取集合结束位置的方法也类似，只是改用 end 方法。但是，用 end 方法得到的迭代器已经超出了集合范围，因此必须在结束位置停止迭代过程。结束的迭代器也能使用数学计算，例如你想在最后一行前就结束迭代，可使用 image.end<cv::Vec3b>()-image.cols。

初始化迭代器后，建立一个循环遍历所有元素，到结束迭代器为止。典型的 while 循环就像这样：

```
while (it!= itend) {

    // 处理每个像素 -----------------------
```

```
       ...

       // 像素处理结束 ---------------------

       ++it;
   }
```

你可以用运算符++移动到下一个元素，也可以指定更大的步幅。例如用 it+=10，对每 10 个像素处理一次。

最后，在循环内部使用取值运算符*来访问当前元素，你可以用它来读（例如 element= *it; ）或写（例如*it= element; ）。你也可以创建常量迭代器，用作对常量 cv::Mat 的引用，或者表示当前循环不修改 cv::Mat 实例。常量迭代器的定义如下所示：

```
cv::MatConstIterator_<cv::Vec3b> it;
```

或者：

```
cv::Mat_<cv::Vec3b>::const_iterator it;
```

2.4.4　扩展阅读

本节用 begin 和 end 模板方法获得了迭代器的开始位置和结束位置。2.2 节讲过，我们还可以用对 cv::Mat_实例的引用来获取迭代器的开始位置和结束位置，这样就不需要在 begin 和 end 方法中指定迭代器的类型了，因为在创建 cv::Mat_引用时迭代器类型已被指定。

```
cv::Mat_<cv::Vec3b> cimage(image);
cv::Mat_<cv::Vec3b>::iterator it= cimage.begin();
cv::Mat_<cv::Vec3b>::iterator itend= cimage.end();
```

2.4.5　参阅

- ❑ 2.5 节将讨论迭代器在扫描图像时的效率。
- ❑ 如果你不熟悉面向对象编程中的迭代器，不知道在 ANSI C++中如何实现迭代器，可阅读 STL 迭代器的教程。在网上搜索关键字"STL 迭代器"，你会发现很多相关内容。

2.5　编写高效的图像扫描循环

本章前面几节介绍了几种为处理像素而扫描图像的方法，本节就来比较一下这些方法的效率。

在编写图像处理函数时，你需要充分考虑运行效率。在设计函数时，你要经常检查代码的运行效率，找出处理过程中可能使程序变慢的瓶颈。

但是有一点非常重要，除非确实必要，不要以牺牲代码的清晰度来优化性能。简洁的代码总是更容易调试和维护。只有对程序效率至关重要的代码段，才需要进行重度优化。

2.5.1　如何实现

OpenCV 有一个非常实用的函数可以用来测算函数或代码段的运行时间，它就是 `cv::getTickCount()`，该函数会返回从最近一次计算机开机到当前的时钟周期数。在代码开始和结束时记录这个时钟周期数，就可以计算代码的运行时间。若想得到以秒为单位的代码运行时间，可使用另一个方法 `cv::getTickFrequency()`，它返回每秒的时钟周期数，这里假定 CPU 的频率是固定的（对于较新的 CPU，频率并不一定是固定的）。为了获得某个函数（或代码段）的运行时间，通常需使用这样的程序模板：

```
const int64 start = cv::getTickCount();
colorReduce(image); // 调用函数
// 经过的时间（单位：秒）
double duration = (cv::getTickCount()-start)/
                        cv::getTickFrequency();
```

2.5.2　实现原理

本章的 `colorReduce` 函数有几种实现方式，此处将列出每种方式的运行时间，实际的数据跟你使用的计算机有关（这里使用配置为 64 位 Intel Core i7、主频为 2.40 GHz 的计算机）。观察运行时间的相对差距更有意义。此外，测试结果也跟生成可执行文件的具体编译器有关。我们采用 320×240 的图像，测试减色操作的平均运行时间。测试时采用三种不同的配置。

(1) 处理器采用主频为 2.5 GHz 的 64 位 Intel i5，编译器为 Windows 10 下的 Visual Studio 14 2015。
(2) 处理器采用主频为 3.6 GHz 的 64 位 Intel i7，编译器为 Ubuntu Linux 下的 gcc 4.9.2。
(3) MacBook Pro（2011 版），CPU 为 2.3 GHz 的 Intel i5，编译器为 clang++ 7.0.2。

首先比较 2.3.4 节描述的三种减色运算方法。

	配置 1	配置 2	配置 3
整数运算	0.867 ms	0.586 ms	1.119 ms
模运算符	0.774 ms	0.527 ms	1.106 ms
位运算符	0.015 ms	0.013 ms	0.066 ms

有趣的是，使用了位运算符的方法要比其他方法快得多，而另外两种方法的运行时间非常接近。因此，要在图像循环中计算出结果，花些时间找出效率最高的方法十分重要，其净影响会非常明显。

对于可以预先计算的数值，要避免在循环中做重复计算，继而浪费时间。例如，这样写减色函数是很不明智的：

```
for (int i=0; i<image.cols * image.channels(); i++) {
    *data &= mask;
    *data++ += div/2;
```

上面的代码需要反复计算每行的像素数量和 div/2 的结果。改进后的代码为：

```
int nc= image.cols * image.channels();
uchar div2= div>>1;

for (int i=0; i<nc; i++) {
    *(data+i) &= mask;
    *(data+i) += div2;
```

一般来说，需要重复计算的代码会比优化后的代码慢 10 倍。但是要注意，有些编译器能够对此类循环进行优化，仍会生成高效的代码。

2.4 节讨论了使用迭代器（以及位运算符）的减色函数，它的运行时间更长，在上述三种配置下，运行时间分别为 0.480 ms、0.320 ms 和 0.655 ms。使用迭代器的主要目的是简化图像扫描过程，降低出错的可能性。

为了进行完整的测试，我们实现了用 at 方法访问像素的函数。这种实现方式的主循环如下所示：

```
for (int j=0; j<nl; j++) {
    for (int i=0; i<nc; i++) {
        image.at<cv::Vec3b>(j,i)[0]=
                image.at<cv::Vec3b>(j,i)[0]/div*div + div/2;
        image.at<cv::Vec3b>(j,i)[1]=
                image.at<cv::Vec3b>(j,i)[1]/div*div + div/2;
        image.at<cv::Vec3b>(j,i)[2]=
                image.at<cv::Vec3b>(j,i)[2]/div*div + div/2;

    } // 一行结束
}
```

这种方法的运行速度较慢，分别为 0.925 ms、0.580 ms 和 1.128 ms。该方法应该在需要随机访问像素的时候使用，绝不要在扫描图像时使用。

即使处理的元素总数相同，使用较短的循环和多条语句通常也要比使用较长的循环和单条语句的运行效率高。与之类似，如果你要对一个像素执行 N 个不同的计算过程，那就在单个循环中执行全部计算，而不是写 N 个连续的循环，每个循环执行一个计算。

我们还做过连续性测试，针对连续图像生成一个循环，而不是对行和列运行常规的二重循环，使运行速度平均提高了 10%。通常情况下，这种策略是非常好的，因为它会使速度明显提高。

2.5.3　扩展阅读

还有一个提高算法运行效率的方法是采用多线程，尤其是在使用多核处理器时。OpenMP、Intel 线程构建模块（Threading Building Block，TBB）和 Posix 是比较流行的并发编程 API，用于创建和管理线程。而且现在 C++11 本身就支持多线程。

2.5.4　参阅

- ❑ 2.7.4 节将介绍一种减色函数的实现方法，它使用了 OpenCV 算法图像运算符，在上述三种配置下，运行时间分别为 0.091 ms、0.047 ms 和 0.087 ms。
- ❑ 4.2 节将介绍一种基于速查表的减色函数实现方法，它的理念是预先计算所有减少亮度的值，运行时间分别为 0.129 ms、0.098 ms 和 0.206 ms。

2.6　扫描图像并访问相邻像素

在图像处理中经常有这样的处理函数，它在计算每个像素的数值时，需要使用周边像素的值。如果相邻像素在上一行或下一行，就需要同时扫描图像的多行。本节将介绍实现方法。

2.6.1　准备工作

为了便于说明问题，我们将使用一个锐化图像的处理函数。它基于拉普拉斯算子（将在第 6 章讨论）。在图像处理领域有一个众所周知的结论：如果从图像中减去拉普拉斯算子部分，图像的边缘就会放大，因而图像会变得更加尖锐。

可以用以下方法计算锐化的数值：

```
sharpened_pixel= 5*current-left-right-up-down;
```

这里的 `left` 是与当前像素相邻的左侧像素，`up` 是上一行的相邻像素，以此类推。

2.6.2　如何实现

这里不能使用就地处理，用户必须提供一个输出图像。图像扫描中使用了三个指针，一个表示当前行、一个表示上面的行、一个表示下面的行。另外，因为在计算每一个像素时都需要访问与它相邻的像素，所以有些像素的值是无法计算的，比如第一行、最后一行和第一列、最后一列的像素。这个循环可以这样写：

```
void sharpen(const cv::Mat &image, cv::Mat &result) {
    // 判断是否需要分配图像数据。如果需要，就分配
```

```
result.create(image.size(), image.type());
int nchannels= image.channels(); // 获得通道数
// 处理所有行（除了第一行和最后一行）
for (int j= 1; j<image.rows-1; j++) {

    const uchar* previous= image.ptr<const uchar>(j-1); // 上一行
    const uchar* current= image.ptr<const uchar>(j);    // 当前行
    const uchar* next= image.ptr<const uchar>(j+1);     // 下一行

    uchar* output= result.ptr<uchar>(j); // 输出行

    for (int i=nchannels; i<(image.cols-1)*nchannels; i++) {

        // 应用锐化算子
      *output++= cv::saturate_cast<uchar>(
              5*current[i]-current[i-nchannels]-
              current[i+nchannels]-previous[i]-next[i]);
    }
}

// 把未处理的像素设为 0
result.row(0).setTo(cv::Scalar(0));
result.row(result.rows-1).setTo(cv::Scalar(0));
result.col(0).setTo(cv::Scalar(0));
result.col(result.cols-1).setTo(cv::Scalar(0));
}
```

　　注意这个函数是如何同时适应灰度图像和彩色图像的。如果我们在测试用的灰度图像上执行该函数，将得到如下结果。

2.6.3　实现原理

若要访问上一行和下一行的相邻像素，只需定义额外的指针，并与当前行的指针一起递增，然后就可以在扫描循环内访问上下行的指针了。

在计算输出像素的值时，我们调用了 `cv::saturate_cast` 模板函数，并传入运算结果。这是因为计算像素的数学表达式的结果经常超出允许的范围（即小于 0 或大于 255）。使用这个函数可把结果调整到 8 位无符号数的范围内，具体做法是把小于 0 的数值调整为 0，大于 255 的数值调整为 255——这就是 `cv::saturate_cast<uchar>` 函数的作用。此外，如果输入参数是浮点数，就会得到最接近的整数。可以在调用这个函数时显式地指定其他数据类型，以确保结果在该数据类型定义的范围之内。

由于边框上的像素没有完整的相邻像素，因此不能用前面的方法计算，需要另行处理。这里简单地把它们设置为 0。有时也可以对这些像素做特殊的计算，但在大多数情况下，花时间处理这些极少数像素是没有意义的。在本例中，我们用两个特殊的方法把边框的像素设置为了 0，它们是 `row` 和 `col`。这两个方法返回一个特殊的 `cv::Mat` 实例，其中包含一个单行 ROI（或单列 ROI），具体范围取决于参数（第 1 章讨论过感兴趣区域）。这里没有进行复制，因为只要这个一维矩阵的元素被修改，原始图像也会被修改。我们用 `setTo` 方法来实现这个功能，此方法将对矩阵中的所有元素赋值，代码如下所示：

```
result.row(0).setTo(cv::Scalar(0));
```

这个语句把结果图像第一行的所有像素设置为 0。对于三通道彩色图像，需要使用 `cv::Scalar(a,b,c)` 来指定三个数值，分别对像素的每个通道赋值。

2.6.4　扩展阅读

在对像素邻域进行计算时，通常用一个核心矩阵来表示。这个核心矩阵展现了如何将与计算相关的像素组合起来，才能得到预期结果。针对本节使用的锐化滤波器，核心矩阵可以是这样的：

0	−1	0
−1	5	−1
0	−1	0

除非另有说明，当前像素用核心矩阵中心单元格表示。核心矩阵中的每个单元格表示相关像素的乘法系数，像素应用核心矩阵得到的结果，即这些乘积的累加。核心矩阵的大小就是邻域的

大小（这里是 3×3）。从这个描述可以看出，根据锐化滤波器的要求，水平和垂直方向的四个相邻像素与–1 相乘，当前像素与 5 相乘。在图像上应用核心矩阵不只是为了描述方便，它也是信号处理中卷积概念的基础。核心矩阵定义了一个用于图像的滤波器。

鉴于滤波是图像处理中的常见操作，OpenCV 专门为此定义了一个函数，即 cv::filter2D。要使用这个函数，只需要定义一个内核（以矩阵的形式），调用函数并传入图像和内核，即可返回滤波后的图像。因此，使用这个函数重新定义锐化函数非常容易：

```
void sharpen2D(const cv::Mat &image, cv::Mat &result) {

    // 构造内核（所有入口都初始化为 0）
    cv::Mat kernel(3,3,CV_32F,cv::Scalar(0));
    // 对内核赋值
    kernel.at<float>(1,1)= 5.0;
    kernel.at<float>(0,1)= -1.0;
    kernel.at<float>(2,1)= -1.0;
    kernel.at<float>(1,0)= -1.0;
    kernel.at<float>(1,2)= -1.0;

    // 对图像滤波
    cv::filter2D(image,result,image.depth(),kernel);
}
```

这种实现方式得到的结果与前面的完全相同（执行效率也相同）。如果处理的是彩色图像，三个通道可以应用同一个内核。注意，使用大内核的 filter2D 函数是特别有利的，因为这时它使用了更高效的算法。

2.6.5　参阅

❑ 第 6 章将更详细地解释图像滤波的概念。

2.7　实现简单的图像运算

图像就是普通的矩阵，可以进行加、减、乘、除运算，因此可以用多种方式组合图像。OpenCV 提供了很多图像算法运算符，本节将讨论它们的用法。

2.7.1　准备工作

我们使用算法运算符，将第二幅图像与输入图像进行组合。下图就是第二幅图像。

2.7.2　如何实现

这里要把两幅图像相加。这种方法可以用于创建特效图或覆盖图像中的信息。我们可以使用 cv::add 函数来实现相加功能，但因为这次是想得到加权和，因此使用更精确的 cv::addWeighted 函数：

```
cv::addWeighted(image1,0.7,image2,0.9,0.,result);
```

操作的结果是一个新图像。

2.7.3　实现原理

所有二进制运算函数的用法都一样：提供两个输入参数，指定一个输出参数。有时还可以指定加权系数，作为运算时的缩放因子。每个函数都可以有多种格式，cv::add 是典型的具有多种格式的函数：

```
// c[i]= a[i]+b[i];
cv::add(imageA,imageB,resultC);
// c[i]= a[i]+k;
cv::add(imageA,cv::Scalar(k),resultC);
// c[i]= k1*a[i]+k2*b[i]+k3;
cv::addWeighted(imageA,k1,imageB,k2,k3,resultC);
// c[i]= k*a[i]+b[i];
cv::scaleAdd(imageA,k,imageB,resultC);
```

有些函数还可以指定一个掩码：

```
// 如果(mask[i]) c[i]= a[i]+b[i];
cv::add(imageA,imageB,resultC,mask);
```

使用掩码后，操作就只会在掩码值非空的像素上执行（掩码必须是单通道的）。看一下 cv::subtract、cv::absdiff、cv::multiply 和 cv::divide 等函数的多种格式。此外还有位运算符（对像素的二进制数值进行按位运算）cv::bitwise_and、cv::bitwise_or、cv::bitwise_xor 和 cv::bitwise_not。cv::min 和 cv::max 运算符也非常实用，它们能找到每个元素中最大或最小的像素值。

在所有场合都要使用 cv::saturate_cast 函数（详情请参见 2.6 节），以确保结果在预定的像素值范围之内（避免上溢或下溢）。

这些图像必定有相同的大小和类型（如果与输入图像的大小不匹配，输出图像会重新分配）。由于运算是逐个元素进行的，因此可以把其中的一个输入图像用作输出图像。

还有运算符使用单个输入图像，它们是 cv::sqrt、cv::pow、cv::abs、cv::cuberoot、cv::exp 和 cv::log。事实上，无论需要对图像像素做什么运算，OpenCV 几乎都有相应的函数。

2.7.4 扩展阅读

对于 cv::Mat 实例或者实例中的个别通道，也可以使用普通的 C++运算符。下面两节将解释如何实现。

1. 重载图像运算符

OpenCV 的大多数运算函数都有对应的重载运算符，因此调用 cv::addWeighted 的语句也可以写成：

```
result= 0.7*image1+0.9*image2;
```

这种代码更加紧凑也更容易阅读。这两种计算加权和的方法是等效的。特别指出，这两种方法都会调用 cv::saturate_cast 函数。

大部分 C++运算符都已被重载，其中包括位运算符&、|、^、~和函数 min、max、abs。

比较运算符<、 <=、 ==、 !=、>和>=也已被重载，它们返回一个 8 位的二值图像。此外还有矩阵乘法 m1*m2（其中 m1 和 m2 都是 cv::Mat 实例）、矩阵求逆 m1.inv()、变位 m1.t()、行列式 m1.determinant()、求范数 v1.norm()、叉乘 v1.cross(v2)、点乘 v1.dot(v2)，等等。在理解这点后，你就会使用相应的组合赋值符了（例如+=运算符）。

2.5 节讨论了一个减色函数，它使用循环来扫描图像的像素并对像素进行运算操作。利用本节所学，可以使用针对输入图像的运算符简单地重写这个函数：

```
image=(image&cv::Scalar(mask,mask,mask))
            +cv::Scalar(div/2,div/2,div/2);
```

由于被操作的是彩色图像，因此使用了 cv::Scalar。使用图像运算符可以简化代码、提高开发效率，因此在大多数场合都应考虑采用。

2. 分割图像通道

我们有时需要分别处理图像中的不同通道，例如只对图像中的一个通道执行某个操作。这当然可以通过图像扫描循环实现，但也可以使用 cv::split 函数，将图像的三个通道分别复制到三个 cv::Mat 实例中。假设我们要把一张雨景图只加到蓝色通道中，可以这样实现：

```
// 创建三幅图像的向量
std::vector<cv::Mat> planes;
// 将一个三通道图像分割为三个单通道图像
cv::split(image1,planes);
// 加到蓝色通道上
planes[0]+= image2;
// 将三个单通道图像合并为一个三通道图像
cv::merge(planes,result);
```

这里的 cv::merge 函数执行反向操作，即用三个单通道图像创建一个彩色图像。

2.8　图像重映射

在本章的前面几节中，我们学习了如何读取和修改图像的像素值，最后一节来看看如何通过移动像素修改图像的外观。这个过程不会修改像素值，而是把每个像素的位置重新映射到新的位置。这可用来创建图像特效，或者修正因镜片等原因导致的图像扭曲。

2.8.1　如何实现

要使用 OpenCV 的 remap 函数，首先需要定义在重映射处理中使用的映射参数，然后把映射参数应用到输入图像。很明显，定义映射参数的方式将决定产生的效果。这里定义一个转换函数，在图像上创建波浪形效果：

```
// 重映射图像，创建波浪形效果
void wave(const cv::Mat &image, cv::Mat &result) {

    // 映射参数
    cv::Mat srcX(image.rows,image.cols,CV_32F);
    cv::Mat srcY(image.rows,image.cols,CV_32F);

    // 创建映射参数
    for (int i=0; i<image.rows; i++) {
      for (int j=0; j<image.cols; j++) {

        // (i,j)像素的新位置
        srcX.at<float>(i,j)= j; // 保持在同一列
                                // 原来在第 i 行的像素，现在根据一个正弦曲线移动
        srcY.at<float>(i,j)= i+5*sin(j/10.0);
      }
    }

    // 应用映射参数
    cv::remap(image,                // 源图像
            result,                 // 目标图像
            srcX,                   // x 映射
            srcY,                   // y 映射
            cv::INTER_LINEAR);      // 填补方法
}
```

得到的结果如下所示。

2.8.2 实现原理

重映射是通过修改像素的位置，生成一个新版本的图像。为了构建新图像，需要知道目标图像中每个像素的原始位置。因此，我们需要的映射函数应该能根据像素的新位置得到像素的原始位置。这个转换过程描述了如何把新图像的像素映射回原始图像，因此称为**反向映射**。在 OpenCV

中，可以用两个映射参数来说明反向映射：一个针对 *x* 坐标，另一个针对 *y* 坐标。它们都用浮点数型的 `cv::Mat` 实例来表示：

```
// 映射参数
cv::Mat srcX(image.rows,image.cols,CV_32F); // x 方向
cv::Mat srcY(image.rows,image.cols,CV_32F); // y 方向
```

这些矩阵的大小决定了目标图像的大小。用下面的代码可以从原始图像获得目标图像中 `(i,j)` 像素的值：

```
( srcX.at<float>(i,j) , srcY.at<float>(i,j) )
```

第 1 章展示过的图像翻转效果也可以用下面的映射参数创建：

```
// 创建映射参数
for (int i=0; i<image.rows; i++) {
  for (int j=0; j<image.cols; j++) {

    // 水平翻转
    srcX.at<float>(i,j)= image.cols-j-1;
    srcY.at<float>(i,j)= i;
  }
}
```

只需调用 OpenCV 的 `remap` 函数，即可生成结果图像：

```
// 应用映射参数
cv::remap(image,            // 源图像
          result,          // 目标图像
          srcX,            // x 方向映射
          srcY,            // y 方向映射
          cv::INTER_LINEAR); // 插值法
```

有趣的是，这两个映射参数包含的值是浮点数。因此，目标图像中的像素可以映射回一个非整数的值（即处在两个像素之间的位置），这使我们可以随意定义映射参数，非常实用。例如在前面的重映射例子中，我们用了一个 `sinusoidal` 函数进行转换，但这也导致必须在真实像素之间插入虚拟像素的值。可以采用不同的方法实现像素插值，并且可用 `remap` 函数的最后一个参数来表示选择了哪种方法。像素插值是图像处理中的一个重要概念，将在第 6 章讨论。

2.8.3　参阅

❑ 6.2.3 节将解释像素插值的概念。
❑ 11.4 节将使用重映射来校正图像中的镜头扭曲。
❑ 10.4 节将使用透视图像变形来构建图像全景。

第 3 章 处理图像的颜色

本章包括以下内容：

❑ 用策略设计模式比较颜色；
❑ 用 GrabCut 算法分割图像；
❑ 转换颜色表示法；
❑ 用色调、饱和度和亮度表示颜色。

3.1 简介

人类视觉系统的一个重要特征就是能感知颜色。人眼的视网膜中有一种被称作视锥细胞的特殊感光细胞，专门负责感知各种颜色。视锥细胞分为三种，分别负责不同波长的光线，人脑就是通过这些细胞产生的信号来识别各种颜色的。大多数动物却只有视杆细胞，它对光线的敏感度更高，但是覆盖了整个可见光的光谱，无法区分不同的颜色。人眼中的视杆细胞主要分布在视网膜的边缘，而视锥细胞分布在视网膜的中心。

在数码摄影中，则是用加色法三原色（红、绿、蓝）来构建各种颜色，将它们组合起来可以产生各种颜色，且色域很宽。实际上，选用这三种颜色也模仿了人类的颜色识别系统——人眼中不同的视锥细胞分别负责红色、绿色和蓝色附近的光谱。本章将分析像素的颜色，并介绍如何用颜色信息分割图像。此外，在处理彩色图像时，还可以使用其他的颜色表示法。

3.2 用策略设计模式比较颜色

假设我们要构建一个简单的算法，用来识别图像中具有某种颜色的所有像素。这个算法必须输入一幅图像和一个颜色，并且返回一个二值图像，显示具有指定颜色的像素。在运行算法前，还要指定一个参数，即能接受的颜色的公差。

本节将采用**策略设计模式**来实现这一目标，它是一种面向对象的设计模式，用很巧妙的方法将算法封装进类。采用这种模式后，可以很轻松地替换算法，或者组合多个算法以实现更复杂的功能。而且这种模式能够尽可能地将算法的复杂性隐藏在一个直观的编程接口后面，更有利于算法的部署。

3.2.1 如何实现

一旦用策略设计模式把算法封装进类，就可以通过创建类的实例来部署算法，实例通常是在程序初始化的时候创建的。在运行构造函数时，类的实例会用默认值初始化算法的各种参数，使其立即进入可用状态。我们还可以用适当的方法来读写算法的参数值。在 GUI 应用程序中，可以用多种部件（文本框、滑动条等）显示和修改参数，用户操作起来很容易。

下一节将展示一个策略类的结构，这里先看一个部署和使用它的例子。写一个简单的主函数，调用颜色检测算法：

```cpp
int main()
{
  // 1.创建图像处理器对象
  ColorDetector cdetect;

  // 2.读取输入的图像
  cv::Mat image= cv::imread("boldt.jpg");
  if (image.empty()) return 0;

  // 3.设置输入参数
  cdetect.setTargetColor(230,190,130);   // 这里表示蓝天

  // 4.处理图像并显示结果
  cv::namedWindow("result");
  cv::Mat result = cdetect.process(image);
  cv::imshow("result",result);

  cv::waitKey();
  return 0;
}
```

运行这个程序，检测第 2 章用过的彩色城堡图中的蓝天，输出结果如下所示。

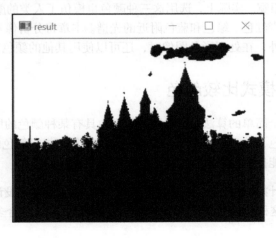

这里的白色像素表示检测到指定的颜色，黑色表示没有检测到。

很明显，封装进这个类的算法相对简单（下面会看到它只是组合了一个扫描循环和一个公差参数）。当算法的实现过程变得更加复杂、步骤繁多并且包含多个参数时，策略设计模式才会真正展现出强大的威力。

3.2.2 实现原理

这个算法的核心过程非常简单，只是对每个像素进行循环扫描，把它的颜色和目标颜色做比较。利用 2.3 节所学，可以这样写这个循环：

```cpp
// 取得迭代器
cv::Mat_<cv::Vec3b>::const_iterator it= image.begin<cv::Vec3b>();
cv::Mat_<cv::Vec3b>::const_iterator itend= image.end<cv::Vec3b>();
cv::Mat_<uchar>::iterator itout= result.begin<uchar>();

// 对于每个像素
for ( ; it!= itend; ++it, ++itout) {

    // 比较与目标颜色的差距
    if (getDistanceToTargetColor(*it)<=maxDist) {
    *itout= 255;
    } else {
     *itout= 0;
    }
}
```

cv::Mat 类型的变量 image 表示输入图像，result 表示输出的二值图像。因此要先创建迭代器，这样扫描循环就很容易实现了。注意，输入图像迭代器定义为常量，它们的元素无法修改。在每个迭代步骤中计算当前像素的颜色与目标颜色的差距，检查它是否在公差（maxDist）范围之内。如果是，就在输出图像中赋值 255（白色），否则就赋值 0（黑色）。这里用 getDistance ToTargetColor 方法来计算与目标颜色的差距。

也有其他可以计算这个差距的方法，例如计算包含 RGB 颜色值的三个向量之间的欧几里得距离。为了简化计算过程，我们把 RGB 值差距的绝对值（也称为**城区距离**）进行累加。注意，在现代体系结构中，浮点数的欧几里得距离的计算速度可能比简单的城区距离更快（还可以采用平方欧氏距离，以避免耗时的平方根运算），在做设计时也要考虑到这点。另外，为了增加灵活性，我们依据 getColorDistance 方法来编写 getDistanceToTargetColor 方法：

```cpp
// 计算与目标颜色的差距
int getDistanceToTargetColor(const cv::Vec3b& color) const {
  return getColorDistance(color, target);
}
// 计算两个颜色之间的城区距离
int getColorDistance(const cv::Vec3b& color1,
const cv::Vec3b& color2) const {
```

```
return abs(color1[0]-color2[0])+
       abs(color1[1]-color2[1])+
       abs(color1[2]-color2[2]);
}
```

我们用 cv::Vec3d 存储三个无符号字符型，即颜色的 RGB 值。变量 target 表示指定的目标颜色，是算法类的成员变量。现在来定义处理方法。用户提供一个输入图像，图像扫描完成后即返回结果：

```
cv::Mat ColorDetector::process(const cv::Mat &image) {

    // 必要时重新分配二值映像
    // 与输入图像的尺寸相同，不过是单通道
    result.create(image.size(),CV_8U);

    // 在这里放前面的处理循环
    return result;
}
```

在调用这个方法时，一定要检查输出图像（包含二值映像）是否需要重新分配，以匹配输入图像的尺寸。因此我们使用了 cv::Mat 的 create 方法。注意，只有在指定的尺寸或深度与当前图像结构不匹配时，它才会进行重新分配。

我们已经定义了核心的处理方法，下面就看一下为了部署该算法，还需要添加哪些额外方法。前面已经明确了算法需要的输入和输出数据，因此要定义类的属性来存储这些数据：

```
class ColorDetector {
  private:

    // 允许的最小差距
    int maxDist;
    // 目标颜色
    cv::Vec3b target;

    // 存储二值映像结果的图像
    cv::Mat result;
```

要为封装了算法的类（已命名为 ColorDetector）创建实例，就需要定义一个构造函数。使用策略设计模式的原因之一，就是让算法的部署尽可能简单。最简单的构造函数当然是空函数，它会创建一个算法类的实例，并处于有效状态。然后在构造函数中初始化全部输入参数，设置为默认值（或采用通常会带来好结果的值）。这里认为通常能接受的公差参数是 100。我们还需要设置默认的目标颜色，这里选用黑色（选用黑色没有什么特别的原因），总的原则是要确保输入值可预测并且有效。

```
// 空构造函数
// 在此初始化默认参数
ColorDetector() : maxDist(100), target(0,0,0) {}
```

也可以不使用空的构造函数,而是采用复杂的构造函数,要求用户输入目标颜色和颜色距离:

```
// 另一种构造函数, 使用目标颜色和颜色距离作为参数
ColorDetector(uchar blue, uchar green, uchar red, int mxDist);
```

创建该算法类的用户此时可以立即调用处理方法并传入一个有效的图像,然后得到一个有效的输出。这是策略设计模式的另一个目的,即只要保证参数正确,算法就能正常运行。用户显然希望使用个性化设置,我们可以用相应的设置方法和获取方法来实现这个功能。首先要实现 color 公差参数的定制:

```
// 设置颜色差距的阈值
// 阈值必须是正数, 否则就设为 0
void setColorDistanceThreshold(int distance) {

  if (distance<0)
    distance=0;
    maxDist= distance;
}


// 取得颜色差距的阈值
int getColorDistanceThreshold() const {
    return maxDist;
}
```

注意,我们首先检查了输入的合法性。再次强调,这是为了确保算法运行的有效性。可以用类似的方法设置目标颜色:

```
// 设置需要检测的颜色
void setTargetColor(uchar blue,
                    uchar green,
                    uchar red) {

  // 次序为 BGR
  target = cv::Vec3b(blue, green, red);
}
// 设置需要检测的颜色
void setTargetColor(cv::Vec3b color) {
  target= color;
}


// 取得需要检测的颜色
cv::Vec3b getTargetColor() const {
  return target;
}
```

这次我们提供了 setTargetColor 方法的两种定义,第一个版本用三个参数表示三个颜色组件,第二个版本用 cv::Vec3b 保存颜色值。再次强调,这么做是为了让算法类更便于使用,使用户只需要选择最合适的设置函数。

3.2.3 扩展阅读

例子中的算法可识别出图像中与指定目标颜色足够接近的像素。过程中已经完成了计算步骤。有趣的是，OpenCV 中有一个具有类似功能的函数，可以从图像中提取出与特定颜色相关联的部件。另外，我们也可以用函数对象来补充策略设计模式。OpenCV 中定义了一个基类 cv::Algorithm，实现策略设计模式的概念。

1. 计算两个颜色向量间的距离

要计算两个颜色向量间的距离，可使用这个简单的公式：

```
return abs(color[0]-target[0])+
       abs(color[1]-target[1])+
       abs(color[2]-target[2]);
```

然而，OpenCV 中也有计算向量的欧几里得范数的函数，因此也可以这样计算距离：

```
return static_cast<int>(
       cv::norm<int,3>(cv::Vec3i(color[0]-target[0],
                                 color[1]-target[1],
                                 color[2]-target[2])));
```

改用这种方式定义 getDistance 方法后，得到的结果与原来的非常接近。这里之所以使用 cv::Vec3i（三个向量的整型数组），是因为减法运算得到的是整数值。

还有一点非常有趣，回顾一下第 2 章的内容，我们会发现 OpenCV 中矩阵和向量等数据结构定义了基本的算术运算符。因此，有人会想这样计算距离：

```
return static_cast<int>( cv::norm<uchar,3>(color-target));// 错误!
```

这种做法看上去好像是对的，但实际上是错误的，因为为了确保结果在输入数据类型的范围之内（这里是 uchar），这些运算符通常都调用了 saturate_cast（详情请参见 2.6 节）。因此在 target 的值比 color 大的时候，结果就会是 0 而不是负数。正确的做法应该是：

```
cv::Vec3b dist;
cv::absdiff(color,target,dist);
return cv::sum(dist)[0];
```

不过在计算三个数组间距离时调用这两个函数的效率并不高。

2. 使用 OpenCV 函数

本节采用了在循环中使用迭代器的方法来进行计算。还有一种做法是调用 OpenCV 的系列函数，也能得到一样的结果。因此，检测颜色的方法还可以这样写：

```
cv::Mat ColorDetector::process(const cv::Mat &image) {
  cv::Mat output;
  // 计算与目标颜色的距离的绝对值
```

```
cv::absdiff(image,cv::Scalar(target),output);

// 把通道分割进 3 幅图像
std::vector<cv::Mat> images;
cv::split(output,images);

// 3 个通道相加（这里可能出现饱和的情况）
output= images[0]+images[1]+images[2];
// 应用阈值
cv::threshold(output,                    // 相同的输入/输出图像
              output,
              maxDist,                   // 阈值（必须<256）
              255,                       // 最大值
              cv::THRESH_BINARY_INV);    // 阈值化模式

return output;
}
```

该方法使用了 absdiff 函数计算图像的像素与标量值之间差距的绝对值。该函数的第二个参数也可以不用标量值，而是改用另一幅图像，这样就可以逐个像素地计算差距。因此两幅图像的尺寸必须相同。然后，用 split 函数提取出存放差距的图像的单个通道（详情请参见 2.7.4 节）以便求和。注意，累加值有可能超过 255，但因为饱和度对值范围有要求，所以最终结果不会超过 255。这样做的结果，就是这里的 maxDist 参数也必须小于 256。如果你觉得这样不合理，可以进行修改。

最后一步是用 cv::threshold 函数创建一个二值图像。这个函数通常用于将所有像素与某个阈值（第三个参数）进行比较，并且在常规阈值化模式（cv::THRESH_BINARY）下，将所有大于指定阈值的像素赋值为预定的最大值（第四个参数），将其他像素赋值为 0。这里使用相反的模式（cv::THRESH_BINARY_INV）把小于或等于阈值的像素赋值为预定的最大值。此外还有 cv::THRESH_TOZERO 和 cv::THRESH_TOZERO_INV 模式，它们使大于或小于阈值的像素保持不变。

一般来说，最好直接使用 OpenCV 函数。它可以快速建立复杂程序，减少潜在的错误，而且程序的运行效率通常也比较高（得益于 OpenCV 项目参与者做的优化工作）。不过这样会执行很多的中间步骤，消耗更多内存。

3. floodFill 函数

ColorDetector 类可以在一幅图像中找出与指定颜色接近的像素，它的判断方法是对像素进行逐个检查。cv::floodFill 函数的做法与之类似，但有一个很大的区别，那就是它在判断一个像素时，还要检查附近像素的状态，这是为了识别某种颜色的相关区域。用户只需指定一个起始位置和允许的误差，就可以找出颜色接近的连续区域。

首先根据亚像素确定搜寻的颜色，并检查它旁边的像素，判断它们是否为颜色接近的像素；然后，继续检查它们旁边的像素，并持续操作。这样就可以从图像中提取出特定颜色的区域。例

如要从图中提取出蓝天，可以执行以下语句：

```
cv::floodFill(image,                      // 输入/输出图像
        cv::Point(100, 50),               // 起始点
        cv::Scalar(255, 255, 255),        // 填充颜色
        (cv::Rect*)0,                     // 填充区域的边界矩形
        cv::Scalar(35, 35, 35),           // 偏差的最小/最大阈值
        cv::Scalar(35, 35, 35),           // 正差阈值，两个阈值通常相等
        cv::FLOODFILL_FIXED_RANGE);       // 与起始点像素比较
```

图像中亚像素(100, 50)所处的位置是天空。函数会检查所有的相邻像素，颜色接近的像素会被重绘成第三个参数指定的新颜色。为了判断颜色是否接近，需要分别定义比参考色更高或更低的值作为阈值。这里使用固定范围模式，即所有像素都与亚像素的颜色进行对比，默认模式是将每个像素与和它邻近的像素进行对比。得到的结果如下图所示。

这种算法重绘了一个独立的连续区域（这里是把天空画成白色）。即使其他地方有颜色接近的像素（例如水面），除非它们与天空相连，否则也不会被识别出来。

4. 仿函数或函数对象

利用 C++的操作符重载功能，我们可以让类的实例表现得像函数。它的原理是重载 operator()方法，让调用类的处理方法就像调用纯粹的函数一样。这种类的实例被称为函数对象或者仿函数（functor）。一个仿函数通常包含一个完整的构造函数，因此能够在创建后立即使用。例如，可以在 ColorDetector 类中添加完整的构造函数：

```
// 完整的构造函数
ColorDetector(uchar blue, uchar green, uchar red, int maxDist=100):
                maxDist(maxDist) {
```

```
// 目标颜色
setTargetColor(blue, green, red);
}
```

很显然，前面定义的获取方法和设置方法仍然可以使用。可以这样定义仿函数方法：

```
cv::Mat operator()(const cv::Mat &image) {
  // 这里放检测颜色的代码
}
```

若想用仿函数方法检测指定的颜色，只需要用这样的代码片段：

```
ColorDetector colordetector(230,190,130,  // 颜色
                            100);          // 阈值
cv::Mat result= colordetector(image);     // 调用仿函数
```

可以看到，这里对颜色检测方法的调用类似于对某个函数的调用。

5. OpenCV 的算法基类

为实现计算机视觉的各项功能，OpenCV 提供了很多算法。为方便使用，大多数算法都被封装成了通用基类 cv::Algorithm 的子类。这体现了策略设计模式的一些概念。首先，所有算法都在专门的静态方法中动态地创建，以确保创建的算法总是有效的（即每个缺少的参数都有有效的默认值）。来看一个例子，即它的其中一个子类 cv::ORB（用于兴趣点运算，详情请参见 8.5 节）。这里只把它作为一个算法示例。

用下面的方法创建一个算法实例：

```
cv::Ptr<cv::ORB> ptrORB = cv::ORB::create(); // 默认状态
```

算法一旦创建完毕，就可以开始使用，例如通用方法 read 和 write 可用于装载或存储算法的状态值。算法也有一些专用方法（例如 ORB 的方法 detect 和 compute 用于触发它的主体计算单元），也有专门用来设置内部参数的设置方法。需要注意的是，你可以把指针类型定为 cv::Ptr<cv::Algorithm>，但那样就无法使用它的专用方法了。

3.2.4　参阅

- ❑ A. Alexandrescu 提出的 "基于策略的类设计" 是策略设计模式的一个变种，它把算法的选择放在编译时进行。
- ❑ 3.4 节将介绍感知均匀色彩空间的概念，以实现更直观的颜色比较方法

3.3　用 GrabCut 算法分割图像

上一节介绍了如何利用颜色信息，根据场景中的特定元素分割图像。物体通常有自己特有的颜色，通过识别颜色接近的区域，通常可以提取出这些颜色。OpenCV 提供了一种常用的图像分

割算法，即 GrabCut 算法。GrabCut 算法比较复杂，计算量也很大，但结果通常很精确。如果要从静态图像中提取前景物体（例如从图像中剪切一个物体，并粘贴到另一幅图像），最好采用 GrabCut 算法。

3.3.1　如何实现

`cv::grabCut` 函数的用法非常简单，只需要输入一幅图像，并对一些像素做上 "属于背景" 或 "属于前景" 的标记即可。根据这个局部标记，算法将计算出整幅图像的前景/背景分割线。

一种指定输入图像局部前景/背景标签的方法是定义一个包含前景物体的矩形：

```
// 定义一个带边框的矩形
// 矩形外部的像素会被标记为背景
cv::Rect rectangle(5,70,260,120);
```

这段代码定义了图像中的一个区域。

矩形之外的像素都会被标记为背景。调用 `cv::grabCut` 时，除了需要输入图像和分割后的图像，还需要定义两个矩阵，用于存放算法构建的模型，代码如下所示：

```
cv::Mat result;                          // 分割结果（四种可能的值）
cv::Mat bgModel,fgModel;                 // 模型（内部使用）
// GrabCut 分割算法
cv::grabCut(image,                       // 输入图像
            result,                      // 分割结果
            rectangle,                   // 包含前景的矩形
            bgModel,fgModel,             // 模型
            5,                           // 迭代次数
            cv::GC_INIT_WITH_RECT);      // 使用矩形
```

注意，我们在函数的中用 `cv::GC_INIT_WITH_RECT` 标志作为最后一个参数，表示将使用带边框的矩形模型（3.3.2 节会讨论其他模式）。输入/输出的分割图像可以是以下四个值之一。

- ❑ `cv::GC_BGD`：这个值表示明确属于背景的像素（例如本例中矩形之外的像素）。
- ❑ `cv::GC_FGD`：这个值表示明确属于前景的像素（本例中没有这种像素）。
- ❑ `cv::GC_PR_BGD`：这个值表示可能属于背景的像素。
- ❑ `cv::GC_PR_FGD`：这个值表示可能属于前景的像素（即本例中矩形之内像素的初始值）。

通过提取值为 `cv::GC_PR_FGD` 的像素，可得到包含分割信息的二值图像，实现代码为：

```
// 取得标记为"可能属于前景"的像素
cv::compare(result,cv::GC_PR_FGD,result,cv::CMP_EQ);
// 生成输出图像
cv::Mat foreground(image.size(),CV_8UC3,cv::Scalar(255,255,255));
image.copyTo(foreground, result); // 不复制背景像素
```

要提取全部前景像素，即值为 `cv::GC_PR_FGD` 或 `cv::GC_FGD` 的像素，可以检查第一位的值，代码如下所示：

```
// 用"按位与"运算检查第一位
result= result&1; // 如果是前景像素，结果为1
```

这可能是因为这几个常量被定义的值为 1 和 3，而另外两个（`cv::GC_BGD` 和 `cv::GC_PR_BGD`）被定义为 0 和 2。本例因为分割图像不含 `cv::GC_FGD` 像素（只输入了 `cv::GC_BGD` 像素），所以得到的结果是一样的。

得到的图像如下所示。

3.3.2 实现原理

在前面的例子中，只需要指定一个包含前景物体（城堡）的矩形，GrabCut 算法就能提取出它。此外，还可以把输入图像中的几个特定像素赋值为 `cv::GC_BGD` 和 `cv::GC_FGD`，以掩码图像的形式提供这些值，作为 `cv::grabCut` 函数的第二个参数。同时要把输入模式标志指定为 `GC_INIT_WITH_MASK`。获得这些输入标签的方法有很多种，例如可以提示用户在图像中交互式地标记一些元素。当然，将这两种输入模式结合使用也未尝不可。

利用输入信息，GrabCut 算法通过以下步骤进行背景/前景分割。首先，把所有未标记的像素临时标为前景（`cv::GC_PR_FGD`）。基于当前的分类情况，算法把像素划分为多个颜色相似的组（即 K 个背景组和 K 个前景组）。下一步是通过引入前景和背景像素之间的边缘，确定背景/前景的分割，这将通过一个优化过程来实现。在此过程中，将试图连接具有相似标记的像素，并且避免边缘出现在强度相对均匀的区域。使用 Graph Cuts 算法可以高效地解决这个优化问题，它寻找最优解决方案的方法是：把问题表示成一幅连通的图形，然后在图形上进行切割，以形成最优的形态。分割完成后，像素会有新的标记。然后重复这个分组过程，找到新的最优分割方案，如此反复。因此，GrabCut 算法是一个逐步改进分割结果的迭代过程。根据场景的复杂程度，找到最佳方案所需的迭代次数各不相同（如果情况简单，迭代一次就足够了）。

这解释了函数中用来表示迭代次数的参数。结合代码看，原意应该是：先把参数传递给函数，函数返回时会修改参数的值。因此，如果希望通过执行额外的迭代过程来改进分割结果，可以在调用函数时重复使用上次运行的模型。

3.3.3 参阅

- ☐ C. Rother、V. Kolmogorov 和 A. Blake 发表在 *ACM Transactions on Graphics (SIGGRAPH)* 2004 年 8 月第 23 卷第 3 期上的文章 "GrabCut: Interactive Foreground Extraction using Iterated Graph Cuts" 详细描述了 GrabCut 算法。
- ☐ 5.5 节将介绍另一种图像分割算法。

3.4 转换颜色表示法

RGB 色彩空间的基础是对加色法三原色（红、绿、蓝）的应用。本章最开始就说过，选用这三种颜色作为三原色，是因为将它们组合后可以产生色域很宽的各种颜色，与人类视觉系统对应。这通常是数字成像中默认的色彩空间，因为这就是用红绿蓝三种滤波器生成彩色图像的方式。红绿蓝三个通道还要做归一化处理，当三种颜色强度相同时就会取得灰度，即从黑色(0, 0, 0)到白色(255, 255, 255)。

但利用 RGB 色彩空间计算颜色之间的差距并不是衡量两个颜色相似度的最好方式。实际上，

RGB 并不是**感知均匀的色彩空间**。也就是说,两种具有一定差距的颜色可能看起来非常接近,而另外两种具有同样差距的颜色看起来却差别很大。

为解决这个问题,引入了一些具有感知均匀特性的颜色表示法。CIE L*a*b*就是一种这样的颜色模型。把图像转换到这种表示法后,我们就可以真正地使用图像像素与目标颜色之间的欧几里得距离,来度量颜色之间的视觉相似度。本节将介绍如何转换颜色表示法,以便使用其他色彩空间。

3.4.1 如何实现

使用 OpenCV 的函数 `cv::cvtColor` 可以轻松转换图像的色彩空间。回顾一下 3.2 节提到的 ColorDetector 类。在 process 方法中先把输入图像转换成 CIE L*a*b*色彩空间:

```cpp
cv::Mat ColorDetector::process(const cv::Mat &image) {

    // 必要时重新分配二值图像
    // 与输入图像的尺寸相同,但用单通道
    result.create(image.rows,image.cols,CV_8U);

    // 转换成 Lab 色彩空间
    cv::cvtColor(image, converted, CV_BGR2Lab);

    // 取得转换图像的迭代器
    cv::Mat_<cv::Vec3b>::iterator it=  converted.begin<cv::Vec3b>();
    cv::Mat_<cv::Vec3b>::iterator itend= converted.end<cv::Vec3b>();
    // 取得输出图像的迭代器
    cv::Mat_<uchar>::iterator itout= result.begin<uchar>();

    // 针对每个像素
    for ( ; it!= itend; ++it, ++itout) {
```

转换后的变量包含颜色转换后的图像,被定义为类 ColorDetector 的一个属性:

```cpp
class ColorDetector {
  private:
    // 颜色转换后的图像
    cv::Mat converted;
```

输入的目标颜色也需要进行转换——通过创建一个只有单个像素的临时图像,可以实现这种转换。注意,需要让函数保持与前面几节一样的签名,即用户提供的目标颜色仍然是 RGB 格式:

```cpp
    // 设置需要检测的颜色
    void setTargetColor(unsigned char red, unsigned char green,
                        unsigned char blue) {

    // 临时的单像素图像
    cv::Mat tmp(1,1,CV_8UC3);
    tmp.at<cv::Vec3b>(0,0)= cv::Vec3b(blue, green, red);
```

```
// 将目标颜色转换成 Lab 色彩空间
cv::cvtColor(tmp, tmp, CV_BGR2Lab);

target= tmp.at<cv::Vec3b>(0,0);
}
```

如果在上一节的程序中使用这个修改过的类，它就会在检测符合目标颜色的像素时，使用 CIE L*a*b*颜色模型。

3.4.2 实现原理

在将图像从一个色彩空间转换到另一个色彩空间时，会在每个输入像素上做一个线性或非线性的转换，以得到输出像素。输出图像的像素类型与输入图像是一致的。即使你经常使用 8 位像素，也可以用浮点数图像（通常假定像素值的范围是 0~1.0）或整数图像（像素值范围通常是 0~65 535）进行颜色转换。但是，实际的像素值范围取决于指定的色彩空间和目标图像的类型。比如说 CIE L*a*b*色彩空间中的 L 通道表示每个像素的亮度，范围是 0~100；在使用 8 位图像时，它的范围就会调整为 0~255。a 通道和 b 通道表示色度组件，这些通道包含了像素的颜色信息，与亮度无关。它们的值的范围是–127~127；对于 8 位图像，为了适应 0~255 的区间，每个值会加上 128。但是要注意，进行 8 位颜色转换时会产生舍入误差，因此转换过程并不是完全可逆的。

大多数常用的色彩空间都是可以转换的。你只需要在 OpenCV 函数中指定正确的色彩空间转换代码（CIE L*a*b*的代码为 CV_BGR2Lab），其中就有 YCrCb，它是在 JPEG 压缩中使用的色彩空间。把色彩空间从 BGR 转换成 YCrCb 的代码为 CV_BGR2YCrCb。注意，所有涉及三原色（红、绿、蓝）的转换过程都可以用 RGB 和 BGR 的次序。

CIE L*u*v*是另一种感知均匀的色彩空间。若想从 BGR 转换成 CIE L*u*v*，可使用代码 CV_BGR2Luv。L*a*b*和 L*u*v*对亮度通道使用同样的转换公式，但对色度通道则使用不同的表示法。另外，为了实现视觉感知上的均匀，这两种色彩空间都扭曲了 RGB 的颜色范围，所以这些转换过程都是非线性的（因此计算量巨大）。

此外还有 CIE XYZ 色彩空间（用代码 CV_BGR2XYZ 表示）。它是一种标准色彩空间，用与设备无关的方式表示任何可见颜色。在 L*a*b*和 L*u*v*色彩空间的计算中，用 XYZ 色彩空间作为一种中间表示法。RGB 与 XYZ 之间的转换是线性的。还有一点非常有趣，就是 Y 通道对应着图像的灰度版本。

HSV 和 HLS 这两种色彩空间很有意思，它们把颜色分解成加值的色调和饱和度组件或亮度组件。人们用这种方式来描述的颜色会更加自然。下一节将介绍这种色彩空间。

你可以把彩色图像转换成灰度图像，输出是一个单通道图像：

```
cv::cvtColor(color, gray, CV_BGR2Gray);
```

也可以进行反向的转换，但是那样得到的彩色图像的三个通道是相同的，都是灰度图像中对应的值。

3.4.3　参阅

- ❑ 4.6 节将使用 HSV 色彩空间来寻找图像中的目标。
- ❑ 关于色彩空间理论的参考资料有很多，其中有一套完整的资料：*The Structure and Properties of Color Spaces and the Representation of Color Images*（E. Dubois 著，Morgan & Claypool，2009 年出版）。

3.5　用色调、饱和度和亮度表示颜色

本章处理了图像的颜色，使用了不同的色彩空间，并且设法识别出图像中具有均匀颜色的区域。RGB 是一种被广泛接受的色彩空间。虽然它被视为一种在电子成像系统中采集和显示颜色的有效方法，但它其实并不直观，也并不符合人类对于颜色的感知方式——我们更习惯用色彩、亮度或彩度（即表示该颜色是鲜艳的还是柔和的）来描述颜色。为了能让用户用更直观的属性描述颜色，我们引入了基于色调、饱和度和亮度的色彩空间。本节将把色调、饱和度和亮度作为描述颜色的方法，并对这些概念加以探讨。

3.5.1　如何实现

上一节讲过，可用 cv::cvtColor 函数把 BGR 图像转换成另一种色彩空间。这里使用转换代码 CV_BGR2HSV：

```
// 转换成 HSV 色彩空间
cv::Mat hsv;
cv::cvtColor(image, hsv, CV_BGR2HSV);
```

我们可以用代码 CV_HSV2BGR 把图像转换回 BGR 色彩空间。通过把图像的通道分割到三个独立的图像中，我们可以直观地看到每一种 HSV 组件，方法如下所示：

```
// 把 3 个通道分割进 3 幅图像中
std::vector<cv::Mat> channels;
cv::split(hsv,channels);
// channels[0]是色调
// channels[1]是饱和度
// channels[2]是亮度
```

注意第三个通道表示颜色值，即颜色亮度的近似值。因为处理的是 8 位图像，所以 OpenCV 会把通道值的范围重新调节为 0~255（色调除外，它的范围被调节为 0~180，下节会解释原因）。这个方法非常实用，因为我们可以把这几个通道作为灰度图像进行显示。

城堡图的亮度通道显示如下。

该图像的饱和度通道显示如下。

最后是该图像的色调通道。

下一节会对这几幅图像进行解释。

3.5.2　实现原理

之所以要引入色调/饱和度/亮度的色彩空间概念，是因为人们喜欢凭直觉分辨各种颜色，而它与这种方式吻合。实际上，人类更喜欢用色彩、彩度、亮度等直观的属性来描述颜色，而大多数直觉色彩空间正是基于这三个属性。**色调**（hue）表示主色，我们使用的颜色名称（例如绿色、黄色和红色）就对应了不同的色调值；**饱和度**（saturation）表示颜色的鲜艳程度，柔和的颜色饱和度较低，而彩虹的颜色饱和度就很高；最后，**亮度**（brightness）是一个主观的属性，表示某种颜色的光亮程度。其他直觉色彩空间使用颜色**明度**（value）或颜色**亮度**（lightness）的概念描述有关颜色的强度。

利用这些颜色概念，能尽可能地模拟人类对颜色的直观感知。因此，它们没有标准的定义。根据文献资料，色调、饱和度和亮度都有多种不同的定义和计算公式。OpenCV 建议的两种直觉色彩空间的实现是 HSV 和 HLS 色彩空间，它们的转换公式略有不同，但是结果非常相似。

亮度成分可能是最容易解释的。在 OpenCV 对 HSV 的实现中，它被定义为三个 BGR 成分中的最大值，以非常简化的方式实现了亮度的概念。为了让定义更符合人类视觉系统，应该使用均匀感知的色彩空间 L*a*b* 和 L*u*v* 的 L 通道。举个例子，L 通道已经考虑到了，在强度相同的情况下，人们会觉得绿色比蓝色等颜色的亮度更高。

OpenCV 用一个公式来计算饱和度，该公式基于 BGR 组件的最小值和最大值：

$$S = \frac{\max(R, G, B) - \min(R, G, B)}{\max(R, G, B)}$$

其原理是：灰度颜色包含的 R、G、B 的成分是相等的，相当于一种极不饱和的颜色，因此它的饱和度是 0（饱和度是一个 0~1.0 的值）。对于 8 位图像，饱和度被调节成一个 0~255 的值，并且作为灰度图像显示的时候，较亮区域对应的颜色具有较高的饱和度。

举个例子，在前面的饱和度图片中，水的蓝色比天空的柔和浅蓝色的饱和度高，这和我们的推断是一致的。根据定义，各种灰色阴影的饱和度都是 0（因为它们的三种 BGR 组件是相等的）。从城堡的屋顶能看到这种现象，因为屋顶是由深灰色石头砌成的。最后，你还会在饱和度图像中看到一些白色的斑点，它们对应着原始图像中非常暗的区域。这是由饱和度的定义引起的——饱和度只计算 BGR 中最大值和最小值的相对差距，因此像 (1, 0, 0) 这样的组合就会得到饱和度 1.0，尽管这个颜色看起来是黑的。因此，在黑色区域中计算得到的饱和度是不可靠的，没有参考价值。

颜色的色调通常用 0~360 的角度来表示，其中红色是 0 度。对于 8 位图像，OpenCV 把角度除以 2，以适合单字节的存储范围。因此，每个色调值对应指定颜色的色彩，与亮度和饱和度无关。例如天空和水的色调是一样的，都约为 200 度（强度 100），对应色度为蓝色；背景树林的色调约为 90 度，对应色度为绿色。有一点要特别注意，如果颜色的饱和度很低，它计算出来的色调就不可靠。

HSB 色彩空间通常用一个圆锥体来表示，圆锥体内部的每个点代表一种特定的颜色，角度位置表示颜色的色调，到中轴线的距离表示饱和度，高度表示亮度。圆锥体的顶点表示黑色，它的色调和饱和度是没有意义的。

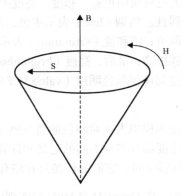

我们还可以人为生成一幅图像，用来说明各种色调/饱和度组合。

```
cv::Mat hs(128, 360, CV_8UC3);
for (int h = 0; h < 360; h++) {
  for (int s = 0; s < 128; s++) {
    hs.at<cv::Vec3b>(s, h)[0] = h/2;       // 所有色调角度
    // 饱和度从高到低
    hs.at<cv::Vec3b>(s, h)[1] = 255-s*2;
    hs.at<cv::Vec3b>(s, h)[2] = 255;        // 常数
  }
}
```

下图从左到右表示不同的色调（0~180），从上到下表示不同的饱和度。图像顶端为饱和度最高的颜色，底部为饱和度最低的颜色。图中所有颜色的亮度都为 255。

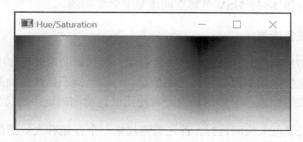

使用 HSV 的值可以生成一些非常有趣的效果。一些用照片编辑软件生成的色彩特效就是用这个色彩空间实现的。你可以修改一幅图像，把它的所有像素都设置为一个固定的亮度，但不改变色调和饱和度。可以这样实现：

```
// 转换成 HSV 色彩空间
cv::Mat hsv;
cv::cvtColor(image, hsv, CV_BGR2HSV);
// 将 3 个通道分割到 3 幅图像中
std::vector<cv::Mat> channels;
cv::split(hsv,channels);
// 所有像素的颜色亮度通道将变成 255
channels[2]= 255;
// 重新合并通道
cv::merge(channels,hsv);
// 转换回 BGR
cv::Mat newImage;
cv::cvtColor(hsv,newImage,CV_HSV2BGR);
```

得到的结果如下图所示，看起来像是一幅绘画作品。

3.5.3　拓展阅读

在搜寻特定颜色的物体时，HSV 色彩空间也是非常实用的。

颜色用于检测：肤色检测

在对特定物体做初步检测时，颜色信息非常有用。例如辅助驾驶程序中的路标检测功能，就要凭借标准路标的颜色快速识别可能是路标的信息。另一个例子是肤色检测，检测到的皮肤区域可作为图像中有人存在的标志。手势识别就经常使用肤色检测确定手的位置。

通常来说，为了用颜色来检测目标，首先需要收集一个存储有大量图像样本的数据库，每个样本包含从不同观察条件下捕捉到的目标，作为定义分类器的参数。你还需要选择一种用于分类的颜色表示法。肤色检测领域的大量研究已经表明，来自不同人种的人群的皮肤颜色，可以在色调–饱和度色彩空间中很好地归类。因此，在后面的图像中，我们将只使用色调和饱和度值来识别肤色。

我们定义了一个基于数值区间（最小和最大色调、最小和最大饱和度）的函数，把图像中的像素分为皮肤和非皮肤两类：

```
void detectHScolor(const cv::Mat& image,        // 输入图像
          double minHue, double maxHue,          // 色调区间
          double minSat, double maxSat,          // 饱和度区间
          cv::Mat& mask) {                       // 输出掩码

    // 转换到 HSV 空间
    cv::Mat hsv;
    cv::cvtColor(image, hsv, CV_BGR2HSV);

    // 将 3 个通道分割到 3 幅图像
    std::vector<cv::Mat> channels;
    cv::split(hsv, channels);
    // channels[0]是色调
    // channels[1]是饱和度
    // channels[2]是亮度
```

```
// 色调掩码
cv::Mat mask1;   // 小于 maxHue
cv::threshold(channels[0], mask1, maxHue, 255,
              cv::THRESH_BINARY_INV);
cv::Mat mask2;   // 大于 minHue
cv::threshold(channels[0], mask2, minHue, 255, cv::THRESH_BINARY);

cv::Mat hueMask;  // 色调掩码
if (minHue < maxHue)
  hueMask = mask1 & mask2;
else // 如果区间穿越 0 度中轴线
  hueMask = mask1 | mask2;

// 饱和度掩码
// 从 minSat 到 maxSat
cv::Mat satMask;   // 饱和度掩码
cv::inRange(channels[1], minSat, maxSat, satMask);

// 组合掩码
mask = hueMask & satMask;
}
```

如果在处理时有了大量的皮肤（以及非皮肤）样本，我们就可以使用概率方法估算在皮肤样本中和非皮肤样本中发现指定颜色的可能性。此处，我们依据经验定义了一个合理的色调/饱和度区间，用于这里的测试图像（记住，8 位版本的色调在 0~180，饱和度在 0~255）：

```
// 检测肤色
cv::Mat mask;
detectHScolor(image, 160, 10,      // 色调为 320 度~20 度
              25, 166,             // 饱和度为~0.1~0.65
              mask);

// 显示使用掩码后的图像
cv::Mat detected(image.size(), CV_8UC3, cv::Scalar(0, 0, 0));
image.copyTo(detected, mask);
```

得到下面的检测图像。

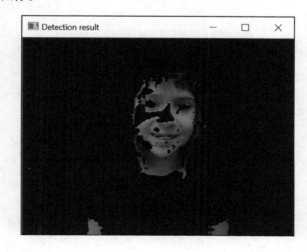

注意，为了简化，我们在检测时没有考虑颜色的亮度。在实际应用中，排除较高亮度的颜色可以降低把明亮的淡红色误认为皮肤的可能性。显然，要想对皮肤颜色进行可靠和准确的检测，还需要更加精确的分析。对不同的图像进行检测，也很难保证效果都好，因为摄影时影响彩色再现的因素有很多，如白平衡和光照条件等。尽管如此，用这种只使用色调/饱和度信息做初步检测的方法也能得到一个比较令人满意的结果。

3.5.4 参阅

❑ 第 5 章将介绍如何对检测得到的二值图形进行后期处理。

❑ P. Kakumanu、S. Makrogiannis 和 N. Bourbakis 发表在 *Pattern Recognition* 2007 年第 40 卷上的文章 "A survey of skin-color modeling and detection methods" 介绍了另一种肤色检测方法。

第 4 章

用直方图统计像素 4

本章包括以下内容：

□ 计算图像直方图；
□ 利用查找表修改图像外观；
□ 直方图均衡化；
□ 反向投影直方图检测特定图像内容；
□ 用均值平移算法查找目标；
□ 比较直方图搜索相似图像；
□ 用积分图像统计像素。

4.1　简介

　　图像是由不同数值（颜色）的像素构成的，像素值在整幅图像中的分布情况是该图像的一个重要属性。本章将介绍图像直方图的概念，你将学会如何计算直方图、如何用直方图修改图像的外观，还可以用直方图来标识图像的内容，检测图像中特定的物体或纹理。本章将讲解其中的部分技术。

4.2　计算图像直方图

　　图像由各种数值的像素构成。例如在单通道灰度图像中，每个像素都有一个 0（黑色）~255（白色）的整数。对于每个灰度，都有不同数量的像素分布在图像内，具体取决于图片内容。

　　直方图是一个简单的表格，表示一幅图像（有时是一组图像）中具有某个值的像素的数量。因此，灰度图像的直方图有 256 个项目，也叫箱子（bin）。0 号箱子提供值为 0 的像素的数量，1 号箱子提供值为 1 的像素的数量，以此类推。很明显，如果把直方图的所有箱子进行累加，得到的结果就是像素的总数。你也可以把直方图归一化，即所有箱子的累加和等于 1。这时，每个箱子的数值表示对应的像素数量占总数的百分比。

4.2.1 准备工作

本章的前 4 节会用到这幅图像。

4.2.2 如何实现

要在 OpenCV 中计算直方图,可简单地调用 cv::calcHist 函数。这是一个通用的直方图计算函数,可处理包含任何值类型和范围的多通道图像。为了简化,这里指定一个专门用于处理单通道灰度图像的类。cv::calcHist 函数非常灵活,在处理其他类型的图像时都可以直接使用它。下一节会解释它的每个参数。

这个专用类的初始化代码为:

```
// 创建灰度图像的直方图
class Histogram1D {

  private:
    int histSize[1];          // 直方图中箱子的数量
    float hranges[2];         // 值范围
    const float* ranges[1];   // 值范围的指针
    int channels[1];          // 要检查的通道数量

  public:
  Histogram1D() {

      // 准备一维直方图的默认参数
      histSize[0]= 256;       // 256 个箱子
      hranges[0]= 0.0;        // 从 0 开始(含)
      hranges[1]= 256.0;      // 到 256(不含)
      ranges[0]= hranges;
      channels[0]= 0;         // 先关注通道 0
  }
```

定义好成员变量后，就可以用下面的方法计算灰度直方图了：

```cpp
// 计算一维直方图
cv::Mat getHistogram(const cv::Mat &image) {

  cv::Mat hist;
  // 用 calcHist 函数计算一维直方图
  cv::calcHist(&image, 1,      // 仅为一幅图像的直方图
               channels,       // 使用的通道
               cv::Mat(),      // 不使用掩码
               hist,           // 作为结果的直方图
               1,              // 这是一维的直方图
               histSize,       // 箱子数量
               ranges          // 像素值的范围
  );
  return hist;
}
```

程序只需要打开一幅图像，创建一个 Histogram1D 实例，然后调用 getHistogram 方法即可：

```cpp
// 读取输入的图像
cv::Mat image= cv::imread("group.jpg", 0); // 以黑白方式打开

// 直方图对象
Histogram1D h;

// 计算直方图
cv::Mat histo= h.getHistogram(image);
```

这里的 histo 对象是一个一维数组，包含 256 个项目。因此只需遍历这个数组，就可以读取每个箱子：

```cpp
// 循环遍历每个箱子
for (int i=0; i<256; i++)
  cout << "Value " << i << " = "
       <<histo.at<float>(i) << endl;
```

使用本章开始时的图像，部分显示的值如下所示：

```
Value 7 = 159
Value 8 = 208
Value 9 = 271
Value 10 = 288
Value 11 = 340
Value 12 = 418
Value 13 = 432
Value 14 = 472
Value 15 = 525
```

显然，只看这一系列数值很难得到任何有意义的信息。因此比较实用的做法是以函数的方式显示直方图，例如用柱状图。用下面这几种方法可创建这种图形：

```cpp
// 计算一维直方图，并返回它的图像
cv::Mat getHistogramImage(const cv::Mat &image, int zoom=1) {

    // 先计算直方图
    cv::Mat hist= getHistogram(image);
    // 创建图像
    return getImageOfHistogram(hist, zoom);
}

// 创建一个表示直方图的图像（静态方法）
static cv::Mat getImageOfHistogram (const cv::Mat &hist, int zoom) {
    // 取得箱子值的最大值和最小值
    double maxVal = 0;
    double minVal = 0;
    cv::minMaxLoc(hist, &minVal, &maxVal, 0, 0);

    // 取得直方图的大小
    int histSize = hist.rows;

    // 用于显示直方图的方形图像
    cv::Mat histImg(histSize*zoom, histSize*zoom,
                    CV_8U, cv::Scalar(255));

    // 设置最高点为 90%（即图像高度）的箱子个数
    int hpt = static_cast<int>(0.9*histSize);

    // 为每个箱子画垂直线
    for (int h = 0; h < histSize; h++) {

        float binVal = hist.at<float>(h);
        if (binVal>0) {
            int intensity = static_cast<int>(binVal*hpt / maxVal);
            cv::line(histImg, cv::Point(h*zoom, histSize*zoom),
                    cv::Point(h*zoom, (histSize - intensity)*zoom),
                    cv::Scalar(0), zoom);
        }
    }

    return histImg;
}
```

使用 getImageOfHistogram 方法可以得到直方图图像。它用线条画成，以柱状图形式
展现：

```cpp
// 以图像形式显示直方图
cv::namedWindow("Histogram");
cv::imshow("Histogram",h.getHistogramImage(image));
```

得到的结果如下图所示。

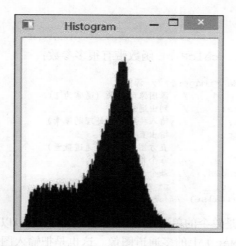

从上面图形化的直方图可以看出，在中等灰度值处有一个大的尖峰，并且比中等值更黑的像素有很多。巧的是，这两部分像素分别对应了图像的背景和前景。要验证这点，可以在这两部分的汇合处进行阈值化处理。OpenCV 中的 `cv::threshold` 函数可以实现这个功能。上一章介绍过，它是一个很实用的函数。我们取直方图中在升高为尖峰之前的最小值的位置（灰度值为 70），对其进行阈值化处理，得到二值图像：

```cpp
cv::Mat thresholded;                    // 输出二值图像
cv::threshold(image,thresholded,70,     // 阈值
              255,                      // 对超过阈值的像素赋值
              cv::THRESH_BINARY);       // 阈值化类型
```

得到的二值图像清晰显示出背景/前景的分割情况。

4.2.3　实现原理

为了适应各种场景，`cv::calcHist` 函数带有很多参数：

```
void calcHist(const Mat*images,  // 源图像
      int nimages,               // 源图像的个数（通常为 1）
      const int*channels,        // 列出通道
      InputArray mask,           // 输入掩码（需处理的像素）
      OutputArray hist,          // 输出直方图
      int dims,                  // 直方图的维度（通道数量）
      const int*histSize,        // 每个维度位数
      const float**ranges,       // 每个维度的范围
      bool uniform=true,         // true 表示箱子间距相同
      bool accumulate=false)  // 是否在多次调用时进行累加
```

大多数情况下，直方图是单个的单通道或三通道图像，但也可以在这个函数中指定一个分布在多幅图像（即多个 `cv::Mat`）上的多通道图像。这也是把输入图像数组作为函数第一个参数的原因。第六个参数 dims 指明了直方图的维数，例如 1 表示一维直方图。在分析多通道图像时，可以只把它的部分通道用于计算直方图，将需要处理的通道放在维数确定的数组 channel 中。在这个类的实现中只有一个通道，默认为 0。直方图用每个维度上的箱子数量（即整数数组 histSize）以及每个维度（由 ranges 数组提供，数组中每个元素又是一个二元素数组）上的最小值（含）和最大值（不含）来描述。你也可以定义一个不均匀的直方图（倒数第二个参数应设为 false），这时需要指定每个箱子的限值。

和很多 OpenCV 函数一样，可以使用掩码表示计算时用到的像素（所有掩码值为 0 的像素都不使用）。此外还可以指定两个布尔值类型的附加参数，第一个表示是否采用均匀的直方图（默认为 true），第二个表示是否允许累加多个直方图计算的结果。如果第二个参数为 true，那么图像中的像素数量会累加到输入直方图的当前值中。在计算一组图像的直方图时，就可以使用这个参数。

得到的直方图存储在 `cv::Mat` 的实例中。事实上，`cv::Mat` 类可用于操作通用的 N 维矩阵。第 2 章讲过，`cv::Mat` 类定义了适用于一维、二维和三维矩阵的 at 方法。正因如此，我们才可以在 getHistogramImage 方法中用下面的代码访问一维直方图的每个箱子：

```
float binVal = hist.at<float>(h);
```

注意，直方图中的值存储为 float 值。

4.2.4　扩展阅读

本节中的 `Histogram1D` 类简化了 `cv::calcHist` 函数，把它限定为只用于一维直方图。这对灰度图像是有用的，但是怎么处理彩色图像呢？

计算彩色图像的直方图

我们可以用同一个 cv::calcHist 函数计算多通道图像的直方图。例如,若想计算彩色 BGR 图像的直方图, 可以这样定义一个类:

```
class ColorHistogram {

  private:
    int histSize[3];        // 每个维度的大小
    float hranges[2];       // 值的范围 (三个维度用同一个值)
    const float* ranges[3]; // 每个维度的范围
    int channels[3];        // 需要处理的通道

  public:
  ColorHistogram() {

      // 准备用于彩色图像的默认参数
      // 每个维度的大小和范围是相等的
      histSize[0]= histSize[1]= histSize[2]= 256;
      hranges[0]= 0.0;      // BGR 范围为 0~256
      hranges[1]= 256.0;
      ranges[0]= hranges;   // 这个类中
      ranges[1]= hranges;   // 所有通道的范围都相等
      ranges[2]= hranges;
      channels[0]= 0;       // 三个通道: B
      channels[1]= 1;       // G
      channels[2]= 2;       // R
  }
```

这里的直方图将会是三维的, 因此需要为每个维度指定一个范围。本例中的 BGR 图像的三个通道范围都是 [0,255]。准备好参数后, 就可以用下面的方法计算颜色直方图了:

```
  // 计算直方图
  cv::Mat getHistogram(const cv::Mat &image) {
    cv::Mat hist;

    // 计算直方图
    cv::calcHist(&image, 1,  // 单幅图像的直方图
                 channels,   // 用到的通道
                 cv::Mat(),  // 不使用掩码
                 hist,       // 得到的直方图
                 3,          // 这是一个三维直方图
                 histSize,   // 箱子数量
                 ranges      // 像素值的范围
    );

    return hist;
  }
```

上述方法返回一个三维的 cv::Mat 实例。如果选用含有 256 个箱子的直方图, 这个矩阵就有(256)^3 个元素, 表示超过 1600 万个项目。在很多应用程序中, 最好在计算直方图时减少箱子

的数量。也可以使用数据结构 `cv::SparseMat` 表示大型稀疏矩阵（即非零元素非常稀少的矩阵），这样不会消耗过多的内存。`cv::calcHist` 函数具有返回这种矩阵的版本，因此只需要简单地修改一下前面的方法，即可使用 `cv::SparseMatrix`：

```
// 计算直方图
cv::SparseMat getSparseHistogram(const cv::Mat &image) {

  cv::SparseMat hist(3,        // 维数
                histSize,      // 每个维度的大小
                CV_32F);

  // 计算直方图
  cv::calcHist(&image, 1,      // 单幅图像的直方图
                channels,      // 用到的通道
                cv::Mat(),     // 不使用掩码
                hist,          // 得到的直方图
                3,             // 这是三维直方图
                histSize,      // 箱子数量
                ranges         // 像素值的范围
  );
  return hist;
}
```

这是一个三维直方图，画起来比较困难。我们也可以通过显示独立的 R、G 和 B 通道的直方图来说明图像中颜色的分布情况。

4.2.5　参阅

❑ 4.5 节将使用颜色直方图来检测特定的图像内容。

4.3　利用查找表修改图像外观

图像直方图提供了利用现有像素强度值进行场景渲染的方法。通过分析图像中像素值的分布情况，你可以利用这个信息来修改图像，甚至提高图像质量。本节将解释如何用一个简单的映射函数（称为查找表）来修改图像的像素值。我们即将看到，查找表通常根据直方分布图生成。

4.3.1　如何实现

查找表是个一对一（或多对一）的函数，定义了如何把像素值转换成新的值。它是一个一维数组，对于规则的灰度图像，它包含 256 个项目。利用查找表的项目 `i`，可得到对应灰度级的新强度值，如下所示：

```
newIntensity= lookup[oldIntensity];
```

OpenCV 中的 `cv::LUT` 函数在图像上应用查找表生成一个新的图像。查找表通常根据直方图生成，因此在 `Histogram1D` 类中加入了这个函数：

```
static cv::Mat applyLookUp(const cv::Mat& image,    // 输入图像
                           const cv::Mat& lookup)  {// uchar 类型的 1×256 数组

  // 输出图像
  cv::Mat result;

  // 应用查找表
  cv::LUT(image,lookup,result);

  return result;
}
```

4.3.2　实现原理

在图像上应用查找表后会得到一个新图像，新图像的像素强度值被修改为查找表中规定的值。下面是一个简单的转换过程：

```
// 创建一个图像反转的查找表
cv::Mat lut(1,256,CV_8U); // 256×1 矩阵

for (int i=0; i<256; i++) {
  // 0 变成 255、1 变成 254，以此类推
  lut.at<uchar>(i)= 255-i;
}
```

这个转换过程对像素强度进行了简单的反转，即强度 0 变成 255、1 变成 254、最后 255 变成 0。对图像应用这种查找表后，会生成原始图像的反向图像。使用上一节的图像，得到的结果如下所示。

4.3.3　扩展阅读

对于需要更换全部像素强度值的程序，都可以使用查找表。但是这个转换过程必须是针对整幅图像的。也就是说，一个强度值对应的全部像素都必须使用同一种转换方法。

1. 伸展直方图以提高图像对比度

定义一个修改原始图像直方图的查找表可以提高图像的对比度。例如，观察 4.2 节的图像直方图可以发现，图中根本没有大于 200 的像素值。我们可以通过伸展直方图来生成一个对比度更高的图像。为此要使用一个百分比阈值，表示伸展后图像的最小强度值（0）和最大强度值（255）像素的百分比。

我们必须在强度值中找到最小值（imin）和最大值（imax），使得所要求的最小的像素数量高于阈值指定的百分比。这可以用以下几个循环（其中 hist 是计算得到的一维直方图）实现：

```
// 像素的百分比
float number= image.total()*percentile;

// 找到直方图的左极限
int imin = 0;
for (float count=0.0; imin < 256; imin++) {
  // 小于或等于 imin 的像素数量必须 >number
  if ((count+=hist.at<float>(imin)) >= number)
    break;
}

// 找到直方图的右极限
int imax = 255;
for (float count=0.0; imax >= 0; imax--) {
  // 大于或等于 imax 的像素数量必须 > number
  if ((count += hist.at<float>(imax)) >= number)
    break;
}
```

然后重新映射强度值，使 imin 的值变成强度值 0，imax 的值变成强度值 255。两者之间的 i 进行线性映射：

```
255.0*(i-imin)/(imax-imin);
```

伸展 1% 后的图像如下所示。

伸展过的直方图如下所示。

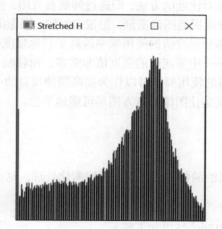

2. 在彩色图像上应用查找表

第 2 章定义了一个减色函数，通过修改图像中的 BGR 值减少可能的颜色数量。当时的实现方法是循环遍历图像中的像素，并对每个像素应用减色函数。实际上，更高效的做法是预先计算好所有的减色值，然后用查找表修改每个像素。利用本节的方法，这很容易实现。下面是新的减色函数：

```
void colorReduce(cv::Mat &image, int div=64) {

    // 创建一维查找表
    cv::Mat lookup(1,256,CV_8U);

    // 定义减色查找表的值
    for (int i=0; i<256; i++)
```

```
    lookup.at<uchar>(i)= i/div*div + div/2;

    // 对每个通道应用查找表
    cv::LUT(image,lookup,image);
}
```

这种减色方案之所以能起作用，是因为在多通道图像上应用一维查找表时，同一个查找表会独立地应用在所有通道上。如果查找表超过一个维度，那么它和所用图像的通道数必须相同。

4.3.4　参阅

❑ 4.4 节将展示另一种增强图像对比度的方法。

4.4　直方图均衡化

上节介绍了一种增强图像对比度的方法，即通过伸展直方图，使它布满可用强度值的全部范围。这方法确实可以简单有效地提高图像质量，但很多时候，图像的视觉缺陷并不因为它使用的强度值范围太窄，而是因为部分强度值的使用频率远高于其他强度值。4.2 节显示的直方图就是此类现象的一个很好的例子——中等灰度的强度值非常多，而较暗和较亮的像素值则非常稀少。因此，均衡对所有像素强度值的使用频率可以作为提高图像质量的一种手段。这正是**直方图均衡**化这一概念背后的思想，也就是让图像的直方图尽可能地平稳。

4.4.1　如何实现

OpenCV 提供了一个易用的函数，用于直方图均衡化处理。这个函数的调用方式为：

```
cv::equalizeHist(image,result);
```

对图像应用该函数后，得到的结果如下所示。

均衡化后图像的直方图如下所示。

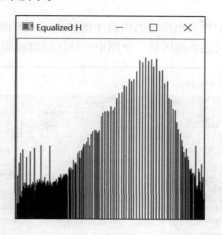

当然,因为查找表是针对整幅图像的多对一的转换过程,所以直方图是不能做到完全平稳的。但是可以看出,直方图的整体分布情况已经比原来均衡多了。

4.4.2　实现原理

在一个完全均衡的直方图中,所有箱子所包含的像素数量是相等的。这意味着50%像素的强度值小于128(强度中值),25%像素的强度值小于64,以此类推。这个现象可以用一条规则来表示:p%像素的强度值必须小于或等于255*p%。这条规则用于直方图均衡化处理,表示强度值i的映像对应强度值小于i的像素所占的百分比。因此可以用下面的语句构建所需的查找表:

```
lookup.at<uchar>(i)= static_cast<uchar>(255.0*p[i]/image.total());
```

这里的p[i]是强度值小于或等于i的像素数量,通常称为累计直方图。这种直方图包含小于或等于指定强度值的像素数量,而非仅仅包含等于指定强度值的像素数量。前面说过image.total()返回图像的像素总数,因此p[i]/image.total()就是像素数量的百分比。

一般来说,直方图均衡化会大大改进图像外观,但是改进的效果会因图像可视内容的不同而不同。

4.5　反向投影直方图检测特定图像内容

直方图是图像内容的一个重要特性。如果图像的某个区域含有特定的纹理或物体,这个区域的直方图就可以看作一个函数,该函数返回某个像素属于这个特殊纹理或物体的概率。本节将介绍如何运用**直方图反向投影**的概念方便地检测特定的图像内容。

4.5.1   如何实现

假设你希望在某幅图像中检测出特定的内容（例如检测出下图中天上的云彩），首先要做的就是选择一个包含所需样本的感兴趣区域。下图中的该区域就在矩形内部。

在程序中用下面的方法可以得到这个感兴趣区域：

```
cv::Mat imageROI;
imageROI= image(cv::Rect(216,33,24,30)); // 云彩区域
```

接着提取该 ROI 的直方图。使用 4.2 节的 Histogram1D 类，能轻松获得该直方图：

```
Histogram1D h;
cv::Mat hist= h.getHistogram(imageROI);
```

通过归一化直方图，我们可得到一个函数，由此可得到特定强度值的像素属于这个区域的概率：

```
cv::normalize(histogram,histogram,1.0);
```

反向投影直方图的过程包括：从归一化后的直方图中读取概率值并把输入图像中的每个像素替换成与之对应的概率值。OpenCV 中有一个函数可完成此任务：

```
cv::calcBackProject(&image,
        1,              // 一幅图像
        channels,       // 用到的通道，取决于直方图的维度
        histogram,      // 需要反向投影的直方图
        result,         // 反向投影得到的结果
        ranges,         // 值的范围
        255.0           // 选用的换算系数
                        // 把概率值从 1 映射到 255
);
```

得到的结果就是下面的概率分布图。为提高可读性，对图像做了反色处理，属于该区域的概

率从亮（低概率）到暗（高概率），如下所示。

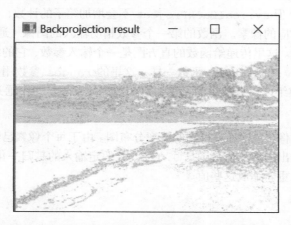

如果对此图做阈值化处理，就能得到最有可能是"云彩"的像素：

```
cv::threshold(result, result, threshold, 255, cv::THRESH_BINARY);
```

得到的结果如下所示。

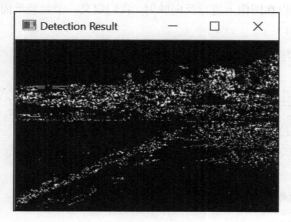

4.5.2 实现原理

前面的结果并不令人满意。因为除了云彩，其他区域也被错误地检测到了。这个概率函数是从一个简单的灰度直方图提取的，理解这点很重要。很多其他像素的强度值与云彩像素的强度值是相同的，在对直方图进行反向投影时会用相同的概率值替换具有相同强度值的像素。有一种方案可提高检测效果，那就是使用色彩信息。要实现这点，需改变对 `cv::calBackProject` 的调用方式，4.5.3 节将详细介绍这个函数。

cv::calBackProject 函数和 cv::calcHist 有些类似。一个像素的值对应直方图的一个
箱子（可能是多维的）。但 cv::calBackProject 不会增加箱子的计数，而是把从箱子读取的值
赋给反向投影图像中对应的像素。函数的第一个参数指明输入的图像（通常只有一个），接着需
要指明使用的通道数量。这里传递给函数的直方图是一个输入参数，它的维度数要与通道列表数
组的维度数一致。与 cv::calcHist 函数一样，这里的 ranges 参数用数组形式指定了输入直
方图的箱子边界。该数组以浮点数组为元素，每个数组元素表示一个通道的取值范围（最小值
和最大值）。

输出结果是一幅图像，包含计算得到的概率分布图。由于每个像素已经被替换成直方图中对
应箱子处的值，因此输出图像的值范围是 0.0~1.0（假定输入的是归一化直方图）。最后一个参
数是换算系数，可用来重新缩放这些值。

4.5.3 扩展阅读

现在来学习如何在直方图反向映射算法中使用色彩信息。

反向映射颜色直方图

多维度直方图也可以在图像上进行反向映射。我们定义一个封装反向映射过程的类，首先定
义必需的参数并初始化：

```
class ContentFinder {
  private:
  // 直方图参数
  float hranges[2];
  const float* ranges[3];
  int channels[3];
  float threshold;          // 判断阈值
  cv::Mat histogram;        // 输入直方图

public:
ContentFinder() : threshold(0.1f) {
  // 本类中所有通道的范围相同
  ranges[0]= hranges;
  ranges[1]= hranges;
  ranges[2]= hranges;
}
```

这里引入了一个阈值参数，用于创建显示检测结果的二值分布图。如果这个参数设为负数，
就会返回原始的概率分布图。输入的直方图用下面的方法归一化（但这不是必须的）：

```
// 设置引用的直方图
void setHistogram(const cv::Mat& h) {
  histogram= h;
  cv::normalize(histogram,histogram,1.0);
}
```

要反向投影直方图，只需指定图像、范围（这里假定所有通道的范围是相同的）和所用通道的列表。方法 find 可以进行反向投影。它有两个版本，一个使用图像的三个通道，并调用通用版本的方法：

```cpp
// 使用全部通道，范围[0,256]
cv::Mat find(const cv::Mat& image) {

  cv::Mat result;
  hranges[0]= 0.0;   // 默认范围[0,256]hranges[1]= 256.0;
  channels[0]= 0;    // 三个通道
  channels[1]= 1;
  channels[2]= 2;
  return find(image, hranges[0], hranges[1], channels);
}

// 查找属于直方图的像素
cv::Mat find(const cv::Mat& image, float minValue, float maxValue,
             int *channels) {

  cv::Mat result;
  hranges[0]= minValue;
  hranges[1]= maxValue;
  // 直方图的维度数与通道列表一致
  for (int i=0; i<histogram.dims; i++)
    this->channels[i]= channels[i];

  cv::calcBackProject(&image, 1,   // 只使用一幅图像
          channels,                // 通道
          histogram,               // 直方图
          result,                  // 反向投影的图像
          ranges,                  // 每个维度的值范围
          255.0                    // 选用的换算系数
                                   // 把概率值从 1 映射到 255
  );
}

// 对反向投影结果做阈值化，得到二值图像
if (threshold>0.0)
  cv::threshold(result, result,255.0*threshold,
                255.0, cv::THRESH_BINARY);

  return result;
}
```

现在把前面用过的图像换成彩色版本（访问本书的网站查看彩色图像），并使用一个 BGR 直方图。这次来检测天空区域。首先装载彩色图像，定义 ROI，然后计算经过缩减的色彩空间上的 3D 直方图，代码如下所示：

```cpp
// 装载彩色图像
ColorHistogram hc;
cv::Mat color= cv::imread("waves.jpg");

// 提取 ROI
imageROI= color(cv::Rect(0,0,100,45)); // 蓝色天空区域
```

```
// 取得 3D 颜色直方图 (每个通道含 8 个箱子)
hc.setSize(8); // 8×8×8
cv::Mat shist= hc.getHistogram(imageROI);
```

下一步是计算直方图，并用 find 方法检测图像中的天空区域：

```
// 创建内容搜寻器
ContentFinder finder;
// 设置用来反向投影的直方图
finder.setHistogram(shist);
finder.setThreshold(0.05f);

// 取得颜色直方图的反向投影
Cv::Mat result= finder.find(color);
```

上一节的彩色图像的检测结果如下所示。

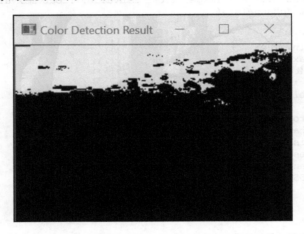

通常来说，采用 BGR 色彩空间识别图像中的彩色物体并不是最好的方法。为了提高可靠性，我们在计算直方图之前减少了颜色的数量（要知道原始 BGR 色彩空间有超过 1600 万种颜色）。提取的直方图代表了天空区域的典型颜色分布情况。用它在其他图像上反向投影，也能检测到天空区域。注意，用多个天空图像构建直方图可以提高检测的准确性。

本例中，计算稀疏直方图可以减少内存使用量。你可以使用 cv::SparseMat 重做该实验。另外，如果要寻找色彩鲜艳的物体，使用 HSV 色彩空间的色调通道可能会更加有效。在其他情况下，最好使用感知上均匀的色彩空间（例如 L*a*b*）的色度组件。

4.5.4 参阅

❑ 4.6 节将用 HSV 色彩空间检测图像中的物体。检测图像内容的方法很多，这是其中的一种。
❑ 第 3 章的最后两节介绍了多种色彩空间，可用于直方图反向投影。

4.6   用均值平移算法查找目标

直方图反向投影的结果是一个概率分布图，表示一个指定图像片段出现在特定位置的概率。如果我们已经知道图像中某个物体的大致位置，就可以用概率分布图找到物体的准确位置。窗口中概率最大的位置就是物体最可能出现的位置。因此，我们可以从一个初始位置开始，在周围反复移动以提高局部匹配概率，也许就能找到物体的准确位置。这个实现方法称为**均值平移算法**。

4.6.1   如何实现

假设我们已经识别出一个感兴趣的物体（例如狒狒的脸），如下图所示：

这次采用 HSV 色彩空间的色调通道来描述物体。这意味着需要把图像转换成 HSV 色彩空间并提取色调通道，然后计算指定 ROI 的一维色调直方图。参见以下代码：

```
// 读取参考图像
cv::Mat image= cv::imread("baboon01.jpg");
// 狒狒脸部的 ROI
cv::Rect rect(110, 45, 35, 45);
cv::Mat imageROI= image(rect);
// 得到狒狒脸部的直方图
int minSat=65;
ColorHistogram hc;
cv::Mat colorhist= hc.getHueHistogram(imageROI,minSat);
```

我们在 `ColorHistogram` 类中增加了一个简便的方法来获得色调直方图，代码如下所示：

```
// 计算一维色调直方图
// BGR 的原图转换成 HSV
// 忽略低饱和度的像素
cv::Mat getHueHistogram(const cv::Mat &image, int minSaturation=0) {
```

```
cv::Mat hist;

// 转换成 HSV 色彩空间
cv::Mat hsv;
cv::cvtColor(image, hsv, CV_BGR2HSV);

// 掩码（可能用到，也可能用不到）
cv::Mat mask;
// 根据需要创建掩码
if (minSaturation>0) {

    // 将 3 个通道分割进 3 幅图像
    std::vector<cv::Mat> v;
    cv::split(hsv,v);

    // 屏蔽低饱和度的像素
    cv::threshold(v[1],mask,minSaturation,
                  255, cv::THRESH_BINARY);
}

// 准备一维色调直方图的参数
hranges[0]= 0.0;      // 范围为 0~180
hranges[1]= 180.0;
channels[0]= 0;       // 色调通道

// 计算直方图
cv::calcHist(&hsv, 1,   // 只有一幅图像的直方图
             channels, // 用到的通道
             mask,     // 二值掩码
             hist,     // 生成的直方图
             1,        // 这是一维直方图
             histSize, // 箱子数量
             ranges    // 像素值范围
);

return hist;
}
```

然后把得到的直方图传给 ContentFinder 类的实例，代码如下所示：

```
ContentFinder finder;
finder.setHistogram(colorhist);
```

现在打开第二幅图像，我们想在它上面定位狒狒的脸部。首先，需要把这幅图像转换成 HSV 色彩空间，然后对第一幅图像的直方图做反向投影，参见下面的代码：

```
image= cv::imread("baboon3.jpg");
// 转换成 HSV 色彩空间
cv::cvtColor(image, hsv, CV_BGR2HSV);
// 得到色调直方图的反向投影
int ch[1]={0};
finder.setThreshold(-1.0f); // 不做阈值化
cv::Mat result= finder.find(hsv,0.0f,180.0f,ch);
```

rect 对象是一个初始矩形区域（即初始图像中狒狒脸部的位置），现在 OpenCV 的 cv::meanShift 算法将会把它修改成狒狒脸部的新位置，代码如下所示：

```
// 窗口初始位置
cv::Rect rect(110,260,35,40);

// 用均值偏移法搜索物体
cv::TermCriteria criteria(
        cv::TermCriteria::MAX_ITER | cv::TermCriteria::EPS,
        10, // 最多迭代 10 次
        1); // 或者重心移动距离小于 1 个像素
cv::meanShift(result,rect,criteria);
```

脸部的初始位置（红色框）和新位置（绿色框）显示如下。

4.6.2　实现原理

本例为了突出被寻找物体的特征，使用了 HSV 色彩空间的色调分量。之所以这样做，是因为狒狒脸部有非常独特的粉红色，使用像素的色调很容易标识狒狒脸部，因此第一步就是把图像转换成 HSV 色彩空间。使用 CV_BGR2HSV 标志转换图像后，得到的第一个通道就是色调分量。这是一个 8 位分量，值范围为 0~180（如果使用 cv::cvtColor，转换后的图像与原始图像的类型就会是相同的）。为了提取色调图像，cv::split 函数把三通道的 HSV 图像分割成三个单通道图像。这三幅图像存放在一个 std::vector 实例中，并且色调图像是向量的第一个入口（即索引为 0）。

在使用颜色的色调分量时，要把它的饱和度考虑在内（饱和度是向量的第二个入口），这一点通常很重要。如果颜色的饱和度很低，它的色调信息就会变得不稳定且不可靠。这是因为低饱和度颜色的 B、G 和 R 分量几乎是相等的，这导致很难确定它所表示的准确颜色。因此，我们决定忽略低饱和度颜色的色彩分量，也就是不把它们统计进直方图中（在 getHueHistogram 方法中使用 minSat 参数可屏蔽掉饱和度低于此阈值的像素）。

均值偏移算法是一个迭代过程，用于定位概率函数的局部最大值，方法是寻找预定义窗口内部数据点的重心或加权平均值。然后，把窗口移动到重心的位置，并重复该过程，直到窗口中心收敛到一个稳定的点。OpenCV 实现该算法时定义了两个停止条件：迭代次数达到最大值（MAX_ITER）；窗口中心的偏移值小于某个限值（EPS），可认为该位置收敛到一个稳定点。这两个条件存储在一个 cv::TermCriteria 实例中。cv::meanShift 函数返回已经执行的迭代次数。显然，结果的好坏取决于指定初始位置提供的概率分布图的质量。注意，这里用颜色直方图表示图像的外观。也可以用其他特征的直方图（例如边界方向直方图）来表示物体。

4.6.3　参阅

□ 均值偏移算法广泛应用于视觉追踪，第 13 章将会详细探讨目标跟踪的问题。

□ D. Comaniciu 和 P. Meer 发表于 2002 年发表在 *IEEE Transactions on Pattern Analysis and Machine Intelligence* 第 5 期第 24 卷上的文章 "Mean Shift: A robust approach toward feature space analysis" 首次提出了均值偏移算法。

□ OpenCV 也提供了 CamShift 算法的具体实现方法。这个算法是均值偏移算法的改进版本，允许修改窗口的尺寸和方向。

4.7　比较直方图搜索相似图像

基于内容的图像检索是计算机视觉的一个重要课题。它包括根据一个已有的基准图像，找出一批内容相似的图像。我们已经学过，直方图是标识图像内容的一种有效方式，因此值得研究一下能否用它来解决基于内容的图像检索问题。

这里的关键是，要仅靠比较它们的直方图就测量出两幅图像的相似度。我们需要定义一个测量函数，来评估两个直方图之间的差异程度或相似程度。人们已经提出了很多测量方法，OpenCV 在 cv::compareHist 函数的实现过程中使用了其中的一些方法。

4.7.1　如何实现

为了将一个基准图像与一批图像进行对比并找出其中与它最相似的图像，我们创建了类 ImageComparator。这个类引用了一个基准图像和一个输入图像（连同它们的直方图）。另外，因为要用颜色直方图来进行比较，因此 ImageComparator 中用到了 ColorHistogram 类：

```
class ImageComparator {

  private:
  cv::Mat refH;          // 基准直方图
  cv::Mat inputH;        // 输入图像的直方图

  ColorHistogram hist;   // 生成直方图
  int nBins;             // 每个颜色通道使用的箱子数量

  public:
  ImageComparator() :nBins(8) {

  }
```

为了得到更加可靠的相似度测量结果，需要在计算直方图时减少箱子的数量。可以在类中指定每个 BGR 通道所用的箱子数量。

用一个适当的设置函数指定基准图像，同时计算参考直方图，代码如下所示：

```
// 设置并计算基准图像的直方图
void setReferenceImage(const cv::Mat& image) {

  hist.setSize(nBins);
  refH= hist.getHistogram(image);
}
```

最后，compare 方法会将基准图像和指定的输入图像进行对比。下面的方法返回一个分数，表示两幅图像的相似程度：

```
// 用 BGR 直方图比较图像
double compare(const cv::Mat& image) {

  inputH= hist.getHistogram(image);

  // 用交叉法比较直方图
  return cv::compareHist(refH,inputH, cv::HISTCMP_INTERSECT);
}
```

前面的类可用来检索与给定的基准图像类似的图像。类的实例中使用了基准图像，代码如下所示：

```
ImageComparator c;
c.setReferenceImage(image);
```

这里用 4.5 节中海滩图的彩色版本作为基准图像，并将这幅图像与后面的一系列图像进行对比，其中相似度高的放前面，相似度低的放后面，如下所示。

4.7.2   实现原理

　　大多数直方图比较方法都是基于逐个箱子进行比较的。正因如此，在测量两个颜色直方图的相似度时，把邻近颜色组合进同一个箱子显得十分重要。对 cv::compareHist 的调用非常简单，只需要输入两个直方图，函数就会返回它们的差距。你可以通过一个标志参数指定想要使用的测量方法。ImageComparator 类使用了交叉点方法（带有 cv::HISTCMP_INTERSECT 标志）。该方法只是逐个箱子地比较每个直方图中的数值，并保存最小的值。然后把这些最小值累加，作为相似度测量值。因此，两个没有相同颜色的直方图得到的交叉值为 0，而两个完全相同的直方图得到的值就等于像素总数。

　　其他可用的算法有：卡方测量法（cv::HISTCMP_CHISQR 标志）累加各箱子的归一化平方差；关联性算法（cv::HISTCMP_CORREL 标志）基于信号处理中的归一化交叉关联操作符测量两个信号的相似度；Bhattacharyya 测量法（cv::HISTCMP_BHATTACHARYYA 标志）和 Kullback-Leibler 发散度（cv::HISTCMP_KL_DIV 标志）都用在统计学中，评估两个概率分布的相似度。

4.7.3   参阅

　　❑ OpenCV 文档详细描述了不同的直方图比较方法中使用的公式。

❑ 推土机距离（Earth Mover Distance）是另一种流行的直方图比较方法，在 OpenCV 中通过 `cv::EMD` 函数实现。这种方法的主要优势在于，它在评估两个直方图的相似度时，考虑了在邻近箱子中发现的数值。具体描述可查看 Y. Rubner、C. Tomasi 和 L. J. Guibas 于 2000 年发表在 *Int. Journal of Computer Vision* 第 2 期第 40 卷第 99 页至第 121 页的 "The Earth Mover's Distance as a Metric for Image Retrieval"。

4.8　用积分图像统计像素

前面几节讲了直方图的计算方法，即遍历图像的全部像素并累计每个强度值在图像中出现的次数。我们也看到，有时只需要计算图像中某个特定区域的直方图。实际上，累计图像某个子区域内的像素总数是很多计算机视觉算法中的常见过程。现在假设需要对图像中的多个感兴趣区域计算几个此类直方图，这些计算过程马上都会变得非常耗时。这种情况下，有一个工具可以极大地提高统计图像子区域像素的效率，那就是积分图像。

使用积分图像统计图像感兴趣区域的像素是一种高效的方法。它在程序中的应用非常广泛，例如用于计算基于不同大小的滑动窗口。

本节将讲解积分图像背后的原理。这里的目标是说明如何只用三次算术运算，就能累加一个矩形区域的像素。在学会这个概念后，4.8.3 节将展示两个有效使用积分图像的实例。

4.8.1　如何实现

本节将使用下面的图像来做演示，识别出图像中的一个感兴趣区域，区域内容为一个骑自行车的女孩。

在累加多个图像区域的像素时，积分图像显得非常有用。通常来说，要获得感兴趣区域全部像素的累加和，常规的代码如下所示：

```
// 打开图像
cv::Mat image= cv::imread("bike55.bmp",0);
// 定义图像的 ROI (这里为骑自行车的女孩)
int xo=97, yo=112;
int width=25, height=30;
cv::Mat roi(image,cv::Rect(xo,yo,width,height));
// 计算累加值
// 返回一个多通道图像下的 Scalar 数值
cv::Scalar sum= cv::sum(roi);
```

`cv::sum` 函数只是遍历区域内的所有像素，并计算累加和。使用积分图像后，只需要三次加法运算即可实现该功能。不过你得先计算积分图像，代码如下所示：

```
// 计算积分图像
cv::Mat integralImage;
cv::integral(image,integralImage,CV_32S);
```

可以在积分图像上用简单的算术表达式获得同样的结果（下一节会详细解释），代码为：

```
// 用三个加/减运算得到一个区域的累加值
int sumInt= integralImage.at<int>(yo+height,xo+width)-
            integralImage.at<int>(yo+height,xo)-
            integralImage.at<int>(yo,xo+width)+
            integralImage.at<int>(yo,xo);
```

两种做法得到的结果是一样的。但计算积分图像需要遍历全部像素，因此速度比较慢。关键在于，一旦这个初始计算完成，你只需要添加四个像素就能得到感兴趣区域的累加和，与区域大小无关。因此，如果需要在多个尺寸不同的区域上计算像素累加和，最好采用积分图像。

4.8.2 实现原理

上一节简单演示了积分图像的"神奇"功能，即可用来快速计算矩形区域内的像素累加和，并通过演示简要介绍了积分图像的概念。为了理解积分图像的实现原理，我们先对它下一个定义：取图像左上方的全部像素计算累加和，并用这个累加和替换图像中的每一个像素，用这种方式得到的图像称为积分图像。计算积分图像时，只需对图像扫描一次。实际上，当前像素的积分值等于上方像素的积分值加上当前行的累加值。因此积分图像就是一个包含像素累加和的新图像。为防止溢出，积分图像的值通常采用 int 类型（CV_32S）或 float 类型（CV_32F）。例如在下图中，积分图像的像素 A 包含左上角区域，即双阴影线图案标识的区域的像素的累加和。

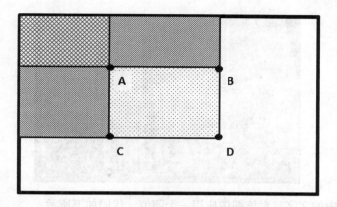

计算完积分图像后，只需要访问四个像素就可以得到任何矩形区域的像素累加和。这里解释一下原因。再来看上面的图片，计算由 A、B、C、D 四个像素表示区域的像素累加和，先读取 D 的积分值，然后减去 B 的像素值和 C 的左手边区域的像素值。但是这样就把 A 左上角的像素累加和减了两次，因此需要重新加上 A 的积分值。所以计算 A、B、C、D 区域内的像素累加的正式公式为：A − B − C + D。如果用 cv::Mat 方法访问像素值，公式可转换成以下代码：

```
// 窗口的位置是(xo,yo)，尺寸是widthxheight
return (integralImage.at<cv::Vec<T,N>>(yo+height,xo+width)-
        integralImage.at<cv::Vec<T,N>>(yo+height,xo)-
        integralImage.at<cv::Vec<T,N>>(yo,xo+width)+
        integralImage.at<cv::Vec<T,N>>(yo,xo));
```

不管感兴趣区域的尺寸有多大，使用这种方法计算的复杂度是恒定不变的。注意，为了简化，这里使用了 cv::Mat 类的 at 方法，它访问像素值的效率并不是最高的（参见第 2 章）。4.8.3 节将讨论这方面的内容，通过两个例子说明积分图像在效率上的优势。

4.8.3　扩展阅读

积分图像适合用来执行多次像素累计值的统计。本段将通过介绍自适应阈值化的概念，说明积分图像的使用方法。在需要快速计算多个窗口的直方图时，积分图像非常有用。本节也将对此进行解释。

1. 自适应的阈值化

通过对图像应用阈值来创建二值图像是从图像中提取有意义元素的好方法。假设有下面这个关于本书的图像。

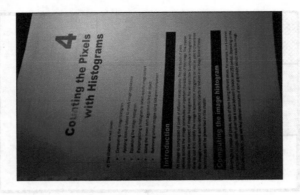

为了分析图像中的文字，对该图像应用一个阈值，代码如下所示：

```
// 使用固定的阈值
cv::Mat binaryFixed;
cv::threshold(image,binaryFixed,70,255,cv::THRESH_BINARY);
```

得到如下结果。

实际上，不管选用什么阈值，图像都会丢失一部分文本，还有部分文本会消失在阴影下。要解决这个问题，有一个办法就是采用局部阈值，即根据每个像素的邻域计算阈值。这种策略称为**自适应阈值化**，将每个像素的值与邻域的平均值进行比较。如果某像素的值与它的局部平均值差别很大，就会被当作异常值在阈值化过程中剔除。

因此自适应阈值化需要计算每个像素周围的局部平均值。这需要多次计算图像窗口的累计值，可以通过积分图像提高计算效率。正因为如此，方法的第一步就是计算积分图像：

```
// 计算积分图像
cv::Mat iimage;
cv::integral(image,iimage,CV_32S);
```

现在就可以遍历全部像素，并计算方形邻域的平均值了。我们也可以使用 `IntegralImage`

类来实现这个功能，但是这个类在访问像素时使用了效率很低的 at 方法。根据第 2 章学过的方法，我们可以使用指针遍历图像以提高效率，循环代码如下所示：

```
int blockSize= 21; // 邻域的尺寸
int threshold=10;  // 像素将与(mean-threshold)进行比较

// 逐行
int halfSize= blockSize/2;
for (int j=halfSize; j<nl-halfSize-1; j++) {

  // 得到第 j 行的地址
  uchar* data= binary.ptr<uchar>(j);
  int* idata1= iimage.ptr<int>(j-halfSize);
  int* idata2= iimage.ptr<int>(j+halfSize+1);

  // 一个线条的每个像素
  for (int i=halfSize; i<nc-halfSize-1; i++) {
    // 计算累加值
    int sum= (idata2[i+halfSize+1]-data2[i-halfSize]-
             idata1[i+halfSize+1]+idata1[i-halfSize])
                            /(blockSize*blockSize);

    // 应用自适应阈值
    if (data[i]<(sum-threshold))
      data[i]= 0;
    else
      data[i]=255;
  }
}
```

本例使用了 21×21 的邻域。为计算每个平均值，我们需要访问界定正方形邻域的四个积分像素：两个在标有 idata1 的线条上，另两个在标有 idata2 的线条上。将当前像素与计算得到的平均值进行比较。为了确保被剔除的像素与局部平均值有明显的差距，这个平均值要减去阈值（这里设为 10）。由此得到下面的二值图像。

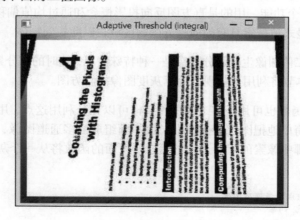

很明显，这比用固定阈值得到的结果好得多。自适应阈值化是一种常用的图像处理技术。OpenCV 中也实现了这种方法：

```
cv::adaptiveThreshold(image,          // 输入图像
        binaryAdaptive,               // 输出二值图像
        255,                          // 输出的最大值
        cv::ADAPTIVE_THRESH_MEAN_C,   // 方法
        cv::THRESH_BINARY,            // 阈值类型
        blockSize,                    // 块的大小
        threshold);                   // 使用的阈值
```

调用这个函数得到的结果与使用积分图像的结果完全相同。另外，除了在阈值化中使用局部平均值，本例中的函数还可以使用高斯（Gaussian）加权累计值（该方法的标志为 ADAPTIVE_THRESH_GAUSSIAN_C）。有意思的是，这种实现方式要比调用 cv::adaptiveThreshold 稍微快一些。

最后需要注意，我们也可以用 OpenCV 的图像运算符来编写自适应阈值化过程。具体方法如下所示：

```
cv::Mat filtered;
cv::Mat binaryFiltered;
// boxFilter 计算矩形区域内像素的平均值
cv::boxFilter(image,filtered,CV_8U,cv::Size(blockSize,blockSize));
// 检查像素是否大于(mean + threshold)
binaryFiltered= image>= (filtered-threshold);
```

图像滤波的内容将在第 6 章介绍。

2. 用直方图实现视觉追踪

通过前面几节的学习，我们知道可用直方图表示物体外观的全局特征。本节将搜寻一个所呈现直方图与目标物体相似的图像区域，演示如何在图像中定位物体，以此说明积分图像的用途。我们在 4.6 节实现了这个功能，用的是直方图反向投影概念和通过均值偏移局部搜索的方法。这次我们在整幅图像上显式地搜索具有类似直方图的区域，以此找到物体。

由 0 和 1 组成的二值图像生成积分图像是一种特殊情况，这时的积分累计值就是指定区域内值为 1 的像素总数。本节将利用这一现象计算灰度图像的直方图。

cv::integral 函数也可用于多通道图像。你可以充分利用这点，用积分图像计算图像子区域的直方图。只需简单地把图像转换成由二值平面组成的多通道图像，每个平面关联直方图的一个箱子，并显示哪些像素的值会进入该箱子。下面的函数将从一个灰度图像创建这样的多图层图像：

```
// 转换成二值图层组成的多通道图像
// nPlanes 必须是 2 的幂
void convertToBinaryPlanes(const cv::Mat& input,
```

```
                                cv::Mat& output, int nPlanes) {
      // 需要屏蔽的位数
      int n= 8-static_cast<int>(
                      log(static_cast<double>(nPlanes))/log(2.0));
      // 用来消除最低有效位的掩码
      uchar mask= 0xFF<<n;

      // 创建二值图像的向量
      std::vector<cv::Mat> planes;
      // 消除最低有效位，箱子数减为 nBins
      cv::Mat reduced= input&mask;
      // 计算每个二值图像平面
      for (int i=0; i<nPlanes; i++) {
          // 将每个等于 i<<shift 的像素设为 1
          planes.push_back((reduced==(i<<n))&0x1);
      }

      // 创建多通道图像
      cv::merge(planes,output);
}
```

你也可以把积分图像的计算过程封装进模板类中：

```
template <typename T, int N>
class IntegralImage {

  cv::Mat integralImage;

  public:

  IntegralImage(cv::Mat image) {

   // 计算积分图像（很耗时）
   cv::integral(image,integralImage,
              cv::DataType<T>::type);
  }

  // 通过访问四个像素，计算任何尺寸子区域的累计值
  cv::Vec<T,N> operator()(int xo, int yo, int width, int height) {

  // (xo,yo) 处的窗口，尺寸为 widthxheight
  return (integralImage.at<cv::Vec<T,N>>(yo+height,xo+width)-
         integralImage.at<cv::Vec<T,N>>(yo+height,xo)-
         integralImage.at<cv::Vec<T,N>>(yo,xo+width)+
         integralImage.at<cv::Vec<T,N>>(yo,xo));
  }

};
```

我们在前面的图像中识别出了骑车的女孩，现在要在后面的图像中找到她。首先计算原始图像中女孩的直方图，这可通过 4.2 节创建的 `Histogram1D` 类实现。以下代码将生成 16 个箱子的直方图：

```
// 16 个箱子的直方图
Histogram1D h;
h.setNBins(16);
// 计算图像中 ROI 的直方图
cv::Mat refHistogram= h.getHistogram(roi);
```

这个直方图将作为基准，在下面的图像中定位目标（即骑车的女孩）。

假设我们仅知道图像中女孩在水平方向移动。因为需要对不同的位置计算很多直方图，我们先做准备工作，即计算积分图像。参见以下代码：

```
// 首先创建 16 个平面的二值图像
cv::Mat planes;
convertToBinaryPlanes(secondIimage,planes,16);
// 然后计算积分图像
IntegralImage<float,16> intHistogram(planes);
```

执行搜索时，循环遍历可能出现目标的位置，并将它的直方图与基准直方图做比较，目的是找到与直方图最相似的位置，参见以下代码：

```
double maxSimilarity=0.0;
int xbest, ybest;
// 遍历原始图像中女孩位置周围的水平长条
for (int y=110; y<120; y++) {
  for (int x=0; x<secondImage.cols-width; x++) {

    // 用积分图像计算 16 个箱子的直方图
    histogram= intHistogram(x,y,width,height);
    // 计算与基准直方图的差距
    double distance= cv::compareHist(refHistogram,
                                     histogram,
                                     CV_COMP_INTERSECT);
    // 找到最相似直方图的位置
    if (distance>maxSimilarity) {

      xbest= x;
      ybest= y;
      maxSimilarity= distance;
    }
  }
}
// 在最准确的位置画矩形
cv::rectangle(secondImage, cv::Rect(xbest,ybest,width,height),0));
```

然后就可确定直方图最相似的位置，如下图所示。

　　白色矩形表示搜索的区域。计算区域内部所有窗口的直方图。这里的窗口尺寸是固定的，但是更好的做法是也搜索稍小或稍大的窗口，以便应对缩放比例可能带来的变动。有一点需要注意，为了降低计算复杂度，要减少直方图中要计算的箱子数量。本例减少到 16 个箱子。因此，在这个多平面图像中，平面 0 包含一个二值图像，表示值从 0 到 15 的所有像素；平面 1 表示值从 16 到 31 的全部像素，等等。

　　对物体的搜索过程包含了用预定范围的像素，计算指定尺寸的所有窗口的直方图的计算过程，这意味着从积分图像对 3200 个直方图进行了高效计算。IntegralImage 类返回的直方图都存储在 cv::Vec 对象中（因为用了 at 方法）。然后用 cv::compareHist 函数找到最相似的直方图（和大多数 OpenCV 函数一样，这个函数可以利用实用的通用参数类型 cv::InputArray 获得 cv::Mat 或 cv::Vec）。

4.8.4　参阅

- 第 8 章将讲述 SURF 运算符，它也基于对积分图像的使用。
- 14.3 节将介绍如何用积分图像计算 Haar 特征。
- 5.4 节将介绍另一种运算符，所得结果与前面介绍的自适应阈值化算法非常接近。
- A. Adam、E. Rivlin 和 I. Shimshoni 于 2006 年发表在 *Proceedings of the Int. Conference on Computer Vision and Pattern Recognition* 第 798 页至第 805 页的文章 "Robust Fragments-based Tracking using the Integral Histogram" 介绍了一种有趣的方法，利用积分图像在一个图像队列中跟踪物体。

第 5 章

用形态学运算变换图像

本章包括以下内容：

- ❏ 用形态学滤波器腐蚀和膨胀图像；
- ❏ 用形态学滤波器开启和闭合图像；
- ❏ 在灰度图像中应用形态学运算；
- ❏ 用分水岭算法实现图像分割；
- ❏ 用 MSER 算法提取特征区域。

5.1 简介

数学形态学是一门 20 世纪 60 年代发展起来的理论，用于分析和处理离散图像。它定义了一系列运算，用预先定义的形状元素探测图像，从而实现图像的转换。这个形状元素与像素邻域的相交方式决定了运算的结果。本章将介绍几种最重要的形态学运算，并探讨用基于形态学运算的算法进行图像分割和特征检测的问题。

5.2 用形态学滤波器腐蚀和膨胀图像

腐蚀和膨胀是最基本的形态学运算，因此把它们放在第一节介绍。数学形态学中最基本的概念是**结构元素**。结构元素可以简单地定义为像素的组合（下图的正方形），在对应的像素上定义了一个原点（也称**锚点**）。形态学滤波器的应用过程就包含了用这个结构元素探测图像中每个像素的操作过程。把某个像素设为结构元素的原点后，结构元素和图像重叠部分的像素集（下图的九个阴影像素）就是特定形态学运算的应用对象。结构元素原则上可以是任何形状，但通常是一个简单形状，如正方形、圆形或菱形，并且把中心点作为原点。自定义结构元素可用于强化或消除特殊形状。

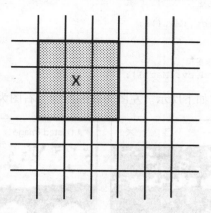

5

5.2.1　准备工作

因为形态学滤波器通常作用于二值图像，所以我们采用 4.2 节通过阈值化创建的二值图像。但在形态学中，我们习惯用高像素值（白色）表示前景物体，用低像素值（黑色）表示背景物体，因此对图像做了反向处理。

在形态学术语中，下面的图像称为第 4 章所建图像的补码。

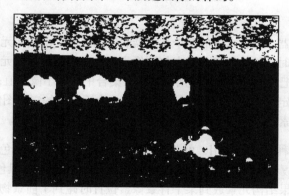

5.2.2　如何实现

OpenCV 用简单的函数实现了腐蚀和膨胀运算，它们分别是 cv:erode 和 cv:dilate，用法也很简单：

```
// 读取输入图像
cv::Mat image= cv::imread("binary.bmp");

// 腐蚀图像
// 采用默认的 3×3 结构元素
cv::Mat eroded; // 目标图像
```

```
cv::erode(image,eroded,cv::Mat());
```

```
// 膨胀图像
cv::Mat dilated; // 目标图像
cv::dilate(image,dilated,cv::Mat());
```

这些函数生成的两幅图像如下所示。左图为腐蚀图像，右图为膨胀图像。

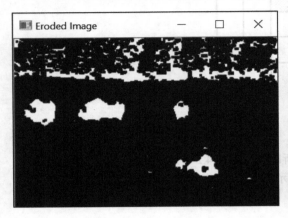 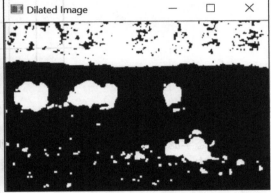

5.2.3　实现原理

　　和所有形态学滤波器一样，本节的两个滤波器的作用范围是由结构元素定义的像素集。在某个像素上应用结构元素时，结构元素的锚点与该像素对齐，所有与结构元素相交的像素就包含在当前集合中。**腐蚀**就是把当前像素替换成所定义像素集合中的最小像素值；**膨胀**是腐蚀的反运算，它把当前像素替换成所定义像素集合中的最大像素值。由于输入的二值图像只包含黑色（值为 0）和白色（值为 255）像素，因此每个像素都会被替换成白色或黑色像素。

　　要形象地理解这两种运算的作用，可考虑背景（黑色）和前景（白色）的物体。腐蚀时，如果结构元素放到某个像素位置时碰到了背景（即交集中有一个像素是黑色的），那么这个像素就变为背景；膨胀时，如果结构元素放到某个背景像素位置时碰到了前景物体，那么这个像素就被标为白色。正因如此，图像腐蚀后物体尺寸会缩小（形状被腐蚀），而图像膨胀后物体会扩大。在腐蚀图像中，有些面积较小的物体（可看作背景中的"噪声"像素）会彻底消失。与之类似，膨胀后的物体会变大，而物体中一些"空隙"会被填满。OpenCV 默认使用 3×3 正方形结构元素。在调用函数时，参考前面的例子将第三个参数指定为空矩阵（即 cv::Mat()），就能得到默认的结构元素。你也可以通过提供一个矩阵来指定结构元素的大小（以及形状），矩阵中的非零元素将构成结构元素。下面的例子使用 7×7 的结构元素：

```
// 用更大的结构元素腐蚀图像
// 创建 7×7 的 mat 变量，其中全部元素都为 1
cv::Mat element(7,7,CV_8U,cv::Scalar(1));
```

```
// 用这个结构元素腐蚀图像
cv::erode(image,eroded,element);
```

这次的结果更有破坏性，如下图所示。

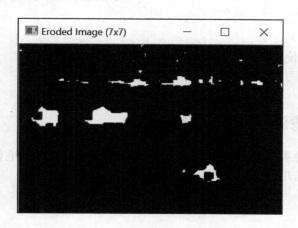

还有一种方法也能得到类似的结果，就是在图像上反复应用同一个结构元素。这两个函数都有一个用于指定重复次数的可选参数：

```
// 腐蚀图像三次
cv::erode(image,eroded,cv::Mat(),cv::Point(-1,-1),3);
```

参数 cv::Point(-1,-1) 表示原点是矩阵的中心点（默认值），也可以定义在结构元素上的其他位置。由此得到的图像与使用 7×7 结构元素得到的图像是一样的。实际上，对图像腐蚀两次相当于对结构元素自身膨胀后的图像进行腐蚀。这个规则也适用于膨胀。

最后，鉴于前景/背景概念有很大的随意性，我们可得到以下的实验结论（这是腐蚀/膨胀运算的基本性质）。用结构元素腐蚀前景物体可看作对图像背景部分的膨胀，也就是说：

❑ 腐蚀图像相当于对其反色图像膨胀后再取反色；
❑ 膨胀图像相当于对其反色图像腐蚀后再取反色。

5.2.4　扩展阅读

虽然这里将形态学滤波器应用在了二值图像上，但这些滤波器也能应用在灰度图像，甚至彩色图像上，并且方法的定义是相同的。5.3 节将介绍几种形态学运算符以及用它们处理灰度图像的效果。

另外，OpenCV 的形态学函数支持就地处理。这意味着输入图像和输出图像可以采用同一个变量，如下所示：

```
cv::erode(image,image,cv::Mat());
```

OpenCV 会创建必需的临时图像，从而保证这种方法能正常运行。

5.2.5 参阅

- ❏ 5.3 节将按顺序使用腐蚀和膨胀滤波器，产生新的运算符。
- ❏ 5.4 节将在灰度图像上应用其他形态学滤波器。

5.3 用形态学滤波器开启和闭合图像

上一节介绍了两种基本的形态学运算：腐蚀和膨胀。我们可以利用它们定义新的运算。接下来的两节将讲解其中的几种运算，本节将讲解开启和闭合运算。

5.3.1 如何实现

为了应用较高级别的形态学滤波器，需要用 cv::morphologyEx 函数，并传入对应的函数代码。例如下面的调用方法将适用于闭合运算：

```
// 闭合图像
cv::Mat element5(5,5,CV_8U,cv::Scalar(1));
cv::Mat closed;
cv::morphologyEx(image,closed,          // 输入和输出的图像
                 cv::MORPH_CLOSE,       // 运算符
                 element5);             // 结构元素
```

注意，为了让滤波器的效果更加明显，这里使用了 5×5 的结构元素。如果输入上节的二值图像，将得到如下所示的图像。

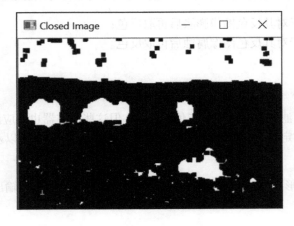

与之类似，应用形态学开启运算后将得到如下图像。

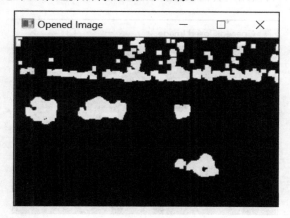

得到上面图像的代码是：

```
cv::Mat opened;
cv::morphologyEx(image, opened, cv::MORPH_OPEN, element5);
```

5.3.2 实现原理

开启和闭合滤波器的定义只与基本的腐蚀和膨胀运算有关：**闭合**的定义是对图像先膨胀后腐蚀，**开启**的定义是对图像先腐蚀后膨胀。

因此可以用以下方法对图像做闭合运算：

```
// 膨胀原图像
cv::dilate(image, result, cv::Mat());
// 就地腐蚀膨胀后的图像
cv::erode(result, result, cv::Mat());
```

调换这两个函数的调用次序，就能得到开启滤波器。

查看闭合滤波器的结果，可看到白色的前景物体中的小空隙已经被填满。闭合滤波器也会把邻近的物体连接起来。基本上，所有小到不能容纳完整结构元素的空隙或间隙都会被闭合滤波器消除。

与闭合滤波器相反，开启滤波器消除了背景中的几个小物体。所有小到不能容纳完整结构元素的物体都会被移除。

这些滤波器常用于目标检测。闭合滤波器可把错误分裂成小碎片的物体连接起来，而开启滤波器可以移除因图像噪声产生的斑点。因此最好按一定的顺序调用这些滤波器。如果优先考虑过滤噪声，可以先开启后闭合，但这样做的坏处是会消除掉部分物体碎片。

先使用开启滤波器，再使用闭合滤波器，会得到如下结果。

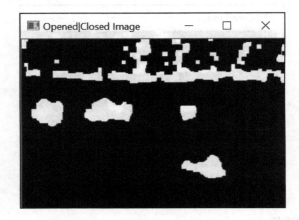

注意，对一幅图像进行多次同样的开启运算是没有作用的（闭合运算也一样）。事实上，因为第一次使用开启滤波器时已经填充了空隙，再使用同一个滤波器将不会使图像产生变化。用数学术语讲，这些运算是**幂等**（idempotent）的。

5.3.3　参阅

□ 在提取图像中的连通组件前，通常要用开启和闭合运算来清理图像。7.5 节将详细解释这点。

5.4　在灰度图像中应用形态学运算

本章介绍的多种基本形态学滤波器可以组合起来，形成高级形态学运算。本节将介绍两种形态学运算，将它们应用于灰度图像上可以检测图像的特征。

5.4.1　如何实现

形态学梯度运算可以提取出图像的边缘，具体方法为使用 cv::morphologyEx 函数，代码如下所示：

```
// 用 3×3 结构元素得到梯度图像
cv::Mat result;
cv::morphologyEx(image, result,
                cv::MORPH_GRADIENT, cv::Mat());
```

得到图像中物体的轮廓（为方便观察，对图像做了反色处理）。

另一种很实用的形态学运算是顶帽（hat-top）变换，它可以从图像中提取出局部的小型前景物体。为了说明该运算的效果，我们用本书中一页的照片做试验。由图可知，页面的光照并不均匀。通过使用 cv::morphologyEx 函数并采用正确的参数，可以调用黑帽变换提取出页面上的文字（作为前景物体）：

```
// 使用 7×7 结构元素做黑帽变换
cv::Mat element7(7, 7, CV_8U, cv::Scalar(1));
cv::morphologyEx(image, result, cv::MORPH_BLACKHAT, element7);
```

运行结果如下图所示，它可以从图像中提取出大部分文字。

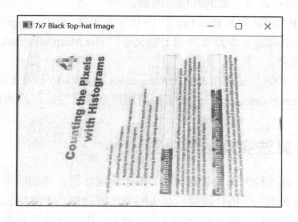

5.4.2 实现原理

理解形态学运算在灰度图像上的效果有一个好办法，就是把图像看作是一个拓扑地貌，不同的灰度级别代表不同的高度（或海拔）。基于这种观点，明亮的区域代表高山，黑暗的区域代表深谷；边缘相当于黑暗和明亮像素之间的快速过渡，因此可以比作陡峭的悬崖。腐蚀这种地形的最终结果是：每个像素被替换成特定邻域内的最小值，从而降低它的高度。结果是悬崖"缩小"，山谷"扩大"。膨胀的效果刚好相反，即悬崖"扩大"，山谷"缩小"。但不管哪种情况，平地（即强度值固定的区域）都会相对保持不变。

根据这个结论，可以得到一种检测图像边缘（或悬崖）的简单方法，即通过计算膨胀后的图像与腐蚀后的图像之间的的差距得到边缘。因为这两种转换后图像的差别主要在边缘地带，所以相减后会突出边缘。在 cv::morphologyEx 函数中输入 cv::MORPH_GRADIENT 参数，即可实现此功能。显然，结构元素越大，检测到的边缘就越宽。这种边缘检测运算称为 Beucher 梯度（下一章将详细讨论图像梯度的概念）。注意还有两种简单的方法能得到类似结果，即用膨胀后的图像减去原始图像，或者用原始图像减去腐蚀后的图像，那样得到的边缘会更窄。

顶帽运算也基于图像比对，它使用了开启和闭合运算。因为灰度图像进行形态学开启运算时会先对图像进行腐蚀，局部的尖锐部分会被消除，其他部分则将保留下来。因此，原始图像和经过开启运算的图像的比对结果就是局部的尖锐部分。这些尖锐部分就是我们需要提取的前景物体。对于本书的照片来说，前景物体就是页面上的文字。因为书本为白底黑字，所以我们采用它的互补运算，即黑帽算法。它将对图像做闭合运算，然后从得到的结果中减去原始图像。这里采用 7×7 的结构元素，它足够大了，能确保移除文字。

5.4.3　参阅

- ❑ 6.5 节将介绍用于检测边缘的其他滤波器。
- ❑ J.-F. Rivest、P. Soille 和 S. Beucher 于 1992 年发表在 *ISET's symposium on electronic imaging science and technology, SPIE* 2 月刊上的文章"The Morphological gradients"详细论述了形态学梯度的概念。
- ❑ R. Laganière 于 1998 年发表在 *Pattern Recognition* 11 月第 31 卷的文章"The article Morphological operator for corner detection"介绍了如何用形态学滤波运算检测角点。

5.5　用分水岭算法实现图像分割

分水岭变换是一种流行的图像处理算法，用于快速将图像分割成多个同质区域。它基于这样的思想：如果把图像看作一个拓扑地貌，那么同类区域就相当于陡峭边缘内相对平坦的盆地。分水岭算法通过逐步增高水位，把地貌分割成多个部分。因为算法很简单，它的原始版本会过度分割图像，产生很多小的区域。因此 OpenCV 提出了该算法的改进版本，使用一系列预定义标记来引导图像分割的定义方式。

5.5.1　如何实现

使用分水岭分割法需要调用 cv::watershed 函数。该函数的输入对象是一个标记图像，图像的像素值为 32 位有符号整数，每个非零像素代表一个标签。它的原理是对图像中部分像素做标记，表明它们的所属区域是已知的。分水岭算法可根据这个初始标签确定其他像素所属的区域。本节将先建立一个标记图像作为灰度图像，然后将其转换成整型图像。我们把这个步骤封装进 WatershedSegmenter 类，它包括指定标记图像和计算分水岭的方法：

```
class WatershedSegmenter {

  private:
  cv::Mat markers;

  public:
  void setMarkers(const cv::Mat& markerImage) {

    // 转换成整数型图像
    markerImage.convertTo(markers,CV_32S);
  }

  cv::Mat process(const cv::Mat &image) {

    // 应用分水岭
    cv::watershed(image,markers);
    return markers;
  }
}
```

不同应用程序获得标记的方式各不相同。例如，可在预处理过程中识别出一些属于某个感兴趣物体的像素。然后，根据初始检测结果，使用分水岭算法划出整个物体的边缘。本节将利用本章一直使用的二值图像，识别出对应原始图像中的动物（原始图像见 4.2.1 节）。因此，我们需要从二值图像中识别出属于前景（动物）的像素以及属于背景（主要是草地）的像素。这里把前景像素标记为 255，把背景像素标记为 128（该数字是随意选择的，任何不等于 255 的数字都可以）。其他像素的标签是未知的，标记为 0。

现在，这个二值图像包含了属于图像不同部分的白色像素，因此要对图像做深度腐蚀运算，只保留明显属于前景物体的像素：

```
// 消除噪声和细小物体
cv::Mat fg;
cv::erode(binary,fg,cv::Mat(),cv::Point(-1,-1),4);
```

得到的图像如下所示。

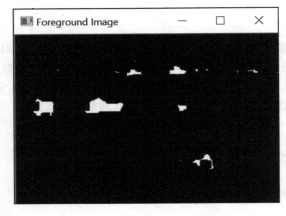

注意，仍然有少量属于背景（森林）的像素保留了下来，不用管它们，可将它们看作感兴趣物体。与之类似，我们可以通过对原二值图像做一次大幅度的膨胀运算来选中一些背景像素：

```
// 标识不含物体的图像像素
cv::Mat bg;
cv::dilate(binary,bg,cv::Mat(),cv::Point(-1,-1),4);
cv::threshold(bg,bg,1,128,cv::THRESH_BINARY_INV);
```

得到的黑色像素对应背景像素。因此在膨胀后，要立即通过阈值化运算把它们赋值为 128。得到的图像如下所示。

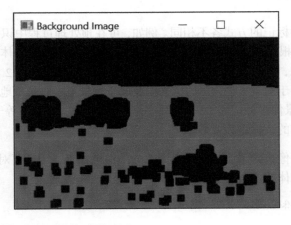

合并这两幅图像，得到标记图像，代码为：

```
// 创建标记图像
cv::Mat markers(binary.size(),CV_8U,cv::Scalar(0));
markers= fg+bg;
```

注意这里是如何用重载运算符+来合并图像的。下面的图像将被输入分水岭算法。

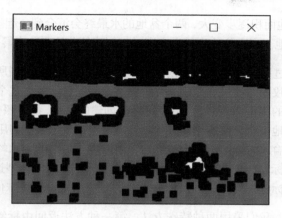

毫无疑问，在这个输入图像中，白色区域属于前景物体，灰色区域属于背景，而黑色区域带有未知标签。分水岭算法的作用就是明确地划分前景和背景，并对黑色区域的像素做出标记（属于前景还是背景）。可用下面的方法来分割图像：

```
// 创建分水岭分割类的对象
WatershedSegmenter segmenter;

// 设置标记图像，然后执行分割过程
segmenter.setMarkers(markers);
segmenter.process(image);
```

上面的代码会修改标记图像，每个值为 0 的像素都会被赋予一个输入标签，而边缘处的像素被赋值为-1，得到的标签图像如左图所示，边缘图像如右图所示。

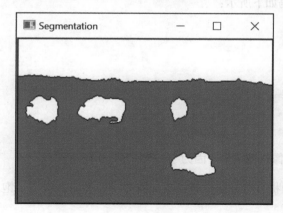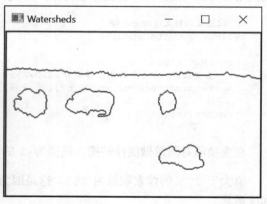

5.5.2 实现原理

跟前面几节一样，我们在描述分水岭算法时用拓扑地图来做类比。用分水岭算法分割图像的原理是从高度 0 开始逐步用洪水淹没图像。当"水"的高度逐步增加时（到 1、2、3 等），会形成聚水的盆地。随着盆地面积逐步变大，两个盆地的水最终会汇合到一起。这时就要创建一个分水岭，用来分割这两个盆地。当水位达到最大高度时，创建的盆地和分水岭就组成了分水岭分割图。

可以想象，在水淹过程的开始阶段会创建很多细小的独立盆地。当所有盆地汇合时，就会创建很多分水岭线条，导致图像被过度分割。要解决这个问题，就要对这个算法进行修改，使水淹过程从一组预先定义好的标记像素开始。每个用标记创建的盆地，都按照初始标记的值加上标签。如果两个标签相同的盆地汇合，就不创建分水岭，以避免过度分割。调用 cv::watershed 函数时就执行了这些过程。输入的标记图像会被修改，用以生成最终的分水岭分割图。输入的标记图像可以含有任意数值的标签，未知标签的像素值为 0。标记图像的类型选用 32 位有符号整数，以便定义超过 255 个的标签。另外，可以把分水岭的对应像素设为特殊值-1。

为了方便显示结果，我们采用两种特殊方法。第一种方法返回由标签组成的图像（包含值为 0 的分水岭）。该方法通过阈值化很容易实现，代码如下所示：

```
// 以图像的形式返回结果
cv::Mat getSegmentation() {

  cv::Mat tmp;
  // 所有标签值大于 255 的区段都赋值为 255
  markers.convertTo(tmp,CV_8U);

  return tmp;
}
```

与之类似，第二种方法返回一幅图像，图像中分水岭线条赋值为 0，其他部分赋值为 255。这次用 cv::convertTo 方法来获得结果，代码如下所示：

```
// 以图像的形式返回分水岭
cv::Mat getWatersheds() {

  cv::Mat tmp;
  // 在变换前，把每个像素 p 转换为 255p+255
  markers.convertTo(tmp,CV_8U,255,255);

  return tmp;
}
```

在变换前对图像做线性转换，使值为-1 的像素变为 0（因为-1*255+255=0）。

值大于 255 的像素赋值为 255。这是因为将有符号整数转换成无符号字符型时，应用了饱和度运算。

5.5.3 扩展阅读

很明显，可以用多种方法获得标记图像。例如，用户可以交互式地在场景中的物体和背景上绘制区域，以标注物体。或者，当需要标识的物体位于图像中间时，可以简单地在输入图像的中心位置标记特定标签，在图像的边缘位置（假设背景在边缘位置）标记上另一个标签。在创建标记图像时，可以在标记图像上绘制加粗的矩形：

```cpp
// 标识背景像素
cv::Mat imageMask(image.size(),CV_8U,cv::Scalar(0));
cv::rectangle(imageMask,cv::Point(5,5),
              cv::Point(image.cols-5, image.rows-5),
              cv::Scalar(255), 3);
// 标识前景像素
// (在图像的中心)
cv::rectangle(imageMask,
              cv::Point(image.cols/2-10,image.rows/2-10),
              cv::Point(image.cols/2+10,image.rows/2+10),
              cv::Scalar(1), 10);
```

如果把这个标记图像叠加到实验图像上，将得到下面的图像。

这幅图像是分水岭算法得到的结果。

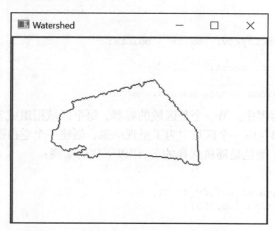

5.5.4　参阅

❑ C. Vachier 和 F. Meyer 于 2005 年发表在 *Journal of Mathematical Imaging and Vision* 5 月第 22 卷第 2 期和第 3 期上的文章 "The viscous watershed transform" 提供了有关于分水岭转换的更多信息。

5.6　用 MSER 算法提取特征区域

上一节介绍了如何通过逐步水淹并创建分水岭，把图像分割成多个区域。**最大稳定外部区域**（MSER）算法也用相同的水淹类比，以便从图像中提取有意义的区域。创建这些区域时也使用逐步提高水位的方法，但是这次我们关注的是在水淹过程中的某段时间内，保持相对稳定的盆地。可以发现，这些区域对应着图像中某些物体的特殊部分。

5.6.1　如何实现

计算图像 MSER 的基础类是 cv::MSER。它是一个抽象接口，继承自 cv::Feature2D 类。事实上，OpenCV 中的所有特征检测类都是从这个类继承的。cv::MSER 类的实例可以通过 create 方法创建。我们在初始化时指定被检测区域的最小和最大尺寸，以便限制被检测特征的数量，调用方式如下：

```
// 基本的 MSER 检测器
cv::Ptr<cv::MSER> ptrMSER=
 cv::MSER::create(5,      // 局部检测时使用的增量值
                  200,    // 允许的最小面积
                  2000);  // 允许的最大面积
```

现在可以通过调用 detectRegions 方法来获得 MSER，指定输入图像和一个相关的输出数据结构，代码如下所示：

```
// 点集的容器
std::vector<std::vector<cv::Point> > points;
// 矩形的容器
std::vector<cv::Rect> rects;
// 检测 MSER 特征
ptrMSER->detectRegions(image, points, rects);
```

检测结果放在两个容器中。第一个是区域的容器，每个区域用组成它的像素点表示；第二个是矩形的容器，每个矩形包围一个区域。为了呈现结果，创建一个空白图像，在图像上用不同的颜色显示检测到的区域（颜色是随机选择的）。用以下代码实现：

```
// 创建白色图像
cv::Mat output(image.size(),CV_8UC3);
output= cv::Scalar(255,255,255);
```

```
// OpenCV 随机数生成器
cv::RNG rng;

// 针对每个检测到的特征区域, 在彩色区域显示 MSER
// 反向排序, 先显示较大的 MSER
for (std::vector<std::vector<cv::Point> >::reverse_iterator
        it= points.rbegin();
        it!= points.rend(); ++it) {

    // 生成随机颜色
    cv::Vec3b c(rng.uniform(0,254),
                rng.uniform(0,254), rng.uniform(0,254));

    // 针对 MSER 集合中的每个点
    for (std::vector<cv::Point>::iterator itPts= it->begin();
            itPts!= it->end(); ++itPts) {

      // 不重写 MSER 的像素
      if (output.at<cv::Vec3b>(*itPts)[0]==255) {
        output.at<cv::Vec3b>(*itPts)= c;
      }
    }
}
```

注意，MSER 会形成层叠区域。为了显示全部区域，如果一个较大区域内包含了较小的区域，就不能覆盖它。可以从下图中检测出 MSER。

结果如下图所示。

图中没有显示全部区域，但是可以看出，通过这种方法能从图片中提取到一些有意义的区域（例如建筑物的窗户）。

5.6.2　实现原理

MSER 的原理与分水岭算法相同，即高度为 0~255，逐渐淹没图像。在图像处理技术中，通常把高于某个阈值的像素集合称为**高度集**。随着水位的升高，颜色较黑并且边界陡峭的区域会形成盆地，并且在一段时间内有相对稳定的形状（用水位表示颜色，水位高低代表了像素值的强度）。这些稳定的盆地就是 MSER。检测它们的方法是，观察每个水位连通的区域（即盆地）并测量它们的稳定性。测量稳定性的方法是：计算区域的当前面积以及该区域原先的面积（比当前水位低一个特定值的时候），并比较这两个面积。如果相对变化达到局部最小值，就认为这个区域是 MSER。增量值将作为 cv::MSER 类构造函数的第一个参数，用以测量相对稳定性，默认值为 5。另外要注意，区域面积必须在预定义的范围内。构造函数中后面两个参数就是允许的最小和最大区域尺寸。另外必须确保 MSER 是稳定的（第四个参数），即形状的相对变化必须足够小。一个稳定区域可以属于另一个更大的区域（称为父区域）。

为了确保有效性，一个父 MSER 和它的子区域必须有足够大的差别，即差异限度，由 cv::MSER 类构造函数的第五个参数指定。在前面的例子中，最后两个参数都使用了默认值。（MSER 允许的最大相对变化的默认值为 0.25，父 MSER 与子区域的最小差别的默认值为 0.2。）可见，要检测 MSER，必须对参数进行规范化，否则难以应对不同环境。

MSER 检测器首先输出一个包含像素集的容器，每个像素集构成一个区域。因为我们需要找出整个区域的位置，而不是里面的单个像素，所以通常用包含了被检测区域的几何形状表示一个 MSER。检测过程中输出的第二项是一系列矩形，画出所有矩形就能表示检测的结果。但是这样会画出许多矩形，使结果很不直观（区域之间还会互相包含，结果更加混乱）。这个例子主要想检测出大楼中的窗户，因此要提取出所有包含垂直矩形的区域。实现方法是将每个矩形的面积与检测到的对应区域进行比较，如果两者一致（这里用的判断标准是两者比例超过 0.6），那么它就是一个 MSER。测试代码如下所示：

```cpp
// 提取并显示矩形的 MSER
std::vector<cv::Rect>::iterator itr = rects.begin();
std::vector<std::vector<cv::Point> >::iterator itp = points.begin();
for (; itr != rects.end(); ++itr, ++itp) {
  // 检查两者比例
  if (static_cast<double>(itp->size())/itr->area() > 0.6)
    cv::rectangle(image, *itr, cv::Scalar(255), 2);
}
```

提取到的 MSER 如下图所示。

在其他应用程序中，也可以采用别的判断标准和显示方法。下面代码的判断依据是检测到的区域不能太细长（将封闭的矩形旋转，计算其宽高比），然后用未旋转的封闭椭圆表示它们。

```cpp
// 提取并显示椭圆形的 MSER
for (std::vector<std::vector<cv::Point> >::iterator
        it = points.begin();
        it != points.end(); ++it) {
  // 遍历 MSER 集合中的每个点
  for (std::vector<cv::Point>::iterator itPts = it->begin();
        itPts != it->end(); ++itPts) {

    // 提取封闭的矩形
    cv::RotatedRect rr = cv::minAreaRect(*it);
    // 检查椭圆的长宽比
    if (rr.size.height / rr.size.height > 0.6 ||
        rr.size.height / rr.size.height < 1.6)
        cv::ellipse(image, rr, cv::Scalar(255), 2);
  }
}
```

结果如下图所示。

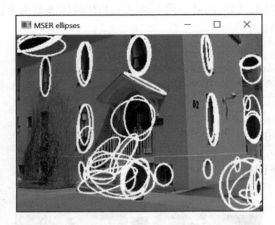

注意，对于有父子关系的 MSER，表示它们的椭圆通常比较相似。在某些情况下，可以施加一个约束条件，要求椭圆之间的差距不低于某个特定值，以免显示重复的椭圆。

5.6.3　参阅

□ 7.6 节将介绍计算连通点集的其他属性的方法。
□ 第 8 章将解释如何把 MSER 作为兴趣点检测器。

第 6 章

图像滤波

本章包括以下内容：

- 用低通滤波器进行图像滤波；
- 用滤波器进行缩减像素采样；
- 用中值滤波器进行图像滤波；
- 用定向滤波器检测边缘；
- 计算图像的拉普拉斯算子。

6.1 简介

滤波是信号和图像处理中的一种基本操作。它的目的是选择性地提取图像中某些方面的内容，这些内容在特定应用环境下传达了重要信息。滤波可去除图像中的噪声，提取有用的视觉特征，对图像重新采样，等等。它起源于通用的信号和系统理论，这里不对这个理论做详细解释。本章将介绍几个有关滤波的重要概念，并演示如何在图像处理程序中使用滤波器。首先简要解释一下频域分析的概念。

当我们看一幅图像时，就是在观察图像中不同灰度级别（或彩色）组成的图案。图像之间的区别，就在于它们有不同的灰度级分布方式。然而，也可以从其他角度进行图像分析。我们可以看到图像中灰度级的变化。有些图像含有大片强度值几乎不变的区域（如蓝天），而对于其他图像，灰度级的强度值在整幅图像上的变化很大（例如由大量细小物体构成的混乱场景）。

因此产生了另一种描述图像特性的方式，即观察上述变化的频率。这种特征称为**频域**（frequency domain）；而通过观察灰度分布来描述图像特征，称为**空域**（spatial domain）。

频域分析把图像分解成从低频到高频的频率成分。图像强度值变化慢的区域只包含低频率，而强度值变化快的区域产生高频率。有几种著名的变换法可用来清楚地显示图像的频率成分，例如**傅里叶变换**或**余弦变换**。图像是二维的，因此频率分为两种，即垂直频率（垂直方向的变化）和水平频率（水平方向的变化）。

在频域分析框架下，**滤波器**是一种放大（也可以不改变）图像中某些频段，同时滤掉（或减弱）其他频段的算子。例如，低通滤波器的作用是消除图像中的高频部分；高通滤波器刚好相反，用来消除图像中的低频部分。本章将介绍几种在图像处理领域常用的滤波器，并解释它们对图像起到的作用。

6.2　低通滤波器

本节将介绍几种非常基本的低通滤波器。由 6.1 节可知，这种滤波器的目的是减少图像变化的幅度。要做到这点，一个简单的方法是把每个像素的值替换成它周围像素的平均值。这样一来，强度的快速变化会被消除，取而代之的是更加平滑的过渡。

6.2.1　如何实现

cv::blur 函数将每个像素的值替换成该像素邻域的平均值（邻域是矩形的），从而使图像更加平滑。这个低通滤波器的用法如下所示：

```
cv::blur(image,result, cv::Size(5,5)); // 滤波器尺寸
```

这种滤波器也称为**块滤波器**（box filter）。为了让效果更加明显，这里使用尺寸为 5×5 的滤波器。这是原始图像。

这是使用滤波器后得到的结果。

有时需要让邻域内较近的像素具有更高的重要度。因此可计算加权平均值，即较近的像素比较远的像素具有更大的权重。要得到加权平均值，可采用依据高斯函数（即"钟形曲线"函数）制定的加权策略。函数 cv::GaussianBlur 应用了这种滤波器，调用方法如下所示：

```cpp
cv::GaussianBlur(image, result,
                cv::Size(5,5), // 滤波器尺寸
                1.5);          // 控制高斯曲线形状的参数
```

得到的结果如下所示。

6.2.2 实现原理

如果一种滤波器是用邻域像素的加权累加值来替换像素值，我们就说这种滤波器是线性的。这里使用了均值滤波器，即将矩形邻域内的全部像素累加，除以该邻域的数量（即求平均值），

然后用这个平均值替换原像素的值。这相当于把邻域中每个像素乘以 1，然后进行累加。也可以把邻域中每个像素位置对应的放大系数存放在一个矩阵中，用这个矩阵表示滤波器的不同权重。

矩阵中心的元素对应当前正在应用滤波器的像素。这样的矩阵也称为**内核**或**掩码**。对于一个 3×3 均值滤波器，其对应的内核可能是这样的。

1/9	1/9	1/9
1/9	1/9	1/9
1/9	1/9	1/9

函数 `cv::boxFilter` 对图像做滤波时，使用了一个仅由 1 组成的正方形内核。它与均值滤波器类似，但不会除以系数的数量。

应用一个线性滤波器相当于将内核移动到图像的每个像素上，并将每个对应像素乘以它的权重。这个运算在数学上称为**卷积**，规范的写法如下所示：

$$I_{out}(x, y) = \sum_i \sum_j I_{in}(x-i, y-j)K(i, j)$$

在这个双重求和过程中，位于(x, y)的当前像素与内核的中心点对齐，并假定它位于坐标(0, 0)处。

观察本节产生的输出图像，可以发现低通滤波器的最终效果是使图像更加模糊或更加平滑。这不奇怪，因为低通滤波器减弱了高频成分，而高频成分正好对应了物体边缘处的快速视觉变化。

对于高斯滤波器，像素对应的权重与它到中心像素之间的距离成正比。一维高斯函数的公式为：

$$G(x) = Ae^{-x^2/2\sigma^2}$$

使用归一化系数 A 是为了确保高斯曲线下方的面积等于 1。符号 σ（ sigma，希腊字母西格玛）的值决定了高斯函数曲线的宽度。这个值越大，函数曲线就越扁平。例如计算一维高斯滤波器的系数，区间[−4, 0, 4]，如果 $\sigma = 0.5$，得到如下系数：

```
[0.0 0.0 0.00026 0.10645 0.78657 0.10645 0.00026 0.0 0.0]
```

如果 $\sigma = 1.5$，得到的系数为：

```
[0.0076 0.03608 0.1096 0.2135 0.2667 0.2135 0.1096 0.0361 0.0076 ]
```

注意，计算这些系数的方法是用对应的 σ 的值调用函数 cv::getGaussianKernel：

cv::Mat gauss= cv::getGaussianKernel(9, sigma,CV_32F);

这两个 σ 值的高斯曲线如下图所示。高斯函数是一个对称钟形曲线，因此它非常适用于滤波：

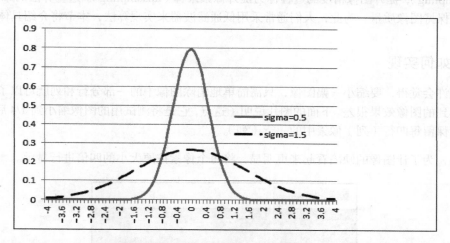

从图中可以看出，离中心点越远的像素权重越低，这使像素之间的过渡更加平滑。与之相反，使用扁平的均值滤波器时，远处的像素会使当前平均值发生突变。从频率上看，这意味着均值滤波器并没有消除全部高频成分。

要在图像上应用二维高斯滤波器，只需先在横向线条上应用一维高斯滤波器（过滤水平方向的频率），然后在纵向线条上应用另一个一维高斯滤波器（过滤垂直方向的频率）。这是因为，高斯滤波器是一种**可分离滤波器**（也就是说，二维内核可分解成两个一维滤波器）。要应用普通的可分离滤波器，可使用 cv::sepFilter2D 函数。也可以用 cv::filter2D 函数直接应用二维内核。由于可分离滤波器所用的乘法运算更少，因此它的计算速度通常比不可分离滤波器要快。

在 OpenCV 中，若要对图像应用高斯滤波器，需要调用函数 cv::GaussianBlur，并且提供系数的个数（第三个参数，必须是奇数）和 σ 的值（第四个参数）。也可以只设置 σ 的值，由 OpenCV 决定系数的个数（输入滤波器尺寸的值为 0）。反过来也可以，即输入参数时提供尺寸的数值，σ 值为 0。函数会自行判断最适合尺寸的 σ 值。

6.2.3 参阅

- ❑ 6.3 节将介绍如何用低通滤波器压缩图像
- ❑ 2.6.4 节介绍了 cv::filter2D 函数。该函数根据用户选择的内核，在图像上应用线性滤波器。

6.3　用滤波器进行缩减像素采样

需要调整图像精度（重新采样）的情况屡见不鲜，降低图像精度的过程称为**缩减像素采样**（downsampling），提升图像精度的过程称为**提升像素采样**（upsampling）。这些算法的难点在于要尽可能地保持图像质量。为此，人们通常采用低通滤波器来实现算法，本节将介绍具体原因。

6.3.1　如何实现

你也许会觉得，要缩小一幅图像，只需简单地消除图像中的一部分行和列就可以了。可惜，这么做得到的图像效果很差。下面的图片说明了这点，它是将测试用的图像缩小到 1/4 后得到的，方法是只保留每四行（列）像素中的一行（列）。

注意，为了让图像的缺陷看起来更明显，将每个像素按原大小的四倍进行显示。

可以发现，这幅图像的质量明显降低了，例如原始图像中城堡顶部倾斜的边缘在缩小后的图像中看起来像是楼梯。图像的纹理部分也能看到锯齿状的变形（如砖墙）。

这些令人讨厌的伪影是一种叫作**空间假频**的现象造成的。当你试图在图像中包含高频成分，但由于图像太小而无法包含时，就会出现这种现象。实际上，在小图像（即像素较少的图像）中展现精致纹理和尖锐边缘的效果不如在较高分辨率的图像中展现它们的效果好（想想高清电视机和普通电视机的差别）。图像中精致的细节对应着高频，因此需要在缩小图像之前去除它的高频成分。

通过上一节的学习，我们知道这可以用低通滤波器实现。因此在删除部分列和行之前，必须先在原始图像上应用低通滤波器，这样才能使图像在缩小到四分之一后不出现伪影。这是用 OpenCV 的实现方法：

```
// 首先去除高频成分
cv::GaussianBlur(image,image,cv::Size(11,11),2.0);
// 只保留每 4 个像素中的 1 个
cv::Mat reduced(image.rows/4,image.cols/4,CV_8U);
for (int i=0; i<reduced.rows; i++)
  for (int j=0; j<reduced.cols; j++)
    reduced.at<uchar>(i,j)= image.at<uchar>(i*4,j*4);
```

得到的图像如下所示（放大四倍显示）。

当然了，这幅图像丢失了一些精致的细节，但从总体上看，它的视觉质量比前面的要好（从远处看就会发现，这幅图像的质量确实好多了）。

6.3.2 实现原理

为避免混叠现象的发生，在缩减图像之前必须进行低通滤波。前面说过，低通滤波的作用是消除在缩减后的图像中无法表示的高频部分。这一现象称为 **Nyquist-Shannon 定理**，它表明如果把图像缩小一半，那么其可见的频率带宽也将减少一半。

OpenCV 中有一个专用函数，利用这个原理实现了图像缩减，即 cv::pyrDown 函数：

```
cv::Mat reducedImage;              // 用于存储缩小后的图像
cv::pyrDown(image,reducedImage);   // 图像尺寸缩小一半
```

上述函数使用了一个 5×5 的高斯滤波器，在把图像缩小一半之前先进行低通滤波。此外还有功能相反的函数 cv::pyrUp，它可以放大图像的尺寸。在这种提升像素采样的过程中，先在每两行和每两列之间分别插入值为 0 的像素，然后对扩展后的图像应用同样的 5×5 高斯滤波器（但系数要扩大 4 倍）。先缩小一幅图像再把它放大，显然不能完全让它恢复到原始状态，因为缩小过程中丢失的信息是无法恢复的。这两个函数可用来创建图像金字塔。它是一个数据结构，由一幅图像不同尺寸的版本堆叠起来，用于高效的图像分析，结果如下图所示。

每层图像的尺寸是后一层的 2 倍，但是这个比例还可以更小，也不一定是整数（可以是 1.2 ）。例如，如果要在图像中快速检测一个物体，可以先在金字塔顶部的小图像上检测。当定位到感兴趣的物体时，在金字塔的更低层次进行更精细的搜索，更低层次的图像分辨率更高。

此外还有一个更通用的函数 cv::resize，它可以指定缩放后图像的尺寸。你只需要在调用它时指定新的尺寸，这个尺寸可以比原始图像小，也可以比原始图像大：

```
cv::Mat resizedImage;                        // 用于存储缩放后的图像
cv::resize(image, resizedImage,
           cv::Size(image.cols/4,image.rows/4)); // 行和列均缩小为原来的 1/4
```

你也可以指定缩放比例。在参数中提供一个空的图像实例，然后提供缩放比例：

```
cv::resize(image, resizedImage,
           cv::Size(), 1.0/4.0, 1.0/4.0); // 缩小为原来的 1/4
```

最后一个参数可用来选择重新采样时使用的插值方法，下一节将做详细介绍。

6.3.3　扩展阅读

按比例缩放图像后，必须进行像素插值，以便在原像素之间的位置插入新的像素值。通用的图像重映射（详情请参见 2.8 节）属于另一种需要像素插值的情况。

像素插值

进行插值的最基本方法是使用最近邻策略。把待生成图像的像素网格放在原图像的上方，每个新像素被赋予原图像中最邻近像素的值。当图像升采样（即新网格比原始网格更密集时）时，会根据同一个原始像素，确定新网格中多个像素的值。例如要把上面缩小后的图像放大 4 倍，采用最邻近插值法的代码如下所示：

```
cv::resize(reduced, newImage, cv::Size(), 3, 3, cv::INTER_NEAREST);
```

本例中的插值算法简单地把每个像素的尺寸乘以 4。更好的做法是在插入新的像素值时，结合多个邻近像素的值。因此，可利用周围四个像素的值，线性地计算新像素值，如下图所示。

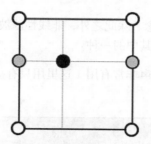

具体过程为，先在新增像素的左侧和右侧垂直地插入两个像素值，然后利用这两个插入的像素（上面图片中的灰色部分）在预定的位置水平地插入像素值。这种双线性插值方案是 cv::resize 函数的缺省方法（可以用标志 cv::INTER_LINEAR 显式地指定）：

```
cv::resize(reduced, newImage, cv::Size(), 4, 4, cv::INTER_LINEAR);
```

得到的结果如下所示。

此外还有一些算法，可以得到更好的结果。如果想使用**双三次插值算法**，就要在执行插值运算时考虑 4×4 的邻域像素。但因为这种算法使用了更多的像素（16 个），并且包含了三次函数的计算，所以它的运算速度比双线性插值算法慢。

6.3.4　参阅

- ❏ 2.6.4 节介绍了 cv::filter2D 函数。该函数根据用户选择的内核，在图像上应用线性滤波器。
- ❏ 8.4 节将介绍如何用图像金字塔检测感兴趣的点。

6.4　中值滤波器

6.2 节介绍了线性滤波器的概念。除此之外，非线性滤波器在图像处理中也起着很重要的作用。本节将介绍的中值滤波器就是其中的一种。

因为中值滤波器对消除椒盐噪声非常有用（这里用只有盐的噪声），所以我们将使用 2.2 节创建的图像，如下所示。

6.4.1　如何实现

调用中值滤波器函数的方法与调用其他滤波器差不多：

```cpp
cv::medianBlur(image, result, 5);
// 最后一个参数是滤波器尺寸
```

结果如下所示。

6.4.2　实现原理

因为中值滤波器是非线性的，所以不能用核心矩阵表示，也不能进行卷积运算（即 6.2 节介绍的双求和方程）。但它也是通过操作一个像素的邻域，来确定输出的像素值的。正如其名，中值滤波器把当前像素和它的邻域组成一个集合，然后计算出这个集合的中间值，以此作为当前像素的值（集合中数值经过排序，中间位置的数值就是中间值）。当前像素被中间值代替。

这正是中值滤波器在消除椒盐噪声时如此高效的原因。事实上，如果在某个像素邻域中有一个异常的黑色或白色像素，该像素将无法作为中间值（它是最大值或最小值），因此肯定会被邻域的值替换掉。

相反，简单均值滤波器会在很大程度上受到这种噪声影响，从下图中就可以观察到，这是用均值滤波器消除椒盐噪声的结果。

很明显，包含噪声的像素使邻域的均值发生了偏移。虽然噪声被均值滤波器弄模糊了，但仍然可以看见。

中值滤波器还有利于保留边缘的尖锐度，但它会洗去均质区域中的纹理（例如背景中的树木）。因为中值滤波器具有良好的视觉效果，因此照片编辑软件常用它创建特效。可用彩色图像来测试，看它如何生成类似卡通的图像。

6.5　用定向滤波器检测边缘

6.2 节介绍了用核心矩阵进行线性滤波的概念。这些滤波器通过移除或减弱高频成分，取得模糊图像的效果。本节将执行一种反向的变换，即放大图像中的高频成分，再用本节介绍的高通滤波器进行**边缘检测**。

6.5.1   如何实现

我们将要使用的滤波器称为 Sobel 滤波器。因为它只对垂直或水平方向的图像频率起作用（具体方向取决于滤波器选用的内核），所以被认为是一种定向滤波器。OpenCV 中有一个函数可在图像上应用 Sobel 算子。水平方向滤波器的调用方法为：

```
cv::Sobel(image,        // 输入
          sobelX,       // 输出
          CV_8U,        // 图像类型
          1, 0,         // 内核规格
          3,            // 正方形内核的尺寸
          0.4, 128);    // 比例和偏移量
```

垂直方向滤波的调用方法为（与水平方向滤波器非常类似）：

```
cv::Sobel(image,        // 输入
          sobelY,       // 输出
          CV_8U,        // 图像类型
          0, 1,         // 内核规格
          3,            // 正方形内核的尺寸
          0.4, 128);    // 比例和偏移量
```

函数用到了几个整型参数，下一节会详细解释。注意，选用这些参数是为了生成一个 8 位的输出图像（CV_8U）。

水平方向 Sobel 算子得到的结果如下所示。

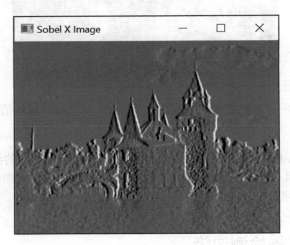

下一节将介绍，Sobel 算子的内核中既有正数又有负数，因此 Sobel 滤波器的计算结果通常是 16 位的有符号整数图像（CV_16S）。为了把结果显示为 8 位图像（上图），我们用数值 0 代表灰度 128。负数表示更暗的像素，正数表示更亮的像素。垂直方向 Sobel 图像如下所示。

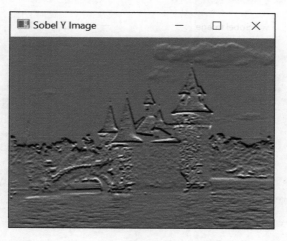

如果你熟悉照片编辑软件，就会知道这和图像浮雕化特效很像。实际上，这种特效通常就是用定向滤波器生成的。

你可以组合这两个结果（垂直和水平方向），得到 Sobel 滤波器的范数：

```
// 计算 Sobel 滤波器的范数
cv::Sobel(image,sobelX,CV_16S,1,0);
cv::Sobel(image,sobelY,CV_16S,0,1);
cv::Mat sobel;
// 计算 L1 范数
sobel= abs(sobelX)+abs(sobelY);
```

在 convertTo 方法中使用可选的缩放参数可得到一幅图像，图像中的白色用 0 表示，更黑的灰色阴影用大于 0 的值表示。这幅图像可以很方便地显示 Sobel 算子的范数，代码如下所示：

```
// 找到 Sobel 最大值
double sobmin, sobmax;
cv::minMaxLoc(sobel,&sobmin,&sobmax);
// 转换成 8 位图像
// sobelImage = -alpha*sobel + 255
cv::Mat sobelImage;
sobel.convertTo(sobelImage,CV_8U,-255./sobmax,255);
```

得到的结果如下所示。

从上图可以看出把 Sobel 算子称作边缘检测器的原因。接着，你可以对这幅图像阈值化，得到图像轮廓的二值分布图。代码片段和生成的图像如下所示：

```
cv::threshold(sobelImage, sobelThresholded,
              threshold, 255, cv::THRESH_BINARY);
```

6.5.2　实现原理

Sobel 算子是一种典型的用于边缘检测的线性滤波器，它基于两个简单的 3×3 内核，内核结构如下所示。

−1	0	1		−1	−2	−1
−2	0	2		0	0	0
−1	0	1		1	2	1

如果把图像看作二维函数，那么 Sobel 算子就是图像在垂直和水平方向变化的速度。在数学术语中，这种速度称为**梯度**。它是一个二维向量，向量的元素是横竖两个方向的函数的一阶导数：

$$grad(I) = \left[\frac{\partial I}{\partial x}, \frac{\partial I}{\partial y} \right]^T$$

Sobel 算子在水平和垂直方向计算像素值的差分，得到图像梯度的近似值。它在像素周围的一定范围内进行运算，以减少噪声带来的影响。cv::Sobel 函数使用 Sobel 内核来计算图像的卷积。函数的完整说明如下所示：

```
cv::Sobel(image,        // 输入
          sobel,        // 输出
          image_depth,  // 图像类型
          xorder,yorder, // 内核规格
          kernel_size,  // 正方形内核的尺寸
          alpha, beta); // 比例和偏移量
```

根据对应的参数，输出图像的像素类型是可以选择的，包括无符号字符型、有符号整数或浮点数。如果结果超出了像素值域的范围，就会进行饱和度运算。函数的最后两个参数可用来处理这种情况。在生成最终图像之前，可以将结果缩放（相乘）alpha 倍，并加上偏移量 beta。

在前面生成的图像中，Sobel 值 0 代表灰度值 128（中等灰度）就采用了这种方法。每个 Sobel 掩码都是一个方向上的导数，因此要用两个参数来指明将要应用的内核，即 x 方向和 y 方向导数的阶数。例如，如果 xorder 和 yorder 分别为 1 和 0，则得到水平方向 Sobel 内核；如果分别是 0 和 1，则得到垂直方向的内核。也可以使用其他组合，但这两种组合是最常用的（下一节将讨论二阶导数的情况）。最后，内核的尺寸也可以大于 3×3。可选的尺寸有 1、3、5 和 7。内核尺寸为 1，表示一维 Sobel 滤波器（1×3 或 3×1）。大尺寸内核的作用参见 6.5.3 节。

因为梯度是一个二维向量，所以它有范数和方向。梯度向量的范数表示变化的振幅，计算时通常被当作欧几里得范数（也称 L2 范数）：

$$|grad(I)| = \sqrt{\left(\frac{\partial I}{\partial x} \right)^2 + \left(\frac{\partial I}{\partial y} \right)^2}$$

但是在图像处理领域，通常把绝对值之和作为范数进行计算。这称为 **L1 范数**，它得到的结果与 L2 范数比较接近，但计算速度快。本节将采用 L1 范数：

```
// 计算 L1 范数
sobel= abs(sobelX)+abs(sobelY);
```

梯度向量总是指向变化最剧烈的方向。对于一幅图像来说，这意味着梯度的方向与边缘垂直，从较暗区域指向较亮区域。梯度的角度用下面的公式计算：

$$\angle grad(I) = \arctan\left(-\frac{\partial I}{\partial y} \bigg/ \frac{\partial I}{\partial x}\right)$$

在检测边缘时，通常只计算范数。但如果需要同时计算范数和方向，可以使用下面的 OpenCV 函数：

```
// 计算 Sobel 算子，必须用浮点数类型
cv::Sobel(image,sobelX,CV_32F,1,0);
cv::Sobel(image,sobelY,CV_32F,0,1);
// 计算梯度的 L2 范数和方向
cv::Mat norm, dir;
// 将笛卡儿坐标换算成极坐标，得到幅值和角度
cv::cartToPolar(sobelX,sobelY,norm,dir);
```

默认情况下，得到的方向用弧度表示。如果要使用角度，只需要增加一个参数并设为 true。

对梯度幅值进行阈值化，可得到一个二值边缘分布图。选择合适的阈值并不容易。如果阈值太低，就会保留太多（厚）的边缘；而如果选用更严格（高）的阈值，就会留下断裂的边缘。为了说明这两者间的区别，下面用更高的阈值得到了一个二值边缘分布图，将它与前面的图做对比。

若想兼顾较低阈值和较高阈值的优点，有一个办法是使用滞后阈值化的概念。下一章在介绍 Canny 算子时将对此进行解释。

6.5.3 扩展阅读

还有其他一些梯度算子，这里将介绍其中的几个。还可以在应用导数滤波器之前应用高斯平滑滤波器，这会减少对噪声的敏感度，后面会详细解释。

1. 梯度算子

Prewitt 算子定义了下面的内核，用来计算某个像素位置的梯度。

-1	0	1		-1	-1	-1
-1	0	1		0	0	0
-1	0	1		1	1	1

Roberts 算子基于这些简单的 2×2 内核。

1	0		0	1
0	-1		-1	0

如果要更精确地计算梯度方向，可采用 Scharr 算子。

-3	0	3		-3	-10	-3
-10	0	10		0	0	0
-3	0	3		3	10	3

注意，你可以在 `cv::Sobel` 函数中使用 Scharr 内核，参数为 `CV_SCHARR`：

```
cv::Sobel(image,sobelX,CV_16S,1,0, CV_SCHARR);
```

也可以调用 `cv::Scharr` 函数，效果是一样的：

```
cv::Scharr(image,scharrX,CV_16S,1,0,3);
```

所有这些定向滤波器都会计算图像函数的一阶导数。因此，在滤波器方向上像素强度变化大的区域将得到较大的值，较平坦的区域将得到较小的值。正因为如此，计算图像导数的滤波器被称为高通滤波器。

2. 高斯导数

导数滤波器属于高通滤波器，因此它们往往会放大图像中的噪声和细小的高对比度细节。为了减少这些高频成分的影响，最好在应用导数滤波器之前对图像做平滑化处理。也许你觉得这需要两个步骤，即平滑化图像和计算导数。但仔细观察这些运算后就能发现，只要选用合适的平滑内核，这两个步骤是可以合并的。前面提到过，图像与滤波器的卷积可以表示为一些项的累加和。有趣的是，有一个著名的数学定理：项的累加和的导数等于项的导数的累加和。

因此，可以不采取对平滑化的结果求导数，而是先对内核求导数，然后与图像卷积，这两个运算可以在像素上的同一次滤波中完成。因为高斯内核是连续可导的，所以这种做法特别合适。用不同尺寸的内核调用 cv::Sobel 函数时，就采用了这种方法。这个函数用不同的 σ 值计算高斯可导内核。例如，如果在 x 方向选用 7×7 的 Sobel 滤波器（即 kernel_size=7），将会得到以下结果。

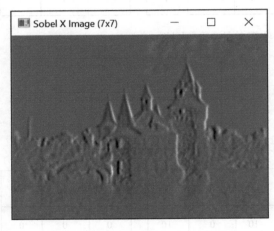

将它与前面的图像比较，可以发现很多精致的细节已经被移除，明显的边缘位置得到了进一步强化。注意，这时它已经成为一个带通滤波器，部分较高的频率被高斯滤波器移除，较低的频率被 Sobel 滤波器移除。

6.5.4   参阅

❑ 7.2 节将介绍如何用两个不同的阈值获得二值边缘分布图。

6.6   计算拉普拉斯算子

拉普拉斯算子也是一种基于图像导数运算的高通线性滤波器，它通过计算二阶导数来度量图像函数的曲率。

6.6.1　如何实现

在 OpenCV 中，可用 cv::Laplacian 函数计算图像的拉普拉斯算子。它与 cv::Sobel 函数非常类似。实际上，为了获得核心矩阵，它们使用了同一个基本函数 cv::getDerivKernels。根据定义，它采用二阶导数，因此和 cv::Sobel 函数唯一的区别是它没有用来表示导数的阶的参数。

我们为这个算子创建一个简单的类，封装几个与拉普拉斯算子有关的运算。基本的属性和方法如下所示：

```
class LaplacianZC {

  private:
  // 拉普拉斯算子
  cv::Mat laplace;
  // 拉普拉斯内核的孔径大小
  int aperture;

  public:

  LaplacianZC() : aperture(3) {}

  // 设置内核的孔径大小
  void setAperture(int a) {
    aperture= a;
  }

  // 计算浮点数类型的拉普拉斯算子
  cv::Mat computeLaplacian(const cv::Mat& image) {

    // 计算拉普拉斯算子
    cv::Laplacian(image,laplace,CV_32F,aperture);
    return laplace;
  }
```

拉普拉斯算子的计算在浮点数类型的图像上进行。与上节一样，要对结果做缩放处理才能使其正常显示。缩放基于拉普拉斯算子的最大绝对值，其中数值 0 对应灰度级 128。类中有一个方法可获得下面的图像表示：

```
// 获得拉普拉斯结果，存在 8 位图像中
// 0 表示灰度级 128
// 如果不指定缩放比例，那么最大值会放大到 255
// 在调用这个函数之前，必须先调用 computeLaplacian
cv::Mat getLaplacianImage(double scale=-1.0) {
  if (scale<0) {
    double lapmin, lapmax;
    // 取得最小和最大拉普拉斯值
    cv::minMaxLoc(laplace,&lapmin,&lapmax);
    // 缩放拉普拉斯算子到 127
    scale= 127/ std::max(-lapmin,lapmax);
```

```
}
    // 生成灰度图像
    cv::Mat laplaceImage;
    laplace.convertTo(laplaceImage,CV_8U,scale,128);
    return laplaceImage;
}
```

使用这个类，从 7×7 内核计算拉普拉斯图像的方法为：

```
// 用 LaplacianZC 类计算拉普拉斯算子
LaplacianZC laplacian;
laplacian.setAperture(7); // 7×7 的拉普拉斯算子
cv::Mat flap= laplacian.computeLaplacian(image);
laplace= laplacian.getLaplacianImage();
```

得到的图像如下所示。

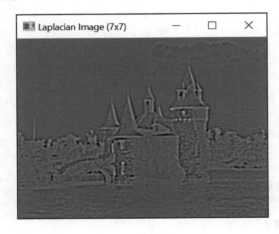

6.6.2　实现原理

二维函数的拉普拉斯算子的正式定义为"对它的二阶导数求和"：

$$laplacian(I) = \sqrt{\left(\frac{\partial I}{\partial x}\right)^2 + \left(\frac{\partial I}{\partial y}\right)^2}$$

如采用最简单的形式，它可以近似表示为这个 3×3 内核：

0	1	0
1	−4	1
0	1	0

与 Sobel 算子相比，拉普拉斯算子在计算时可以使用更大的内核，并且对图像噪声更加敏感，因此是更理想的选择（除非要重点考虑计算效率）。因为这些更大的内核是用高斯函数的二阶导数计算的，因此这个算子也常称为**高斯–拉普拉斯算子**（Laplacian of Gaussian，LoG）。注意，拉普拉斯算子内核的值的累加和总是 0。这保证在强度值恒定的区域中，拉普拉斯算子将变为 0。因为拉普拉斯算子度量的是图像函数的曲率，所以它在平坦区域中应该等于 0。

乍一看，好像很难解释拉普拉斯算子的作用。从内核的定义可以明显看出，任何孤立的像素值（即与周围像素差别很大的值）都会被拉普拉斯算子放大，这是因为该算子对噪声非常敏感。但更值得关注的是图像边缘附近的拉普拉斯值。图像边缘是灰度值在不同区域之间快速过渡的产物。观察图像函数在边缘上的变化（例如从暗到亮的边缘）可以发现一个规律：如果灰度级上升，那么肯定存在从正曲率（强度值开始上升）到负曲率（强度值即将到达高地）的平缓过渡。因此，如果拉普拉斯值从正数过渡到负数（反之亦然），就说明这个位置很可能是边缘，或者说边缘位于拉普拉斯函数的**过零点**。为了说明这个观点，来看测试图像的一个小窗口中的拉普拉斯值。我们选取城堡塔楼屋顶的底部边缘位置，具体位置见下图中的白色小框。

下图是框内部分拉普拉斯图像（7×7 内核）的数值（除以 100）：

-142	-64	-24	-56	-141	-203	-179	-99	-35	-5	5	4
-225	-180	-85	-17	-33	-129	-205	-181	-97	-25	3	3
17	6	42	118	212	200	41	110	-123	-51	-4	0
188	176	185	246	397	474	297	23	-93	-59	-11	0
129	128	147	214	357	375	143	-76	-104	-48	-9	1
43	37	48	125	250	133	-203	-301	-140	-26	-1	1
-4	-9	-9	85	227	54	-327	-354	-114	-4	-1	0
-32	-47	-46	87	268	92	-292	-300	-70	6	-5	-3
-24	-59	-56	121	331	133	-274	-285	-59	14	3	2
8	-36	-24	172	382	162	-264	-279	-50	28	18	13
33	-10	18	205	380	150	-261	-268	-46	22	3	-7
32	-1	38	196	318	81	-288	-270	-53	-1	-32	-45

如果仔细追踪拉普拉斯图像的部分过零点（位于不同符号的像素之间），就可以得到一条曲线，对应图像窗口中可以看到的部分边缘。在上面的图片中，我们沿着过零点画了一条线，它对应着塔楼的边缘，在选中的图像窗口中可以看到这个边缘。这意味着可以检测到亚像素级精度的图像边缘，至少从理论上是成立的。

在拉普拉斯图像上追踪过零点曲线需要很大的耐心，但你可以用一个简化的算法来检测过零点的大致位置。这种算法首先对拉普拉斯图像阈值化（采用的阈值为 0），得到正数和负数之间的分割区域，这两个区域之间的边界就是过零点。所以，我们可以用形态学运算来提取这些轮廓，也就是用拉普拉斯图像减去膨胀后的图像（这是 5.4 节中介绍的 Beucher 梯度）。下面的方法实现了这个算法，生成了一个过零点的二值图像：

```
// 获得过零点的二值图像
// 拉普拉斯图像的类型必须是 CV_32F
cv::Mat getZeroCrossings(cv::Mat laplace) {
    // 阈值为 0
    // 负数用黑色
    // 正数用白色
    cv::Mat signImage;
    cv::threshold(laplace,signImage,0,255,cv::THRESH_BINARY);

    // 把+/-图像转换成 CV_8U
    cv::Mat binary;
    signImage.convertTo(binary,CV_8U);
    // 膨胀+/-区域的二值图像
    cv::Mat dilated;
    cv::dilate(binary,dilated,cv::Mat());

    // 返回过零点的轮廓
    return dilated-binary;
}
```

得到的结果是这个二值分布图。

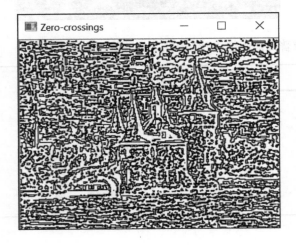

可以看出，拉普拉斯的过零点方法检测了所有的边缘，不能区分强边缘和弱边缘。我们还知道拉普拉斯算子对噪声非常敏感。还有一点很有意思，有些可见边缘是由于压缩失真产生的。正是由于这些原因，拉普拉斯算子才检测出了那么多的边缘。在实际检测边缘时（例如梯度很大的过零点才能确认的边缘），只会把拉普拉斯算子与其他算子结合使用。第 8 章将会讲到，在不同比例下检测兴趣点时，拉普拉斯算子和其他二阶算子是非常有用的。

6.6.3 扩展阅读

拉普拉斯算子是一种高通滤波器。你可以将多个低通滤波器结合，近似模拟出它的功能。但首先要用到图像增强的概念，第 2 章曾讨论过这个概念。

1. 用拉普拉斯算子增强图像的对比度

通过从图像中减去它的拉普拉斯图像，可以增强图像的对比度，这就是我们在 2.6 节中使用的方法。当时用到了这个内核：

0	−1	0
−1	5	−1
0	−1	0

它等于 1 减去拉普拉斯内核（也就是原始图像减去它的拉普拉斯图像）。

2. 高斯差分

6.2 节中的高斯滤波器可提取图像的低频成分。我们知道高斯滤波器过滤的频率范围取决于参数 σ 的值，这个参数控制了滤波器的宽度。现在用两个不同带宽的高斯滤波器对一幅图像做滤波，然后将这两个结果相减，就能得到由较高的频率构成的图像。这些频率被一个滤波器保留，被另一个滤波器丢弃。这种运算称为**高斯差分**（Difference of Gaussians，DoG），代码如下所示：

```
cv::GaussianBlur(image,gauss20,cv::Size(),2.0);
cv::GaussianBlur(image,gauss22,cv::Size(),2.2);

// 计算高斯差分
cv::subtract(gauss22, gauss20, dog, cv::Mat(), CV_32F);

// 计算 DoG 的过零点
zeros= laplacian.getZeroCrossings(dog);
```

最后一行计算 DoG 算子的过零点，得到如下图像。

事实上，如果选择了合适的 σ 值，DoG 算子其实可以很好地模拟 LoG 滤波器，这一点可以被证明。另外，如果从一个 σ 值的增长队列中选取连续的数据对，用以计算一系列的高斯差分，就可以得到该图像的尺度空间表示法。这种多尺度表示法非常有用，例如用于检测尺度不变特征，第 8 章将详细解释。

6.6.4   参阅

□ 8.4 节将使用拉普拉斯算子和 DoG 来检测尺度不变特征。

第 7 章

提取直线、轮廓和区域

本章包括以下内容：

- ❏ 用 Canny 算子检测图像轮廓；
- ❏ 用霍夫变换检测直线；
- ❏ 点集的直线拟合；
- ❏ 提取连续区域；
- ❏ 计算区域的形状描述子。

7.1 简介

要进行基于内容的图像分析，就必须从构成图像的像素集中提取出有意义的特征。轮廓、直线、斑点等就是基本的图像图元，可以用来描述图像包含的元素。本章将介绍如何提取这些图元。

7.2 用 Canny 算子检测图像轮廓

上一章讲解了如何检测图像的边缘，尤其是通过对梯度幅值的阈值化，获得图像中主要边缘的二值分布图。边缘勾画出了图像的元素，含有重要的视觉信息。正因如此，边缘可应用于目标识别等领域。但是简单的二值边缘分布图有两个主要缺点：第一，检测到的边缘过厚，这加大了识别物体边界的难度；第二，也是更重要的，通常不可能找到既低到足以检测到图像中所有重要边缘，又高到足以避免产生太多无关紧要边缘的阈值。这是一个难以权衡的问题，Canny 算法试图解决这个问题。

7.2.1 如何实现

Canny 算法可通过 OpenCV 的 cv::Canny 函数实现。使用这个算法时，需要指定两个阈值（后面会解释原因）。调用函数的方法如下所示：

```
// 应用 Canny 算法
cv::Mat contours;
cv::Canny(image,      // 灰度图像
          contours,   // 输出轮廓
          125,        // 低阈值
          350);       // 高阈值
```

先来看这幅图像。

在这幅图像上应用 Canny 算法，得到如下结果。

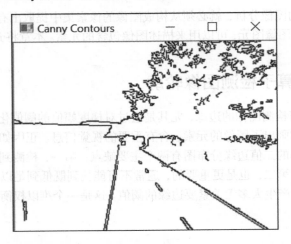

注意，因为正常的结果是用非零像素表示轮廓的，所以这里在显示轮廓时做了反转处理。上面显示的图像只是像素值为 255 的轮廓。

7.2.2 实现原理

Canny 算子通常基于第 6 章介绍的 Sobel 算子，虽然也可使用其他的梯度算子。它的核心理念是用两个不同的阈值来判断哪个点属于轮廓，一个是低阈值，一个是高阈值。

选择低阈值时，要保证它能包含所有属于重要图像轮廓的边缘像素。例如，将前面例子中指定的低阈值应用到 Sobel 算子返回的图像上，可得到如下边缘分布图。

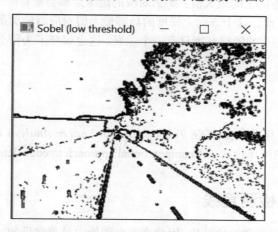

可以看到，道路的边缘非常清晰。但因为这里使用了一个宽松的阈值，所以很多并不需要的边缘也被检测出来了。而第二个阈值的作用就是界定重要轮廓的边缘，排除掉异常的边缘。例如，在 Sobel 边缘分布图上应用上例中的高阈值后，将得到如下结果。

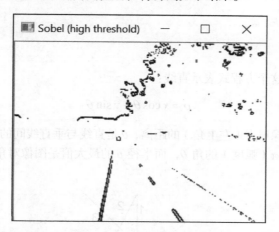

现在得到的图像中有些边缘是断裂的，但是这些可见的边缘肯定属于本场景中的重要轮廓。Canny 算法将结合这两种边缘分布图，生成最优的轮廓分布图。具体做法是在低阈值边缘分布图上只保留具有连续路径的边缘点，同时把那些边缘点连接到属于高阈值边缘分布图的边缘上。这样一来,高阈值分布图上的所有边缘点都被保留下来,而低阈值分布图上边缘点的孤立链全部被移除。这是一种很好的折中方案,只要指定适当的阈值,就能获得高质量的轮廓。这种基于两个阈值获得二值分布图的策略被称为**滞后阈值化**,可用于任何需要用阈值化获得二值分布图的场景。但是它的计算复杂度比较高。

另外,Canny 算法用了一个额外的策略来优化边缘分布图的质量。在进行滞后阈值化之前,如果梯度幅值不是梯度方向上的最大值,那么对应的边缘点都会被移除(前面讲过,梯度的方向总是与边缘垂直的)。因此,这个方向上梯度的局部最大值对应着轮廓最大强度的位置。这是一个细化轮廓的运算,它创建的轮廓宽度只有一个像素。这也解释了为什么 Canny 轮廓分布图的边缘比较薄。

7.2.3 参阅

❑ J. Canny 于 1986 年发表在 *IEEE Transactions on Pattern Analysis and Image Understanding* 第 6 期第 18 卷的经典论文 "A computational approach to edge detection"。

7.3 用霍夫变换检测直线

人造世界中充满了平面和线性结构,因此直线在图像中是很常见的。它们是很有意义的特征,在目标识别和图像理解领域起着非常重要的作用。**霍夫变换**(Hough transform)是一种常用于检测此类具体特征的经典算法。该算法起初用于检测图像中的直线,后来经过扩展,也能检测其他简单的图像结构。

7.3.1 准备工作

在霍夫变换中,用这个方程式表示直线:

$$\rho = x \cos \theta + y \sin \theta$$

参数 ρ 是直线与图像原点(左上角)的距离,θ 是直线与垂直线间的角度。在这种表示法中,图像中的直线有一个 $0 \sim \pi$(弧度)的角 θ,而半径 ρ 的最大值是图像对角线的长度。例如下面的一组线:

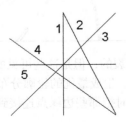

　　像**直线 1** 这样的垂直线，其角度值 θ 等于 0，而水平线（例如**直线 5**）的 θ 等于 $\pi/2$。因此**直线 3** 的 θ 等于 $\pi/4$，**直线 4** 大约是 0.7π。为了表示 $[0, \pi]$ 范围内的所有 θ 值，半径值可以用负数表示——例如**直线 2**，它的 θ 等于 0.8π，ρ 是负数。

7.3.2　如何实现

　　针对用于检测直线的霍夫变换，**OpenCV** 提供了两种实现方法，基础版是 `cv::HoughLines`。它输入的是一个二值分布图，其中包含一批像素点（用非零像素表示），一些对齐的点构成了直线。它通常是一个已经生成的边缘分布图，例如 Canny 算子生成的分布图。`cv::HoughLines` 函数输出的是一个 `cv::Vec2f` 类型元素组成的向量，每个元素是一对浮点数，表示检测到的直线的参数，即 (ρ, θ)。下面是使用这个函数的例子，首先用 Canny 算子获得图像轮廓，然后用霍夫变换检测直线：

```
// 应用 Canny 算法
cv::Mat contours;
cv::Canny(image,contours,125,350);
// 用霍夫变换检测直线
std::vector<cv::Vec2f> lines;
cv::HoughLines(test,lines, 1,
               PI/180,  // 步长
               60);     // 最小投票数
```

　　第 3 个和第 4 个参数表示搜索直线时用的步长。在本例中，半径步长为 1，表示函数将搜索所有可能的半径；角度步长为 $\pi/180$，表示函数将搜索所有可能的角度。最后一个参数的功能将在下一节介绍。选用特定的参数后，可以从上一节的道路图像中检测到多条直线。为了让检测结果可视化，我们在原始图像上绘制这些直线。但是有一点需要强调，这个算法检测的是图像中的直线而不是线段，它不会给出直线的端点。因此，我们绘制的直线将穿透整幅图像。具体做法是，对于垂直方向的直线，计算它与图像水平边界（即第一行和最后一行）的交叉点，然后在这两个交叉点之间画线。水平方向的直线也类似，只不过用第一列和最后一列。画线的函数是 `cv::line`。需要注意的是，即使点的坐标超出了图像范围，这个函数也能正确运行，因此没必要检查交叉点是否在图像内部。通过遍历直线向量画出所有直线，代码如下所示：

```
std::vector<cv::Vec2f>::const_iterator it= lines.begin();
while (it!=lines.end()) {

    float rho= (*it)[0];   // 第一个元素是距离 rho
    float theta= (*it)[1]; // 第二个元素是角度 theta

    if (theta < PI/4. || theta > 3.*PI/4.) { // 垂直线（大致）

        // 直线与第一行的交叉点
        cv::Point pt1(rho/cos(theta),0);
        // 直线与最后一行的交叉点
        cv::Point pt2((rho-result.rows*sin(theta))/
                    cos(theta),result.rows);
```

```
    // 画白色的线
     cv::line( image, pt1, pt2, cv::Scalar(255), 1);
} else { // 水平线（大致）

    // 直线与第一列的交叉点
    cv::Point pt1(0,rho/sin(theta));
    // 直线与最后一列的交叉点
    cv::Point pt2(result.cols,
                (rho-result.cols*cos(theta))/sin(theta));
    // 画白色的线
    cv::line(image, pt1, pt2, cv::Scalar(255), 1);
  }
  ++it;
}
```

得到的结果如下所示。

可以看出，霍夫变换只是寻找图像中边缘像素的对齐区域。因为有些像素只是碰巧排成了直线，所以霍夫变换可能产生错误的检测结果。也可能因为多条参数相近的直线穿过了同一个像素对齐区域，而导致检测出重复的结果。

为解决上述问题并检测到线段（即包含端点的直线），人们提出了霍夫变换的改进版。这就是概率霍夫变换，在 OpenCV 中通过 cv::HoughLinesP 函数实现。我们用它创建 LineFinder 类，封装函数的参数：

```
class LineFinder {

  private:

    // 原始图像
    cv::Mat img;

    // 包含被检测直线的端点的向量
```

```
std::vector<cv::Vec4i> lines;

    // 累加器分辨率参数
    double deltaRho;
    double deltaTheta;

    // 确认直线之前必须收到的最小投票数
    int minVote;

    // 直线的最小长度
    double minLength;

    // 直线上允许的最大空隙
    double maxGap;

  public:
    // 默认累加器分辨率是 1 像素，1 度
    // 没有空隙，没有最小长度
    LineFinder() : deltaRho(1), deltaTheta(PI/180),
                   minVote(10), minLength(0.), maxGap(0.) {}
```

看一下对应的设置方法：

```
// 设置累加器的分辨率
void setAccResolution(double dRho, double dTheta) {

  deltaRho= dRho;
  deltaTheta= dTheta;
}

// 设置最小投票数
void setMinVote(int minv) {

  minVote= minv;
}

// 设置直线长度和空隙
void setLineLengthAndGap(double length, double gap) {

  minLength= length;
  maxGap= gap;
}
```

用上述方法，检测霍夫线段的代码如下所示：

```
// 应用概率霍夫变换
std::vector<cv::Vec4i> findLines(cv::Mat& binary) {

  lines.clear();
  cv::HoughLinesP(binary,lines,
                  deltaRho, deltaTheta, minVote,
                  minLength, maxGap);

  return lines;
}
```

这个方法返回 cv::Vec4i 类型的向量,包含每条被检测线段的开始端点和结束端点的坐标。我们可以用下面的方法在图像上绘制检测到的线段:

```cpp
// 在图像上绘制检测到的直线
void drawDetectedLines(cv::Mat &image,
                       cv::Scalar color=cv::Scalar(255,255,255)) {

  // 画直线
  std::vector<cv::Vec4i>::const_iterator it2= lines.begin();

  while (it2!=lines.end()) {

    cv::Point pt1((*it2)[0],(*it2)[1]);
    cv::Point pt2((*it2)[2],(*it2)[3]);

    cv::line( image, pt1, pt2, color);

    ++it2;
  }
}
```

输入图像不变,可以用下面的次序检测直线:

```cpp
// 创建 LineFinder 类的实例
LineFinder finder;

// 设置概率霍夫变换的参数
finder.setLineLengthAndGap(100,20);
finder.setMinVote(60);

// 检测直线并画线
std::vector<cv::Vec4i> lines= finder.findLines(contours);
finder.drawDetectedLines(image);
```

上面的代码得到如下结果。

7.3.3 实现原理

霍夫变换的目的是在二值图像中找出全部直线，并且这些直线必须穿过足够多的像素点。它的处理方法是，检查输入的二值分布图中每个独立的像素点，识别出穿过该像素点的所有可能直线。如果同一条直线穿过很多像素点，就说明这条直线明显到足以被认定。

为了统计某条直线被标识的次数，霍夫变换使用了一个二维累加器。累加器的大小依据(ρ, θ)的步长确定，其中(ρ, θ)参数用来表示一条直线。为了说明霍夫变换的功能，我们建立一个 180×200 的矩阵（对应 θ 的步长为 $\pi/180$，ρ 的步长为 1）：

```
// 创建霍夫累加器
// 这里的图像类型为 uchar；实际使用时应该用 int
cv::Mat acc(200,180,CV_8U,cv::Scalar(0));
```

累加器是不同于(ρ, θ)值的映射表。因此，矩阵的每个入口都对应一条特定的直线。现在假定某个像素点的坐标为$(50, 30)$，这样就能通过循环遍历所有可能的 θ 值（步长 $\pi/180$），并计算对应的（四舍五入）ρ 值，标识出穿过这个像素点的全部直线：

```
// 选取一个像素点
int x=50, y=30;
// 循环遍历所有角度
for (int i=0; i<180; i++) {

    double theta= i*PI/180.;

    // 找到对应的 rho 值
    double rho= x*std::cos(theta)+y*std::sin(theta);
    // j 对应-100~100 的 rho
    int j= static_cast<int>(rho+100.5);

    std::cout << i << "," << j << std::endl;

    // 增值累加器
    acc.at<uchar>(j,i)++;
}
```

每次计算得到(ρ, θ)对后，其对应的累加器入口的数值就会增加，表示对应的直线穿过了图像中的某个像素点（或者说每个像素点为一批候选直线投票）。如果把累加器作为图像显示（翻转过来，并乘以 100，以便数字 1 能显示），结果如下所示。

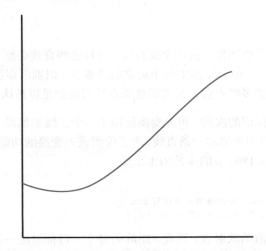

上面的曲线表示穿过这个点的所有直线的集合。现在用像素点(30,10)重复上述过程，得到的累加器如下所示。

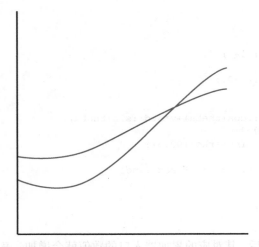

可以看到，这两条曲线在一个位置相交，这个位置表示对应的直线通过了这两个像素点。累加器的对应入口收到了两次投票，表明有两个像素点在这条直线上。

如果对二值分布图中的所有像素点重复上述过程，那么同一条直线上的像素点会使累加器的同一个入口增长很多次。最后，为了检测图像中的直线（即像素点对齐的位置），只需要标识出累加器中的局部限值，该累加器用于接收大量投票数。cv::HoughLines 函数的最后一个参数表示最低投票数，只有不低于这个数的直线才会被检测到。这表明最低投票数越小，检测到的直线数量就越多。

如果把例子中的数值降为 50，检测到的直线就如下图所示。

概率霍夫变换对基本算法做了一些修正。首先，概率霍夫变换在二值分布图上随机选择像素点，而不是系统性地逐行扫描图像。一旦累加器的某个入口达到了预设的最小值，就沿着对应的直线扫描图像，并移除在这条直线上的所有像素点（包括还没投票的像素点）。这个扫描过程还检测可以接受的线段长度。为此，算法定义了两个额外的参数：一个是允许的线段最小长度，另一个是组成连续线段时允许的最大像素间距。这个额外的步骤增加了算法的复杂度，但也得到了一定的补偿——由于在扫描直线的过程中已经清除了部分像素点，因此减少了投票过程中用到的像素点。

7.3.4　扩展阅读

霍夫变换也能用来检测其他几何物体。事实上，任何可以用一个参数方程来表示的物体，都很适合用霍夫变换来检测。还有一种泛化霍夫变换，可以检测任何形状的物体。

检测圆

圆的参数方程为：

$$r^2 = (x - x_0)^2 + (y - y_0)^2$$

这个方程包含三个参数（圆半径和圆心坐标），这表明需要使用三维的累加器。但一般来说，累加器的维数越多，霍夫变换就越复杂，可靠性也越低。在本例中，每个像素点都会使累加器增加大量的入口。因此，精确地定位局部尖峰值会变得更加困难。为解决这个问题，人们提出了各种策略。OpenCV 采用的策略是在用霍夫变换检测圆的实现中使用两轮筛选。第一轮筛选使用一个二维累加器，找出可能是圆的位置。因为圆周上像素点的梯度方向与半径的方向是一致的，所以对每个像素点来说，累加器只对沿着梯度方向的入口增加计数（根据预先定义的最小和最大半径值）。一旦检测到可能的圆心（即收到了预定数量的投票），就在第二轮筛选中建立半径值范围的一维直方图。这个直方图的尖峰值就是被检测圆的半径。

实现上述策略的 cv::HoughCircles 函数将 Canny 检测与霍夫变换结合，它的调用方法是：

```
cv::GaussianBlur(image,image,cv::Size(5,5),1.5);
std::vector<cv::Vec3f> circles;
    cv::HoughCircles(image, circles,  cv::HOUGH_GRADIENT,
                2,     // 累加器分辨率（图像尺寸/2）
                50,    // 两个圆之间的最小距离
                200,   // Canny 算子的高阈值
                100,   // 最少投票数
                25,
                100); // 最小和最大半径
```

有一点需要反复提醒：在调用 cv::HoughCircles 函数之前，要对图像进行平滑化，以减少图像中可能导致误判的噪声。检测的结果存放在 cv::Vec3f 实例的向量中。前面两个数值是圆心坐标，第三个数值是半径。

编写本书时，cv::HOUGH_GRADIENT 是唯一可用的参数，它代表两轮筛选的圆形检测方法。第四个参数定义了累加器的分辨率，它是一个分割比例。例如，数值 2 表示累加器是图像尺寸的一半。下一个参数是两个被检测的圆之间的最小像素距离。再下一个参数是 Canny 边缘检测器的高阈值，低阈值通常设置为高阈值的一半。第七个参数是圆心位置必须收到的最少投票数，只有在第一轮筛选时收到的投票数超过该值，才能作为候选的圆进入第二轮筛选。最后两个参数是被检测圆的最小和最大半径值。可以看出，这个函数包含的参数太多了，很难调节。

得到存放圆的向量后，就可以在图像上画出这些圆。方法是迭代遍历该向量，并调用 cv::circle 函数，传入获得的参数：

```
std::vector<cv::Vec3f>::const_iterator itc= circles.begin();

while (itc!=circles.end()) {

  cv::circle(image,
            cv::Point((*itc)[0], (*itc)[1]), // 圆心
            (*itc)[2],          // 半径
            cv::Scalar(255), // 颜色
            2);              // 厚度
  ++itc;
}
```

使用上述方法和参数在测试图像上执行，得到如下结果。

7.3.5　参阅

- ❑ C. Galambos、J. Kittler 和 J. Matas 于 2002 年发表在 *IEE Vision Image and Signal Processing* 第 148 卷第 3 期第 158 页至第 165 页上的文章 "Gradient-based Progressive Probabilistic Hough Transform" 对霍夫变换的方法进行了大量引用，并且描述了 OpenCV 中实现的概率算法。

- ❑ H. K. Yuen、J. Princen、J. Illingworth 和 J. Kittler 于 1990 年发表在 *Image and Vision Computing* 第 8 卷第 1 期第 71 页至第 77 页上的文章 "Comparative Study of Hough Transform Methods for Circle Finding" 描述了用霍夫变换检测圆的各种策略。

7.4　点集的直线拟合

在某些应用程序中，光是检测出图像中的直线还不够，还需要精确地估计直线的位置和方向。本节将介绍如何拟合出最适合指定点集的直线。

7.4.1　如何实现

首先需要识别出图像中靠近直线的点。使用一条上节检测到的直线。把 `cv::HoughLinesP` 检测到的直线存放在 `std::vector<cv::Vec4i>` 类型的变量 `lines` 中。为了提取出靠近这条直线（我们叫它第一条直线）的点集，可以继续以下步骤：在黑色图像上画一条白色直线，并且穿过用于检测直线的 Canny 轮廓图。这可以用这些语句实现：

```
int n=0; // 选用直线 0
// 黑色图像
cv::Mat oneline(contours.size(),CV_8U,cv::Scalar(0));
```

```
// 白色直线
cv::line(oneline, cv::Point(lines[n][0],lines[n][1]),
        cv::Point(lines[n] [2],
        lines[n][3]), cv::Scalar(255),
        3);        // 直线宽度
// 轮廓与白色直线进行"与"运算
cv::bitwise_and(contours,oneline,oneline);
```

结果是一个包含了与指定直线相关的点的图像。为了引入公差，我们画了具有一定宽度（这里是 3）的直线，因此位于指定邻域内的点都能被接受。

得到的图像如下所示（为了提升显示效果，对其做了反转）。

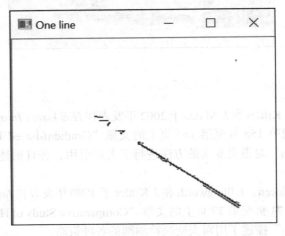

然后可以把这些集合内点的坐标插入到 cv::Point 对象的 std::vector 类型中（也可以使用浮点数坐标，即 cv::Point2f），代码如下所示：

```
std::vector<cv::Point> points;

// 迭代遍历像素，得到所有点的位置
for( int y = 0; y < oneline.rows; y++ ) {
  // 行 y

  uchar* rowPtr = oneline.ptr<uchar>(y);

  for( int x = 0; x < oneline.cols; x++ ) {
    // 列 x

    // 如果在轮廓上
    if (rowPtr[x]) {

      points.push_back(cv::Point(x,y));
    }
  }
}
```

得到点集后，利用这些点集拟合出直线。利用 OpenCV 的函数 cv::fitLine 可以很轻松地得到最优的拟合直线：

```
cv::Vec4f line;
cv::fitLine(points,line,
            cv::DIST_L2,  // 距离类型
            0,            // L2 距离不用这个参数
            0.01,0.01);   // 精度
```

上述代码把直线方程式作为参数，形式是一个单位方向向量（cvVec4f 的前两个数值）和直线上一个点的坐标（cvVec4f 的后两个数值）。最后两个参数是所需的直线精度。

直线方程式通常用于某些属性的计算（例如需要精确参数的校准）。为了演示它的用法，也为了验证计算的直线是否正确，我们在图像上模拟一条直线。这里只是随意画了一条长度为 100 像素、宽度为 2 像素的黑色线段（为了便于观察）：

```
int x0= line[2];           // 直线上的一个点
int y0= line[3];
int x1= x0+100*line[0];    // 加上长度为 100 的向量
int y1= y0+100*line[1];    // （用单位向量生成）
// 绘制这条线
cv::line(image,cv::Point(x0,y0),cv::Point(x1,y1),
         0.2);             // 颜色和宽度
```

下图显示了与道路边界非常一致的直线。

7.4.2　实现原理

点集的直线拟合是一个经典数学问题。OpenCV 的实现方法是使每个点到直线的距离之和最小化。在众多用于计算距离的函数中，欧几里得距离的计算速度最快，所用参数为 cv::DIST_L2。

这一选项对应了标准的最小二乘法直线拟合。如果点集中包含了孤立点（即不属于直线的点），可以选用其他距离函数，以减少远距离的点带来的影响。最小化计算的基础是 M 估算法技术，它采用迭代方式解决加权最小二乘法问题，其中权重与点到直线的距离成反比。

我们也可以用这个函数在三维点集上拟合直线。这时输入的是 cv::Point3i 或 cv::Point3f 对象的集合，输出的是一个 std::Vec6f 实例。

7.4.3　扩展阅读

cv::fitEllipse 函数在二维点集上拟合一个椭圆。它返回一个旋转的矩形（一个 cv::RotatedRect 实例），矩形中有一个内切的椭圆。对应的代码如下所示：

```
cv::RotatedRect rrect= cv::fitEllipse(cv::Mat(points));
cv::ellipse(image,rrect,cv::Scalar(0));
```

cv::ellipse 是你在画椭圆时会用到的函数之一。

7.5　提取连续区域

图像通常包含各种物体，图像分析的目的之一就是识别和提取这些物体。在物体检测和识别程序中，第一步通常就是生成二值图像，找到感兴趣物体所处的位置。不管用什么方式获得二值图像（例如用第 4 章的直方图反向投影，或者用第 12 章的运动分析），下一个步骤都是从由 1 和 0 组成的像素集合中提取出物体。

来看第 5 章的水牛二值图像。

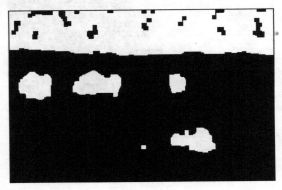

执行一次简单的阈值化操作，然后应用形态学滤波器，就能获得这幅图像。本节将介绍如何从这样的图像中提取物体。具体来说，就是提取连续区域，即二值图像中由一批连通的像素构成的形状。

7.5.1 如何实现

OpenCV 提供了一个简单的函数，可以提取出图像中连续区域的轮廓，这个函数就是 cv::findContours：

```
// 用于存储轮廓的向量
std::vector<std::vector<cv::Point>> contours;
cv::findContours(image,
                 contours,                  // 存储轮廓的向量
                 cv::RETR_EXTERNAL,         // 检索外部轮廓
                 cv::CHAIN_APPROX_NONE);    // 每个轮廓的全部像素
```

显然，函数输入的就是上述二值图像。输出的是一个存储轮廓的向量，每个轮廓用一个 cv::Point 类型的向量表示。因此输出参数是一个由 std::vector 实例构成的 std::vector 实例。此外，函数还指明了两个选项，第一个选项表示只检索外部轮廓，即物体内部的空穴会被忽略（7.5.3 节将讨论其他的选项）；第二个选项指明了轮廓的格式。使用当前的选项，向量将列出轮廓的全部点。如使用 cv::CHAIN_APPROX_SIMPLE，则只会列出包含水平、垂直或对角线轮廓的端点。用其他选项可得到逼近轮廓的更复杂的链，对轮廓的表示将更紧凑。在前面的图像中可检测到 9 个连续区域，用 contours.szie() 查看轮廓的数量。

有一个非常实用的函数可在图像（这里用白色图像）上画出那些区域的轮廓：

```
// 在白色图像上画黑色轮廓
cv::Mat result(image.size(),CV_8U,cv::Scalar(255));
cv::drawContours(result,contours,
                 -1, // 画全部轮廓
                 0,  // 用黑色画
                 2); // 宽度为 2
```

如果这个函数的第三个参数是负数，就画出全部轮廓，否则就可以指定要画的轮廓的序号，得到的结果如下所示。

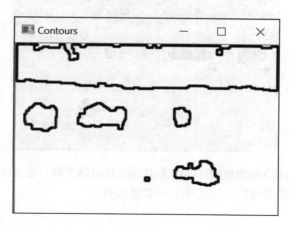

7.5.2　实现原理

提取轮廓的算法很简单，它系统地扫描图像，直到找到连续区域。从区域的起点开始，沿着它的轮廓对边界像素做标记。处理完这个轮廓后，就从上个位置继续扫描，直到发现新的区域。

你也可以对识别出的连续区域进行独立的分析。例如，如果事先已经知道感兴趣物体的大小，就可以将部分区域删除。我们采用区域边界的最小值和最大值，具体做法是迭代遍历存放轮廓的向量，并且删除无效的轮廓：

```
// 删除太短或太长的轮廓
int cmin= 50;      // 最小轮廓长度
int cmax= 1000;    // 最大轮廓长度
std::vector<std::vector<cv::Point>>::
            iterator itc= contours.begin();
// 针对所有轮廓
while (itc!=contours.end()) {
  // 验证轮廓大小
  if (itc->size() < cmin || itc->size() > cmax)
    itc= contours.erase(itc);
  else
    ++itc;
}
```

因为 std::vector 中的删除操作的时间复杂度为 O(*N*)，所以这个循环的效率还可以更高。不过这种小型向量的总体开销也不会不大。

这次我们在原始图像上画出剩下的轮廓，结果如下所示。

这幅图像刚好有这种简单的规则，可用来识别所有的感兴趣目标。在更复杂的情况下，就需要对区域的属性做更精细的分析，这正是下一节要做的。

7.5.3 扩展阅读

cv::findContours 函数也能检测二值图像中的所有闭合轮廓，包括区域内部空穴构成的轮廓。实现方法是在调用函数时指定另一个标志：

```
cv::findContours(image,
                 contours,             // 存放轮廓的向量
                 cv::RETR_LIST,        // 检索全部轮廓
                 cv::CHAIN_APPROX_NONE);  // 全部像素
```

调用后得到如下轮廓。

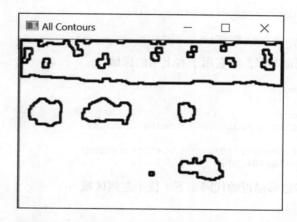

注意，背景森林中增加了额外的轮廓。你也可以把这些轮廓分层次组织起来。主区域是父轮廓，它内部的空穴是子轮廓；如果空穴内部还有区域，那它们就是上述子轮廓的子轮廓，以此类推。使用 cv::RETR_TREE 标志可得到这个层次结构，代码为：

```
std::vector<cv::Vec4i> hierarchy;
cv::findContours(image, contours,    // 存放轮廓的向量
                 hierarchy,          // 层次结构
                 cv::RETR_TREE,      // 树状结构的轮廓
                 cv::CHAIN_APPROX_NONE);  // 每个轮廓的全部像素
```

本例中每个轮廓都有一个对应的层次元素，存放次序与轮廓相同。层次元素由四个整数构成，前两个整数是下一个和上一个同级轮廓的序号，后两个整数是第一个子轮廓和父轮廓的序号。如果序号为负，就表示轮廓列表的末端。cv::RETR_CCOMP 标志的作用与之类似，但只允许两个层次。

7.6 计算区域的形状描述子

连续区域通常代表着场景中的某个物体。为了识别该物体，或将它与其他图像元素做比较，需要对此区域进行测量，以提取出部分特征。本节将介绍几种 OpenCV 的形状描述子，用于描述连续区域的形状。

7.6.1 如何实现

OpenCV 中用于形状描述的函数有很多，我们把其中的几个应用到上节提取的区域。值得一提的是，我们还会使用包含四个轮廓的向量，这些轮廓分别代表前面已经识别的四头水牛。在下面的代码段中，我们将计算轮廓的形状描述子（从 `contours[0]` 到 `contours[3]`），并在轮廓图像（宽度为 1）上画出结果（宽度为 2）。图像见本节最后。

第一个是边界框，用于右下角的区域：

```
// 测试边界框
cv::Rect r0= cv::boundingRect(contours[0]);
// 画矩形
cv::rectangle(result,r0, 0, 2)
```

最小覆盖圆的情况也类似，将它用于右上角的区域：

```
// 测试覆盖圆
float radius;
cv::Point2f center;
cv::minEnclosingCircle(contours[1],center,radius);
// 画圆形
cv::circle(result,center, static_cast<int>(radius),
           cv::Scalar(0),2);
```

计算区域轮廓的多边形逼近的代码如下（位于左侧区域）：

```
// 测试多边形逼近
std::vector<cv::Point> poly;
cv::approxPolyDP(contours[2],poly,5,true);
// 画多边形
cv::polylines(result, poly, true, 0, 2);
```

注意，多边形绘制函数 `cv::polylines` 与其他画图函数很相似。第三个布尔型参数表示该轮廓是否闭合（如果闭合，最后一个点将与第一个点相连）。

凸包是另一种形式的多边形逼近（位于左侧第二个区域）：

```
// 测试凸包
std::vector<cv::Point> hull;
cv::convexHull(contours[3],hull);
// 画多边形
cv::polylines(result, hull, true, 0, 2);
```

最后，计算轮廓矩是另一种功能强大的描述子（在所有区域内部画出重心）：

```
// 测试轮廓矩
// 迭代遍历所有轮廓
itc= contours.begin();
while (itc!=contours.end()) {

  // 计算所有轮廓矩
  cv::Moments mom= cv::moments(cv::Mat(*itc++));
```

```
// 画重心
cv::circle(result,
           // 将重心位置转换成整数
           cv::Point(mom.m10/mom.m00,mom.m01/mom.m00),
           2, cv::Scalar(0),2); // 画黑点
}
```

结果如下所示。

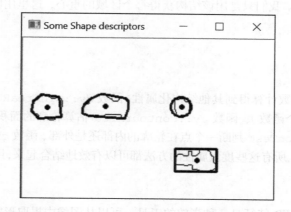

7.6.2 实现原理

在表示和定位图像中区域的方法中，边界框可能是最简洁的。它的定义是：能完整包含该形状的最小垂直矩形。比较边界框的高度和宽度，可以获得物体在垂直或水平方向的特征（例如可以通过计算高度与宽度的比例，分辨出一幅图像是汽车还是行人）。最小覆盖圆通常在只需要区域尺寸和位置的近似值时使用。

如果要更紧凑地表示区域的形状，可采用多边形逼近。在创建时要制定精确度参数，表示形状与对应的简化多边形之间能接受的最大距离。它是 cv::approxPolyDP 函数的第四个参数。返回的结果是 cv::Point 类型的向量，表示多边形的顶点个数。在画这个多边形时，要迭代遍历整个向量，并在顶点之间画直线，把它们逐个连接起来。

形状的凸包（或凸包络）是包含该形状的最小凸多边形。可以把它看作一条绕在区域周围的橡皮筋。可以看出，在形状轮廓中凹进去的位置，凸包轮廓会与原始轮廓发生偏离。

通常可用凸包缺陷来表示这些位置。OpenCV 中有一个专门用于识别凸包缺陷的函数 cv::convexityDefects，它的调用方法如下所示：

```
std::vector<cv::Vec4i> defects;
cv::convexityDefects(contour, hull, defects);
```

参数 contour 和 hull 分别表示原始轮廓和凸包轮廓（两者都用 std::vector<cv::Point>

的实例表示）。函数输出的是一个向量，它的每个元素由四个整数组成：前两个整数是顶点在轮廓中的索引，用来界定该缺陷；第三个整数表示凹陷内部最远的点；最后的整数表示最远点与凸包之间的距离。

轮廓矩是形状结构分析中常用的数学模型。OpenCV 定义了一个数据结构，封装了形状中计算得到的所有轮廓矩。它是函数 cv::moments 的返回值。这些轮廓矩共同表示物体形状的紧凑程度，常用于特征识别。我们只是用该结构获得每个区域的重心，这里用前面三个空间轮廓矩计算得到。

7.6.3 扩展阅读

可以用 OpenCV 函数计算得到其他结构化属性：函数 cv::minAreaRect 计算最小覆盖自由矩形（5.6 节用到了这个函数）、函数 cv::contourArea 估算轮廓的面积（内部的像素数量）、函数 cv::pointPolygonTest 判断一个点在轮廓的内部还是外部、函数 cv::matchShapes 度量两个轮廓之间的相似度。所有这些度量属性的方法都可以有效地结合起来，用于更高级的结构分析。

四边形检测

第 5 章讲到的 MSER 特征是一种高效的工具，可以从图像中提取形状。利用前面用 MSER 得到的结果，我们来构建一个在图像中监测四边形区域的算法。在当前图像中，该算法可用于检测建筑物的窗户。要获取 MSER 的二值图像非常简单：

```
// 创建二值图像
components= components==255;
// 打开图像（包含背景）
cv::morphologyEx(components,components,
                cv::MORPH_OPEN,cv::Mat(),
                cv::Point(-1,-1),3);
```

另外还可以用形态学滤波器来清理图像，得到的图像如下所示。

下一步是获取轮廓：

```
// 翻转图像（背景必须是黑色的）
cv::Mat componentsInv= 255-components;
// 得到连续区域的轮廓
cv::findContours(componentsInv,
                contours,            // 轮廓的向量
                cv::RETR_EXTERNAL,   // 检索外部轮廓
                cv::CHAIN_APPROX_NONE);
```

最后得到全部轮廓，并用多边形粗略地逼近它们：

```
// 白色图像
cv::Mat quadri(components.size(),CV_8U,255);

// 针对全部轮廓
std::vector<std::vector<cv::Point>>::iterator it= contours.begin();
while (it!= contours.end()) {
  poly.clear();
  // 用多边形逼近轮廓
  cv::approxPolyDP(*it,poly,10,true);
  // 是否为四边形？
  if (poly.size()==4) {
    // 画出来
    cv::polylines(quadri, poly, true, 0, 2);
  }
  ++it;
}
```

四边形就是有四条边的多边形，检测结果如下所示。

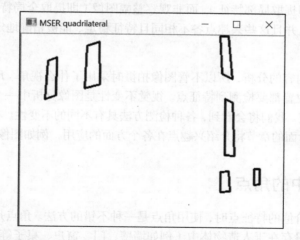

要检测矩形，只需测量相邻边的夹角，并且排除夹角与 90 度相差很大的四边形。

第 8 章

检测兴趣点

本章包括以下内容:

- ☐ 检测图像中的角点;
- ☐ 快速检测特征;
- ☐ 尺度不变特征的检测;
- ☐ 多尺度 FAST 特征的检测。

8.1 简介

在计算机视觉领域,**兴趣点**(也称**关键点**或**特征点**)的概念已经得到了广泛的应用,包括目标识别、图像配准、视觉跟踪、三维重建等。这个概念的原理是,从图像中选取某些特征点并对图像进行局部分析(即提取局部特征),而非观察整幅图像(即提取全局特征)。只要图像中有足够多可检测的兴趣点,并且这些兴趣点各不相同且特征稳定、能被精确地定位,上述方法就十分有效。

因为要用于图像内容的分析,所以不管图像拍摄时采用了什么视角、尺度和方位,理想情况下同一个场景或目标位置都要检测到特征点。视觉不变性是图像分析中一个非常重要的属性,目前有大量关于它的研究。我们将会看到,各种检测方法具有不同的不变性。本章将重点关注关键点提取这一过程本身。后面的章节将介绍兴趣点在各个方面的应用,例如图像匹配和图像几何估计。

8.2 检测图像中的角点

在图像中搜索有价值的特征点时,使用角点是一种不错的方法。角点是很容易在图像中定位的局部特征,并且大量存在于人造物体中(例如墙壁、门、窗户、桌子等)。角点的价值在于它是两条边缘线的接合点,是一种二维特征,可以被精确地检测(即使是亚像素级精度)。与此相反的是位于均匀区域或物体轮廓上的点,这些点在同一物体的不同图像上很难重复精确定位。Harris 特征检测是检测角点的经典方法,本节将详细探讨这个方法。

8.2.1 如何实现

OpenCV 中检测 Harris 角点的基本函数是 cv::cornerHarris,它的使用方法非常简单。调用该函数时输入一幅图像,返回的结果是一个浮点数型图像,其中每个像素表示角点强度。然后对输出图像阈值化,以获得检测角点的集合。代码如下所示:

```
// 检测 Harris 角点
cv::Mat cornerStrength;
cv::cornerHarris(image,            // 输入图像
                cornerStrength,   // 角点强度的图像
                3,                // 邻域尺寸
                3,                // 口径尺寸
                0.01);            // Harris 参数

// 对角点强度阈值化
cv::Mat harrisCorners;
double threshold= 0.0001;
cv::threshold(cornerStrength,harrisCorners,
              threshold,255,cv::THRESH_BINARY);
```

这是原始图像。

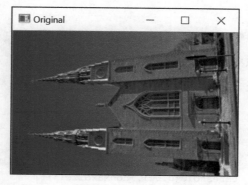

结果是一个二值分布图像,如下图所示。为了能更直观地观察图像,此处进行了反转处理(即用 cv::THRESH_BINARY_INV 代替 cv::THRESH_BINARY,用黑色表示被检测的角点)。

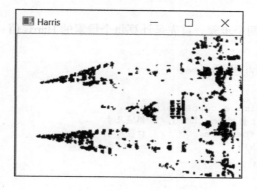

8

在前面的函数中，我们发现兴趣点检测法需要使用几个参数（下一节会详细解释），这可能会导致该方法很难调节。此外，得到的角点分布图中包含很多聚集的角点像素，而不是我们想要检测的具有明确定位的角点。因此，我们来定义一个检测 Harris 角点的类，以改进角点检测方法。

这个类封装了带有缺省值的 Harris 参数以及对应的获取方法和设置方法（这里没有列出）：

```
class HarrisDetector {

  private:

    // 32 位浮点数型的角点强度图像
    cv::Mat cornerStrength;
    // 32 位浮点数型的阈值化角点图像
    cv::Mat cornerTh;
    // 局部最大值图像（内部）
    cv::Mat localMax;
    // 平滑导数的邻域尺寸
    int neighborhood;
    // 梯度计算的口径
    int aperture;
    // Harris 参数
    double k;
    // 阈值计算的最大强度
    double maxStrength;
    // 计算得到的阈值（内部）
    double threshold;
    // 非最大值抑制的邻域尺寸
    int nonMaxSize;
    // 非最大值抑制的内核
    cv::Mat kernel;

  public:

    HarrisDetector() : neighborhood(3), aperture(3),
                       k(0.01), maxStrength(0.0),
                       threshold(0.01), nonMaxSize(3) {

      // 创建用于非最大值抑制的内核
      setLocalMaxWindowSize(nonMaxSize);
    }
```

检测 Harris 角点需要两个步骤。首先是计算每个像素的 Harris 值：

```
// 计算 Harris 角点
void detect(const cv::Mat& image) {

  // 计算 Harris
  cv::cornerHarris(image,cornerStrength,
                   neighbourhood,// 邻域尺寸
                   aperture,     // 口径尺寸
                   k);           // Harris 参数

  // 计算内部阈值
```

```
cv::minMaxLoc(cornerStrength,0,&maxStrength);

// 检测局部最大值
cv::Mat dilated; // 临时图像
cv::dilate(cornerStrength,dilated,cv::Mat());
cv::compare(cornerStrength,dilated, localMax, cv::CMP_EQ);
}
```

然后，用指定的阈值获得特征点。因为 Harris 值的可选范围取决于选择的参数，所以阈值被作为质量等级，用最大 Harris 值的一个比例值表示：

```
// 用 Harris 值得到角点分布图
cv::Mat getCornerMap(double qualityLevel) {

    cv::Mat cornerMap;

    // 对角点强度阈值化
    threshold= qualityLevel*maxStrength;
    cv::threshold(cornerStrength,cornerTh, threshold, 255,
                  cv::THRESH_BINARY);

    // 转换成 8 位图像
    cornerTh.convertTo(cornerMap,CV_8U);

    // 非最大值抑制
    cv::bitwise_and(cornerMap,localMax,cornerMap);

    return cornerMap;
}
```

这个方法将返回一个被检测特征的二值角点分布图。因为 Harris 特征的检测过程分为两个方法，所以我们可以用不同的阈值来测试检测结果（直到获得适当数量的特征点），而不必重复进行耗时的计算过程。当然，你也可以从以 std::vector 形式表示的 cv::Point 实例中得到 Harris 特征：

```
// 用 Harris 值得到特征点
void getCorners(std::vector<cv::Point> &points, double qualityLevel) {

    // 获得角点分布图
    cv::Mat cornerMap= getCornerMap(qualityLevel);
    // 获得角点
    getCorners(points, cornerMap);
}

// 用角点分布图得到特征点
void getCorners(std::vector<cv::Point> &points,
                const cv::Mat& cornerMap) {
```

8

```
// 迭代遍历像素，得到所有特征
for( int y = 0; y < cornerMap.rows; y++ ) {

    const uchar* rowPtr = cornerMap.ptr<uchar>(y);

    for( int x = 0; x < cornerMap.cols; x++ ) {

        // 如果它是一个特征点
        if (rowPtr[x]) {

            points.push_back(cv::Point(x,y));
        }
    }
}
```

这个类通过增加非最大值抑制步骤，也改进了 Harris 角点的检测过程，下一节会详细解释这个步骤。现在可以用 `cv::circle` 函数画出检测到的特征点，方法如下所示：

```
// 在特征点的位置画图形
void drawOnImage(cv::Mat &image,
                const std::vector<cv::Point> &points,
                cv::Scalar color= cv::Scalar(255,255,255),
                int radius=3, int thickness=1) {
    std::vector<cv::Point>::const_iterator it= points.begin();
    // 针对所有角点
    while (it!=points.end()) {

        // 在每个角点位置画一个圆
        cv::circle(image,*it,radius,color,thickness);
        ++it;
    }
}
```

使用这个类检测 Harris 特征点的方法如下所示：

```
// 创建 Harris 检测器实例
HarrisDetector harris;
// 计算 Harris 值
harris.detect(image);
// 检测 Harris 角点
std::vector<cv::Point> pts;
harris.getCorners(pts,0.02);
// 画出 Harris 角点
harris.drawOnImage(image,pts);
```

结果如下图所示。

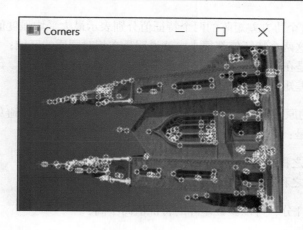

8.2.2　实现原理

为了定义图像中角点的概念，Harris 特征检测方法在假定的兴趣点周围放置了一个小窗口，并观察窗口内某个方向上强度值的平均变化。如果位移向量为 (u, v)，那么可以用均方差之和表示强度的变化：

$$R = \sum (I(x+u, y+v) - I(x, y))^2$$

累加的范围是该像素周围一个预先定义的邻域（邻域的尺寸取决于 `cv::cornerHarris` 函数的第三个参数）。在所有方向上计算平均强度变化值，如果不止一个方向的变化值很高，就认为这个点是角点。根据这个定义，Harris 测试的步骤应为：首先获得平均强度值变化最大的方向，然后检查垂直方向上的平均强度变化值，看它是否也很大；如果是，就说明这是一个角点。

从数学的角度看，可以用泰勒展开式近似地计算上述公式，验证这个判断：

$$R \approx \sum \left(I(x,y) + \frac{\partial I}{\partial x}u + \frac{\partial I}{\partial y}v - I(x,y) \right)^2 = \sum \left(\left(\frac{\partial I}{\partial x}u\right)^2 + \left(\frac{\partial I}{\partial y}v\right)^2 + 2\frac{\partial I}{\partial x}\frac{\partial I}{\partial y}uv \right)$$

写成矩阵形式，就是：

$$R \approx \begin{bmatrix} u & v \end{bmatrix} \begin{bmatrix} \sum \left(\dfrac{\delta I}{\delta x}\right)^2 & \sum \dfrac{\delta I}{\delta x}\dfrac{\delta I}{\delta y} \\ \sum \dfrac{\delta I}{\delta x} - \dfrac{\delta I}{\delta y} & \sum \left(\dfrac{\delta I}{\delta y}\right)^2 \end{bmatrix} \begin{bmatrix} u \\ v \end{bmatrix}$$

这是一个协方差矩阵，表示在所有方向上强度值变化的速率。这个定义包括了图像的一阶导数，通常用 Sobel 算子计算。在 OpenCV 的实现方式中，这是函数的第四个参数，表示计算 Sobel

滤波器时用的口径。这个协方差矩阵的两个特征值分别表示最大平均强度值变化和垂直方向的平均强度值变化。如果这两个特征值都很小，就说明是在相对同质的区域；如果一个特征值很大，另一个很小，那肯定是在边缘上；如果两者都很大，那么就是在角点上。因此，判断一个点为角点的条件是它的协方差矩阵的最小特征值要大于指定的阈值。

Harris 角点算法的原始定义用到了特征分解理论的一些属性，从而避免显式地计算特征值带来的开销。这些属性是：

❑ 矩阵的特征值之积等于它的行列式值；
❑ 矩阵的特征值之和等于它的对角元素之和（也就是矩阵的迹）。

通过计算下面的评分，可以验证矩阵的特征值高不高：

$$Det(C) - kTrace^2(C)$$

只要两个特征值都高，就很容易证明这个评分肯定也高。这个评分由函数 `cv::corner Harris` 在每个像素的位置计算得到。数值 k 是函数的第五个参数，确定这个参数的最佳值是比较困难的。但是根据经验， 0.05~0.5 通常是比较好的选择。

为了提升检测效果，前面介绍的类增加了一个额外的非最大值抑制步骤，作用是排除掉紧邻的 Harris 角点。因此，Harris 角点不仅要有高于指定阈值的评分，还必须是局部范围内的最大值。为了检查这个条件，`detect` 方法中加入了一个小技巧，即对 Harris 评分的图像做膨胀运算：

```
cv::dilate(cornerStrength, dilated,cv::Mat());
```

膨胀运算会在邻域中把每个像素值替换成最大值，因此只有局部最大值的像素是不变的。用下面的相等测试可以验证这一点：

```
cv::compare(cornerStrength, dilated, localMax,cv::CMP_EQ);
```

因此矩阵 `localMax` 只有在局部最大值的位置才为真（即非零）。然后将它用于 `getCornerMap` 方法中，排除掉所有非最大值的特征（用 `cv::bitwise` 函数）。

8.2.3　扩展阅读

你还可以对原始 Harris 角点检测算法做进一步的优化。本节将介绍 OpenCV 的另一种角点检测方法，它扩展了 Harris 检测法，使角点在图像中的分布更加均匀。这个算法实现了一个公共接口，该接口定义了所有特征检测算法的方法。使用这个公共接口，可以很方便地在同一个应用程序中测试各种兴趣点检测算法。

适合跟踪的特征

随着浮点处理器的出现，为避免特征值分解而进行数学上的简化的意义已经不大。因此，可以通过显式地计算特征值来检测 Harris 角点。这种修改原则上不会明显地影响检测结果，但是可以避免使用随意的 k 参数。有两个函数可以用来显式地计算 Harris 协方差矩阵的特征值（以及特征向量），即 cv::cornerEigenValsAndVecs 和 cv::cornerMinEigenVal。

第二项改进是针对特征点聚集的问题。事实上，尽管引入了局部最大值这个条件，兴趣点仍不会在图像中均匀分布，而是聚集在高度纹理化的位置。解决该问题的一种方案，就是限制两个兴趣点之间的最短距离，可以通过下面的算法实现。从 Harris 值最强的点开始（即具有最大的最低特征值），只允许一定距离之外的点成为兴趣点。在 OpenCV 中用 good-features-to-track（GFTT）实现这个算法。这个算法得名于它检测的特征非常适合作为视觉跟踪程序的起始集合，它的使用方法如下所示：

```
// 计算适合跟踪的特征
std::vector<cv::KeyPoint> keypoints;
// GFTT 检测器
cv::Ptr<cv::GFTTDetector> ptrGFTT =
    cv::GFTTDetector::create(
                500,    // 关键点的最大数量
                0.01,   // 质量等级
                10);    // 角点之间允许的最短距离
// 检测 GFTT
ptrGFTT->detect(image,keypoints);
```

首先使用特定的静态函数（这里用 cv::GFTTDetector::create）创建特征检测器，并初始化参数。除了质量等级阈值和兴趣点间的最小距离，该函数还需要提供允许返回的最大点数（这些点是按照强度排序的）。函数返回一个指向检测器实例的智能指针。构建完这个实例后，就可以调用检测方法了。请注意，公共接口还包含了一个 cv::Keypoint 类，这个类封装了每个检测到的特征点的属性。对于 Harris 角点来说，只与关键点位置和它的反馈强度有关。8.4 节将介绍与关键点有关的其他性质。

上述代码的运行结果如下图所示。

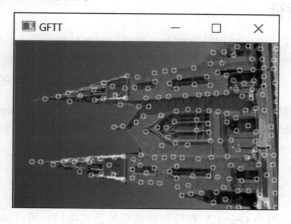

　　由于需要让兴趣点按照 Harris 评分排序，因此该检测方法的复杂度有所提高，但是它也明显改进了兴趣点在整幅图像中的分布情况。注意，这个函数还有一个可选的标志，该标志要求在检测 Harris 角点时，采用经典的角点评分定义（使用协方差矩阵的行列式值和迹）。

　　OpenCV 特征检测的公共接口定义了一个虚拟类 `cv::Feature2D`，它可以确保其他类包含以下格式的 `delete` 方法：

```
void detect( cv::InputArray image,
             std::vector<KeyPoint>& keypoints,
             cv::InputArray mask );

void detect( cv::InputArrayOfArrays images,
             std::vector<std::vector<KeyPoint> >& keypoints,
             cv::InputArrayOfArrays masks );
```

　　使用第二个方法，可以从包含图像的容器中检测兴趣点。这个类还包含其他方法，例如计算特征描述符的方法（详情请参见第 9 章）、从文件中读取和写入检测到的兴趣点的方法，等等。

8.2.4　参阅

- ❑ C. Harris 和 M. J. Stephens 于 1988 年发表在 *Alvey Vision Conference* 第 147 页至第 152 页的 "A combined corner and edge detector" 是描述 Harris 算子的经典论文。
- ❑ J. Shi 和 C. Tomasi 于 1994 年发表在 *Int. Conference on Computer Vision and Pattern Recognition* 第 593 页至第 600 页的论文 "Good features to track" 介绍了这些特征。
- ❑ K. Mikolajczyk 和 C. Schmid 于 2004 年发表在 *International Journal of Computer Vision* 第 60 卷第 1 期第 63 页至第 86 页的论文 "Scale and Affine invariant interest point detectors" 提出了多尺度和仿射不变的 Harris 算子。

8.3　快速检测特征

　　Harris 算子对角点（或者更通用的兴趣点）做出了规范的数学定义，该定义基于强度值在两个互相垂直的方向上的变化率。虽然这是一种看似很完美的定义，但它需要计算图像的导数，而计算导数是非常耗时的。尤其要注意的是，检测兴趣点通常只是更复杂的算法中的第一步。

　　本节将介绍另一种特征点算子，叫作 **FAST**（Features from Accelerated Segment Test，**加速分割测试获得特征**）。这种算子专门用来快速检测兴趣点——只需对比几个像素，就可以判断它是否为关键点。

8.3.1　如何实现

　　正如 8.2 节介绍的，因为 OpenCV 有检测特征点的公共接口，所以调用任何特征点检测器都非常容易。本节介绍的是 FAST 检测器。顾名思义，它的设计目的就是从图像中快速检测兴趣点：

```
// 关键点的向量
std::vector<cv::KeyPoint> keypoints;
// FAST 特征检测器,阈值为 40
cv::Ptr<cv::FastFeatureDetector> ptrFAST =
        cv::FastFeatureDetector::create(40);
// 检测关键点
ptrFAST->detect(image,keypoints);
```

OpenCV 也提供了在图像上画关键点的通用函数：

```
cv::drawKeypoints(image,                              // 原始图像
        keypoints,                                    // 关键点的向量
        image,                                        // 输出图像
        cv::Scalar(255,255,255),                      // 关键点的颜色
        cv::DrawMatchesFlags::DRAW_OVER_OUTIMG);      // 画图标志
```

选择这个画图标志后，输入图像上会画出关键点，输出结果如下所示。

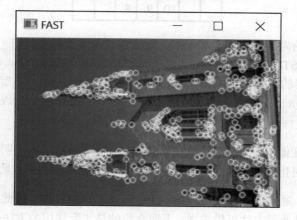

有一种比较有趣的做法，就是用一个负数作为关键点颜色。这样一来，画每个圆时会随机选用不同的颜色。

8.3.2 实现原理

跟 Harris 检测器的情况一样，FAST 特征算法源于"什么构成了角点"的定义。FAST 对角点的定义基于候选特征点周围的图像强度值。以某个点为中心做一个圆，根据圆上的像素值判断该点是否为关键点。如果存在这样一段圆弧，它的连续长度超过周长的 3/4，并且它上面所有像素的强度值都与圆心的强度值明显不同（全部更暗或更亮），那么就认定这是一个关键点。

这种测试方法非常简单，计算速度也很快。而且在它的原始公式中，算法还用了一个技巧来进一步提高处理速度。如果我们测试圆周上相隔 90 度的四个点（例如取上、下、左、右四个位

置），就很容易证明：为了满足前面的条件，其中必须有三个点都比圆心更亮或都比圆心更暗。

如果不满足该条件，就可以立即排除这个点，不需要检查圆周上的其他点。这种方法非常高效，因为在实际应用中，图像中大部分像素都可以用这种"四点比较法"排除。

从概念上讲，用于检查像素的圆的半径应该作为方法的一个参数。但是根据经验，半径为 3 时可以得到好的结果和较高的计算效率。因此需要在圆周上检查 16 个像素，如下图所示。

		16	1	2		
	15				3	
14						4
13			0			5
12						6
	11				7	
		10	9	8		

这里用来预测试的像素是 1、5、9 和 13，至少需要 9 个比圆心更暗（或更亮）的连续像素。这种设置通常称为 FAST-9 角点检测器，也是 OpenCV 默认采用的方法。你可以在构建检测器实例时指定 FAST 检测器的类型，也可以用 setType 方法指定。可选的类型有 cv::FastFeature Detector::TYPE_5_8、cv::FastFeatureDetector::TYPE_7_12 以及 cv::FastFeature Detector::TYPE_9_16。

一个点与圆心强度值的差距必须达到一个指定的值，才能被认为是明显更暗或更亮；这个值就是创建检测器实例时指定的阈值参数。这个阈值越大，检测到的角点数量就越少。

至于 Harris 特征，通常最好在发现的角点上执行非最大值抑制。因此，需要定义一个角点强度的衡量方法。有多种衡量方法可供选择，下面介绍的是实际选用的方法——计算中心点像素与认定的连续圆弧上的像素的差值，然后将这些差值的绝对值累加，就能得到角点强度。可以从 cv::KeyPoint 实例的 response 属性获取角点强度。

用这个算法检测兴趣点的速度非常快，因此十分适合需要优先考虑速度的应用，包括实时视觉跟踪、目标识别等，它们需要在实时视频流中跟踪或匹配多个点。

8.3.3　扩展阅读

应用程序不同，检测特征点时采用的策略也不同。

例如在事先明确兴趣点数量的情况下，可以对检测过程进行动态适配。简单的做法是采用范围较大的阈值检测出很多兴趣点，然后从中提取出 n 个强度最大的。为此可使用这个标准 C++函数：

```
if (numberOfPoints < keypoints.size())
  std::nth_element(keypoints.begin(),
                   keypoints.begin() + numberOfPoints,
                   keypoints.end(),
                   [](cv::KeyPoint& a, cv::KeyPoint& b) {
                   return a.response > b.response; });
```

函数中 keypoints 的类型是 std::vector，表示检测到的兴趣点，numberOfPoints 是需要的兴趣点数量。最后一个参数是 lambda 比较器，用于提取最佳的兴趣点。请注意，如果检测到的兴趣点太少（少于需要的数量），那就要采用更小的阈值，但是阈值太宽松又会加大计算量，所以需要权衡利弊，选取最佳的阈值。

检测图像特征点时还会遇到一种情况，就是兴趣点的分布很不均匀。keypoints 通常会聚集在纹理较多的区域，例如教堂图像中的 100 个兴趣点如下图所示。

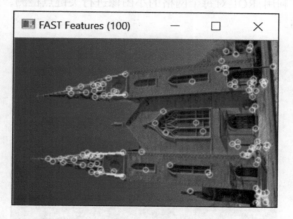

大部分特征点都集中在教堂的顶部和底部。对此有一种常用的处理方法，就是把图像分割成网格状，对每个小图像进行单独检测。以下代码就是网格适配特征检测：

```
// 最终的关键点容器
keypoints.clear();
// 检测每个网格
for (int i = 0; i < vstep; i++)
  for (int j = 0; j < hstep; j++) {
    // 在当前网格创建 ROI
    imageROI = image(cv::Rect(j*hsize, i*vsize, hsize, vsize));
    // 在网格中检测关键点
    gridpoints.clear();
    ptrFAST->detect(imageROI, gridpoints);

    // 获取强度最大的 FAST 特征
    auto itEnd(gridpoints.end());
    if (gridpoints.size() > subtotal) {
      // 选取最强的特征
      std::nth_element(gridpoints.begin(),
```

```
                        gridpoints.begin() + subtotal,
                        gridpoints.end(),
                        [](cv::KeyPoint& a,
                        cv::KeyPoint& b) {
        return a.response > b.response; });
      itEnd = gridpoints.begin() + subtotal;
    }

    // 加入全局特征容器
    for (auto it = gridpoints.begin(); it != itEnd; ++it) {
    // 转换成图像上的坐标
      it->pt += cv::Point2f(j*hsize, i*vsize);
      keypoints.push_back(*it);
    }
  }
```

　　这里的关键在于，利用 ROI 对每个网格的小图像进行关键点检测，这样得到的关键点分布较为均匀，如下图所示。

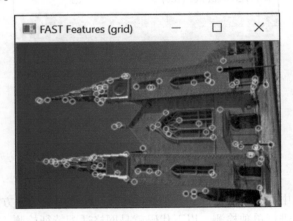

8.3.4　参阅

❑ OpenCV2 中有专门的封装了适配特征检测方法的类，例如 cv::DynamicAdaptedFeature Detector 和 GridAdaptedFeatureDetector。

❑ E. Rosten 和 T. Drummond 于 2006 年发表在 *European Conference on Computer Vision* 第 430 页至第 443 页的 "Machine learning for high-speed corner detection" 详细描述了 FAST 特征算法和它的变种。

8.4　尺度不变特征的检测

　　8.1 节讲过，特征检测的视觉不变性是一个非常重要的概念。前面介绍的特征检测器已经可以较好地解决方向不变性问题，即图像旋转后仍能检测到相同的特征点。但是要解决尺度不变性问题，难度就大多了。为解决这一问题，计算机视觉界引入了尺度不变特征的概念。它的理念是，不仅在任何尺度下拍摄的物体都能检测到一致的关键点，而且每个被检测的特征点都对应一个尺度因子。理想情况下，对于两幅图像中不同尺度的同一个物体点，计算得到的两个尺度因子之间的比率应该等于图像尺度的比率。近几年，人们提出了多种尺度不变特征，本节将介绍其中的一种：**SURF 特征**，它的全称为**加速稳健特征**（Speeded Up Robust Feature）。我们将会看到，它们不仅是尺度不变特征，而且是具有较高计算效率的特征。

8.4.1　如何实现

SURF 特征检测属于 opencv_contrib 库，在编译 OpenCV 时包含了附加模块才能使用，详见第 1 章。这里将重点讨论 cv::xfeatures2d 模块和它的 cv::xfeatures2d::SurfFeature Detector 类。和其他检测器一样，检测兴趣点之前要先创建检测器实例，然后调用它的检测方法：

```
// 创建 SURF 特征检测器对象
cv::Ptr<cv::xfeatures2d::SurfFeatureDetector> ptrSURF =
        cv::xfeatures2d::SurfFeatureDetector::create(2000.0);
// 检测关键点
ptrSURF->detect(image, keypoints);
```

为了画出这些特征，再次使用 OpenCV 的 cv::drawKeypoints 函数，但是要采用 cv::Draw MatchesFlags::DRAW_RICH_KEYPOINTS 标志以显示相关的尺度因子：

```
// 画出关键点，包括尺度和方向信息
cv::drawKeypoints(image,                              // 原始图像
        keypoints,                                    // 关键点的向量
        featureImage,                                 // 结果图像
        cv::Scalar(255,255,255),                      // 点的颜色
        cv::DrawMatchesFlags::DRAW_RICH_KEYPOINTS);
```

包含被检测特征的结果图像如下所示。

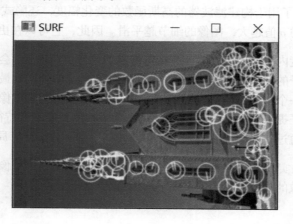

这里使用 `cv::DrawMatchesFlags::DRAW_RICH_KEYPOINTS` 标志得到了关键点的圆，并且圆的尺寸与每个特征计算得到的尺度成正比。为了使特征具有旋转不变性，SURF 还让每个特征关联了一个方向，由每个圆内的辐射线表示。

如果用不同的尺度对同一个物体拍摄一张照片，特征检测的结果如下所示。

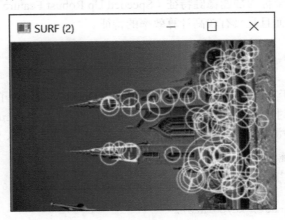

仔细观察这两幅图像中的关键点，可以发现圆的大小变化与尺度的变化总是成正比的。举个例子，通过观察教堂右边的两扇窗户，可以看出两幅图像都在这个位置检测到了 SURF 特征，并且对应的圆（大小不同）包含了同样的视觉元素。当然并不是全部特征都如此，但是正如第 9 章将揭示的，此时的重复率已经高到可以使两幅图像得到很好的匹配。

8.4.2　实现原理

第 6 章说过，可以用高斯滤波器估算图像的导数。高斯滤波器用 σ 参数定义内核的口径（尺寸）。这个 σ 参数对应了用于构建滤波器的高斯函数的变化幅度，还隐式地定义了计算导数的范围。事实上，滤波器的 σ 值越大，图像的细节越平滑。因此，它可以在更粗糙的范围内操作。

如果在不同的尺度内用高斯滤波器计算指定像素的拉普拉斯算子，会得到不同的数值。观察滤波器对不同尺度因子的响应规律，所得曲线最终在给定的 σ 值处达到最大值。对于以不同尺度拍摄的两幅图像的同一个物体，对应的两个 σ 值的比率等于拍摄两幅图像的尺度的比率。这一重要观察是尺度不变特征提取过程的核心。也就是说，为了检测尺度不变特征，需要在图像空间（图像中）和尺度空间（通过在不同尺度下应用导数滤波器得到）分别计算局部最大值。

SURF 用以下方法实现了这个理论。首先，为了检测特征而对每个像素计算 Hessian 矩阵。该矩阵衡量了一个函数的局部曲率，定义如下所示：

$$H(x,y) = \begin{bmatrix} \dfrac{\delta^2 I}{\delta x^2} & \dfrac{\delta^2 I}{\delta x \delta y} \\[3mm] \dfrac{\delta^2 I}{\delta x \delta y} & \dfrac{\delta^2 I}{\delta y^2} \end{bmatrix}$$

根据矩阵的行列式值，可以得到曲率的强度。该方法把角点定义为局部高曲率（即在多个方向上的变化幅度都很高）的像素点。这个矩阵由二阶导数构成，因此可以用高斯内核的拉普拉斯算子在不同的尺度（即不同的 σ 值）下计算得到。这样，Hessian 矩阵就成了三个变量的函数，即 $H(x,y,\sigma)$。如果 Hessian 矩阵的行列式值在普通空间和尺度空间（即需要执行 3×3×3 次非最大值抑制）都达到了局部最大值，那么就认为这是一个尺度不变特征。注意，为了确认点的有效性，必须在 cv::xfeatures2d::SurfFeatureDetector 类的 create 方法的第一个参数中指定最小行列式值。

但是在不同尺度下计算全部导数值的计算量非常大。SURF 算法的目标是使这个过程尽可能地高效，具体做法是使用近似的高斯内核，只附带几个整数。它们的结构如下所示：

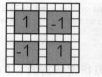

左边的内核用于估算混合二阶导数，右边的内核用于估算垂直方向的二阶导数。将右边的内核旋转后，就可估算水平方向的二阶导数。最小的内核尺寸为 9×9 像素，对应 $\sigma \approx 1.2$。要在尺度空间中使用，需要连续应用一系列内核，并且内核的尺寸逐个增大。可以在 cv::xfeatures2d::SurfFeatureDetector::create 方法的附加参数中指定滤波器的准确数量。默认使用 12 个不同尺寸的内核（最大尺寸为 99×99）。注意，在用直方图统计像素时采用积分图像，是为了确保只用三个加法运算就可以计算每个滤波器分支的累加值，与滤波器尺寸无关，详情请参见第 4 章。

一旦找到局部最大值，就可以使用尺度空间和图像空间的插值法，获得被检测兴趣点的精确位置。最后得到一批亚像素级的特征点，并且每个特征点都关联一个尺度值。

8.4.3　扩展阅读

SURF 算法是 SIFT 算法的加速版，而 **SIFT**（Scale-Invariant Feature Transform，**尺度不变特征转换**）是另一种著名的尺度不变特征检测法。

SIFT 特征检测算法

SIFT 检测特征时也采用了图像空间和尺度空间的局部最大值，但它使用拉普拉斯滤波器响应，而不是 Hessian 行列式值。这个拉普拉斯算子是利用高斯滤波器的差值，在不同尺度（即逐步加大 σ 值）下计算得到的，详情请参见第 6 章。为了提高性能，σ 值每翻一倍，图像的尺寸就缩小一半。每个金字塔级别代表一个**八度**（octave），每个尺度是一**图层**（layer）。一个八度通常有三个图层。

下图表示两个八度的金字塔，其中第一个八度的四个高斯滤波图像产生了三个 DoG 图层。

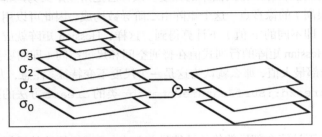

SIFT 特征的检测过程与 SURF 非常相似：

```
// 构建 SIFT 特征检测器实例
cv::Ptr<cv::xfeatures2d::SiftFeatureDetector> ptrSIFT =
                    cv::xfeatures2d::SiftFeatureDetector::create();
// 检测关键点
ptrSIFT->detect(image, keypoints);
```

构造函数的参数都用了缺省值，但你也可以指定所需的 SIFT 点的数量（保留强度最大的点）、每个八度包含的图层数以及 σ 的初始值。如果检测时采用三个八度（默认值），检测结果的尺度范围会非常宽，结果如下图所示。

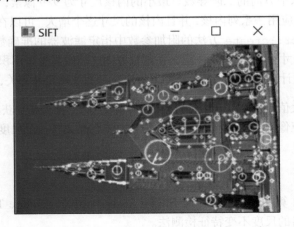

由于 SIFT 基于浮点内核计算特征点，因此通常认为 SIFT 算法检测在空间和尺度上能取得更加精确的定位。基于同样的原因，它的计算效率也更低，尽管相对效率取决于具体的实现方法。

本节使用 `cv::xfeatures2d::SurfFeatureDetector` 和 `cv::xfeatures2d::SiftFeature`

Detector类作为兴趣点检测器。同样,也可以使用cv::xfeatures2d::SURF 和cv::xfeatures2d::
SIFT 类（它们的格式是一样的）。SURF 和 SIFT 运算既包含了检测功能，还可以描述兴趣点，
详情请参见第 9 章。

最后提醒一下，SURF 和 SIFT 是受专利保护的，在用于商业化应用程序时必须遵守许可协
议。这也是它们被放在 cv::xfeatures2d 包中的原因之一。

8.4.4　参阅

- 6.6 节详细介绍了拉普拉斯–高斯算子和不同高斯差的应用。
- 4.8 节解释了为什么积分图像能提高计算像素和的速度。
- 9.3 节将解释如何在稳健图像匹配中使用尺度不变特征。
- H. Bay、A. Ess、T. Tuytelaars 和 L. Van Gool 于 2008 年发表在 *Computer Vision and Image Understanding* 第 110 卷第 3 期第 346 页至第 359 页的 "SURF: Speeded Up Robust Features" 描述了 SURF 算法。
- D. Lowe 于 2004 年发表在 *International Journal of Computer Vision* 第 60 卷第 2 期第 91 页至第 110 页的 "Distinctive Image Features from Scale Invariant Features" 描述了 SIFT 算法。

8.5　多尺度 FAST 特征的检测

FAST 是一种快速检测图像关键点的方法。使用 SURF 和 SIFT 算法时，侧重点在于设计尺度
不变特征。而再之后提出的兴趣点检测新方法既能快速检测，又不随尺度改变而变化。本节将介
绍 BRISK（Binary Robust Invariant Scalable Keypoints，**二元稳健恒定可扩展关键点**）检测法，它
基于上一节介绍的 FAST 特征检测法。本节还将讨论另一种检测方法 ORB（Oriented FAST and
Rotated BRIEF，**定向 FAST 和旋转 BRIEF**）。在需要进行快速可靠的图像匹配时，这两种特征点
检测法是非常优秀的解决方案。如果能搭配上相关的二值描述子，它们的性能能进一步提高，在
第 9 章将详细讨论。

8.5.1　如何实现

根据上一节介绍的方法，首先创建检测器实例，然后对一幅图像调用 detect 方法：

```
// 构造 BRISK 特征检测器对象
cv::Ptr<cv::BRISK> ptrBRISK = cv::BRISK::create();
// 检测关键点
ptrBRISK->detect(image, keypoints);
```

下图显示了在多个尺度下检测到的 BRISK 关键点。

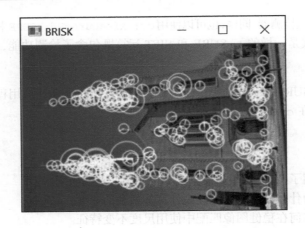

8.5.2 实现原理

BRISK 不仅是一个特征点检测器，它还包含了描述每个被检测关键点的邻域的过程，后者也是第 9 章的主题。这里将讨论如何用 BRISK 算法在多个尺度下快速检测关键点。

为了在不同尺度下检测兴趣点，该算法首先通过两个下采样过程构建一个图像金字塔。第一个过程从原始图像尺寸开始，然后每一图层（八度）减少一半。第二个过程先将原始图像的尺寸除以 1.5 得到第一幅图像，然后在这幅图像的基础上每一层减少一半，两个过程产生的图层交替在一起。

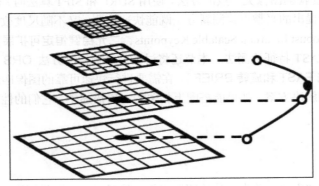

然后在该金字塔的所有图像上应用 FAST 特征检测器，提取关键点的条件与 SIFT 算法类似。首先，将一个像素与相邻的八个像素之一进行强度值的比较，只有是局部最大值的像素才可能成为关键点。这个条件满足后，比较这个点与上下两层的相邻像素的评分；如果它的评分在尺度上也更高，那么就认为它是一个兴趣点。BRISK 算法的关键在于，金字塔的各个图层具有不同的分辨率。为了精确定位每个关键点，算法需要在尺度和空间两个方面进行插值。插值基于 FAST 关键点评分。在空间方面，在 3×3 的邻域上进行插值；在尺度方面，计算要符合一个一维抛物线，该抛物线在尺度坐标轴上，穿过当前点和上下两层的两个相邻的局部关键点，这个关键点在尺度上的位置见前面的图片。这样做的结果是，即使在不连续的图像尺度上执行 FAST 关键点检测，最后检测到的每个关键点的对应尺度也还是连续的值。

cv::BRISK 检测器有两个主要参数，第一个参数是判断 FAST 关键点的阈值，第二个参数是图像金字塔中生成的八度的数量。这个例子使用了 5 个八度，因此检测到了很多关键点。

8.5.3　扩展阅读

在 OpenCV 中，BRISK 并不是唯一的多尺度快速检测器，还有一个 ORB 特征检测器也能进行关键点的快速检测。

ORB 特征检测算法

ORB 代表定向 FAST 和旋转 BRIEF。这个缩写的第一层意思表示关键点检测，第二层意思表示 ORB 算法提供的描述子。本节关注检测方法，下一章将介绍描述子。

跟 BRISK 一样，ORB 首先创建一个图像金字塔。它由一系列图层组成，每个图层都是用固定的缩放因子对前一个图层下采样得到的（典型情况是用 8 个尺度，缩放因子为 1.2；这是创建 cv::ORB 检测器的默认参数）。在具有关键点评分的位置接受 N 个强度最大的关键点，关键点评分用的是 8.2 节定义的 Harris 角点强度衡量方法（这个方法的作者发现，衡量强度时用 Harris 评分比用常规的 FAST 角点强度更准确）。

ORB 检测器的原理基于一个现象，即每个被检测的兴趣点总是关联了一个方向。我们将在下一章看到，这个信息可用于校准不同图像中检测到的关键点描述子。7.6 节介绍了图像轮廓矩的概念，并且特别展示了如何用前三个轮廓矩计算区域的重心。ORB 算法建议使用关键点周围的圆形邻域的重心的方向。因为根据定义，FAST 关键点肯定有一个偏离中心点的重心，中心点与重心连线的角度总是非常明确的。

ORB 特征的检测方法如下所示：

```
// 构造 ORB 特征检测器对象
cv::Ptr<cv::ORB> ptrORB =
  cv::ORB::create(75,   // 关键点的总数
                  1.2,  // 图层之间的缩放因子
                  8);   // 金字塔的图层数量
// 检测关键点
ptrORB->detect(image, keypoints);
```

调用的结果如下所示。

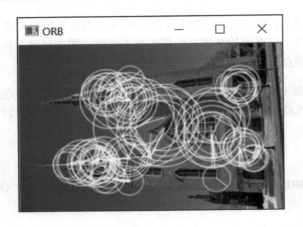

　　因为金字塔中每个图层的关键点都是独立检测的，所以检测器会在不同尺度中重复检测同一个特征点。

8.5.4　参阅

☐ 9.4 节将解释如何用简单的二元描述子快速稳健地匹配这些特征。

☐ S. Leutenegger、M. Chli 和 R. Y. Siegwart 于 2011 年发表在 *IEEE International Conference on Computer Vision* 第 2448 页至第 2555 页的 "BRISK: Binary Robust Invariant Scalable Keypoint" 描述了 BRISK 特征算法。

☐ E. Rublee、V. Rabaud、K. Konolige 和 G. Bradski 于 2011 年发表在 *IEEE International Conference on Computer Vision* 第 2564 页至第 2571 页的 "ORB: an efficient alternative to SIFT or SURF" 描述了 ORB 特征算法。

描述和匹配兴趣点

9

本章包括以下内容：

❑ 局部模板匹配；
❑ 描述并匹配局部强度值模式；
❑ 用二值描述子匹配关键点。

9.1 简介

上一章讲解了如何检测图像中的特殊点集，以便进行后续的局部图像分析。这些关键点都具有足够的独特性；如果一个物体在一幅图像中被检测到关键点，那么同一个物体在其他图像中也会检测到同一个关键点。我们还认识了几个更复杂的兴趣点检测器，它们可以在关键点上设置有代表性的缩放因子和（或）方向。我们将在本章看到，这个额外的信息可用于规范不同视角的场景展示。

为了进行基于兴趣点的图像分析，我们需要构建多种表征方式，精确地描述每个关键点。本章将探讨从兴趣点提取描述子的各种方法。这些描述子通常是二值类型、整数型或浮点数型组成的一维或二维向量，描述了一个关键点和它的邻域。好的描述子要具有足够的独特性，能唯一地表示图像中的每个关键点。它还要有足够的鲁棒性，在照度变化或视角变动时仍能较好地体现同一批点集。理想的描述子还要简洁，以减少对内存的占用、提高计算效率。

图像匹配是关键点的常用功能之一，它的作用包括关联同一场景的两幅图像、检测图像中事物的发生地点，等等。本章将讲解几种基本的匹配策略，下一章将更深入地讨论。

9.2 局部模板匹配

通过特征点匹配，可以将一幅图像的点集和另一幅图像（或一批图像）的点集关联起来。如果两个点集对应着现实世界中的同一个场景元素，它们就应该是匹配的。

仅凭单个像素就判断两个关键点的相似度显然是不够的,因此要在匹配过程中考虑每个关键点周围的图像块。如果两幅图像块对应着同一个场景元素,那么它们的像素值应该会比较相似。本节介绍的方案是对图像块中的像素进行逐个比较。这可能是最简单的特征点匹配方法了,但是并不是最可靠的。不过在某些情况下,它也能得到不错的结果。

9.2.1   如何实现

最常见的图像块是边长为奇数的正方形,关键点的位置就是正方形的中心。可通过比较块内像素的强度值来衡量两个正方形图像块的相似度。常见的方案是采用简单的**差的平方和**(Sum of Squared Differences,SSD)算法。下面是特征匹配策略的具体步骤。首先检测每幅图像的关键点,这里使用 FAST 检测器:

```
// 定义特征检测器
cv::Ptr<cv::FeatureDetector> ptrDetector; // 泛型检测器指针
ptrDetector= // 这里选用 FAST 检测器
            cv::FastFeatureDetector::create(80);

// 检测关键点
ptrDetector->detect(image1,keypoints1);
ptrDetector->detect(image2,keypoints2);
```

这里采用了可以指向任何特征检测器的泛型指针类型 cv::Ptr<cv::FeatureDetector>。上述代码可用于各种兴趣点检测器,只需在调用函数时更换检测器即可。

然后定义一个特定大小(例如 11×11)的矩形,用于表示每个关键点周围的图像块:

```
// 定义正方形的邻域
const int nsize(11);                               // 邻域的尺寸
cv::Rect neighborhood(0, 0, nsize, nsize); // 11×11
cv::Mat patch1;
cv::Mat patch2;
```

将一幅图像的关键点与另一幅图像的全部关键点进行比较。在第二幅图像中找出与第一幅图像中的每个关键点最相似的图像块。这个过程用两个嵌套循环实现,代码如下所示:

```
// 在第二幅图像中找出与第一幅图像中的每个关键点最匹配的
cv::Mat result;
std::vector<cv::DMatch> matches;

// 针对图像一的全部关键点
for (int i=0; i<keypoints1.size(); i++) {

  // 定义图像块
  neighborhood.x = keypoints1[i].pt.x-nsize/2;
  neighborhood.y = keypoints1[i].pt.y-nsize/2;

    // 如果邻域超出图像范围,就继续处理下一个点
```

```
    if (neighborhood.x<0 || neighborhood.y<0 ||
        neighborhood.x+nsize >= image1.cols ||
        neighborhood.y+nsize >= image1.rows)
    continue;

    // 第一幅图像的块
    patch1 = image1(neighborhood);

    // 存放最匹配的值
    cv::DMatch bestMatch;

    // 针对第二幅图像的全部关键点
    for (int j=0; j<keypoints2.size(); j++) {

      // 定义图像块
      neighborhood.x = keypoints2[j].pt.x-nsize/2;
      neighborhood.y = keypoints2[j].pt.y-nsize/2;

      // 如果邻域超出图像范围, 就继续处理下一个点
      if (neighborhood.x<0 || neighborhood.y<0 ||
          neighborhood.x + nsize >= image2.cols ||
          neighborhood.y + nsize >= image2.rows)
      continue;

    // 第二幅图像的块
    patch2 = image2(neighborhood);

    // 匹配两个图像块
    cv::matchTemplate(patch1,patch2,result, cv::TM_SQDIFF);

    // 检查是否为最佳匹配
    if (result.at<float>(0,0) < bestMatch.distance) {

      bestMatch.distance= result.at<float>(0,0);
      bestMatch.queryIdx= i;
      bestMatch.trainIdx= j;
    }
  }

    // 添加最佳匹配
  matches.push_back(bestMatch);
}
```

注意, 这里用 `cv::matchTemplate` 函数来计算图像块的相似度 (下一节将详细介绍这个函数)。找到一个可能的匹配项后, 用一个 `cv::DMatch` 对象来表示。这个工具类存储了两个被匹配关键点的序号和它们的相似度。

两个图像块越相似, 它们对应着同一个场景点的可能性就越大。因此需要根据相似度对匹配结果进行排序:

```
// 提取 25 个最佳匹配项
std::nth_element(matches.begin(),
```

```
                        matches.begin() + 25,matches.end());
matches.erase(matches.begin() + 25,matches.end());
```

你可以用一个相似度阈值筛选这些匹配项，并得出筛选结果。这里保留相似度最高的 N 个匹配项（为了方便显示结果，选用 $N = 25$ ）。

有趣的是，OpenCV 本身就带有一个能显示匹配结果的函数——它把两幅图像拼接起来，然后用线条连接每个对应的点。函数的用法如下所示：

```
//  画出匹配结果
cv::Mat matchImage;
cv::drawMatches(image1,keypoints1,        //  第一幅图像
                image2,keypoints2,        //  第二幅图像
                matches,                  //  匹配项的向量
                cv::Scalar(255,255,255),  //  线条颜色
                cv::Scalar(255,255,255)); //  点的颜色
```

得到的结果如下所示。

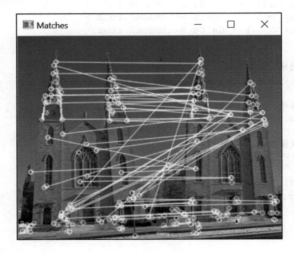

9.2.2　实现原理

这样的结果显然并不理想，但是通过观察这些点集的匹配结果，也能发现一些成功的匹配项，而且有些错误匹配是教堂塔楼的对称性造成的。另外，因为我们试图在右侧图像中找到左侧图像的所有点集，所以出现了一个右侧点集与多个左侧点集匹配的情况。有一些方法可以修正这种不对称的匹配项，例如让右侧点集只保留相似度最大的匹配项。

这里用一个简单的标准来比较图像块，即指定 cv::TM_SQDIFF 标志，逐个像素地计算差值的平方和。在比较图像 I_1 的像素(x, y)和图像 I_2 的像素(x', y')时，用下面的公式衡量相似度：

$$\sum_{i,j}(I_1(x+i,y+j)-I_2(x'+i,y'+j))^2$$

这些(i,j)点的累加值就是以每个点为中心的整个正方形模板的偏移值。如果两个图像块比较相似，它们的相邻像素之间的差距就比较小，因此累加值最小的块就是最匹配的图像块。该功能通过匹配函数的主循环实现，即针对一幅图像的每个关键点，在另一幅图像中找出差值平方和最小的关键点。也可以设置一个阈值，排除掉差值平方和超过该阈值的匹配项。本例只是将结果按照相似度从高到低进行排序。

这个例子用 11×11 的方块进行匹配。采用更大的邻域会使图像块更具独特性，但是也会导致对局部的场景变化更加敏感。

只要两幅图像的视角和光照都比较相似，仅用差值平方和来比较两个图像窗口也能得到较好的结果。实际上，只要光照有变化，图像块中所有像素的强度值就会增强或降低，差值平方也会发生很大的变化。为了减少光照对匹配结果的影响，还可采用衡量图像窗口相似度的其他公式。OpenCV 提供了很多这样的公式，其中归一化的差值平方和（用 `cv::TM_SQDIFF_NORMED` 标志）非常实用：

$$\frac{\sum_{i,j}(I_1(x+i,y+j)-I_2(x'+i,y'+j))^2}{\sqrt{\sum_{i,j}I_1(x+i,y+j)^2}\sqrt{\sum_{i,j}I_2(x'+i,y'+j)^2}}$$

其他相似度衡量方法基于信号处理理论中的相关性，定义如下所示（用 `cv::TM_CCORR` 标志）：

$$\sum_{i,j}(I_1(x+i,y+j)I_2(x'+i,y'+j)$$

如果两个图像块非常相似，这个值将达到最大。

识别出的匹配项存储在 `cv::DMatch` 类型的向量中。`cv::DMatch` 数据结构本质上包含两个索引，第一个索引指向第一个关键点向量中的元素，第二个索引指向第二个关键点向量中匹配上的特征点。它还包含一个数值，表示两个已匹配的描述子之间的差距。运算符<可用于比较两个 `cv::DMatch` 实例，它的定义中用到了这个差距值。

为了使结果更具可读性，在绘制匹配项时要限制线条的数量。因此，我们只显示了差距最小的 25 个匹配项。要想实现这个功能，需要调用函数 `std::nth_element`。这个函数将第 N 个元素放在第 N 个位置，将比这个元素小的元素放在它的前面，然后清除向量中的其余元素。

9.2.3 扩展阅读

这个特征点检测方法的关键是 `cv::matchTemplate` 函数。这里采用非常特殊的方式调用它，即用它来比较两个图像块。但是这个函数本身是很通用的。

模板匹配

图像分析中的一个常见任务是检测图像中是否存在特定的图案或物体。实现方法是把包含该物体的小图像作为模板，然后在指定图像上搜索与模板相似的部分。搜索的范围通常仅限于可能发现该物体的区域。在这个区域上滑动模板，并在每个像素位置计算相似度。执行这个操作的函数是 cv::matchTemplate，函数的输入对象是一个小图像模板和一个被搜索的图像。

结果是一个浮点数型的 cv::mat 函数，表示每个像素位置上的相似度。假设模板尺寸为 $M \times N$，图像尺寸为 $W \times H$，那么结果矩阵的尺寸就是$(W-M+1) \times (H-N+1)$。我们通常只关注相似度最高的位置。典型的模板匹配代码如下所示（假设目标变量就是这个模板）：

```
// 定义搜索区域
cv::Mat roi(image2,           // 这里用图像的上半部分
    cv::Rect(0,0,image2.cols,image2.rows/2));

// 进行模板匹配
cv::matchTemplate(roi,            // 搜索区域
                    target,        // 模板
                    result,        // 结果
                    cv::TM_SQDIFF); // 相似度

// 找到最相似的位置
double minVal, maxVal;
cv::Point minPt, maxPt;
cv::minMaxLoc(result, &minVal, &maxVal, &minPt, &maxPt);

// 在相似度最高的位置绘制矩形
// 本例中为 minPt
cv::rectangle(roi, cv::Rect(minPt.x, minPt.y,
                    target.cols, target.rows), 255);
```

一定要记住，这个操作是非常耗时的，因此应该限制搜索的区域，并且模板的像素要少。

9.2.4　参阅

❑ 9.3 节将介绍在本节中实现匹配策略的 cv::BFMatcher 类。

9.3　描述并匹配局部强度值模式

第 8 章讨论的 SURF 和 SIFT 关键点检测算法定义了每个被检测特征的位置、方向和尺度。在定义分析特征点的窗口大小时，要用到尺度因子的信息。因此不管该特征所属物体的拍摄比例是多大，定义的邻域都将包含同样的视觉信息。本节将介绍如何用特征描述子来描述兴趣点的邻域。在图像分析中，可以用邻域包含的视觉信息来标识每个特征点，以便区分各个特征点。特征

描述子通常是一个 N 维的向量，在光照变化和拍摄角度发生微小扭曲时，它描述特征点的方式不会发生变化。通常可以用简单的差值矩阵来比较描述子，例如用欧几里得距离。综上所述，特征描述子是一种非常强大的工具，能进行目标的匹配。

9.3.1　如何实现

抽象类 cv::Feature2D 定义了很多成员函数，用于计算一组关键点的描述子。大多数基于特征的方法都包含一个检测器和一个描述子组件，与 cv::Feature2D 相关的类也一样，它们都有一个检测函数（用于检测兴趣点）和一个计算函数（用于计算兴趣点的描述子）。cv::SURF 和 cv::SIFT 就属于这些类。例如，可以用 cv::SURF 的实例检测并描述两幅图像的特征点：

```
// 定义关键点的容器
std::vector<cv::KeyPoint> keypoints1;
std::vector<cv::KeyPoint> keypoints2;

// 定义特征检测器
cv::Ptr<cv::Feature2D> ptrFeature2D =
                    cv::xfeatures2d::SURF::create(2000.0);

// 检测关键点
ptrFeature2D->detect(image1,keypoints1);
ptrFeature2D->detect(image2,keypoints2);

// 提取描述子
cv::Mat descriptors1;
cv::Mat descriptors2;
ptrFeature2D->compute(image1,keypoints1,descriptors1);
ptrFeature2D->compute(image2,keypoints2,descriptors2);
```

对于 SIFT，调用 cv::SIFT::create 函数即可。兴趣点描述子的计算结果是一个矩阵（即 cv::Mat 实例），矩阵的行数等于关键点容器的元素个数。每行是一个 N 维的描述子容器。SURF 描述子的默认尺寸是 64，而 SIFT 的默认尺寸是 128。这个容器用于区分特征点周围的强度值图案。两个特征点越相似，它们的描述子容器就会越接近。注意，SURF 兴趣点并不一定要使用 SURF 描述子，SIFT 也一样；检测器和描述子可以任意搭配。

现在可以用这些描述子来进行关键点匹配了。与 9.2 节完全一样，将第一幅图像的每个特征描述子向量与第二幅图像的全部特征描述子进行比较，把相似度最高的一对（即两个描述子向量之间的距离最短）保留下来，作为最佳匹配项。对第一幅图像的每个特征重复上述步骤。这个过程已经在 OpenCV 的 cv::BFMatcher 类中实现，使用起来很方便，免于重新实现前面构建的两个循环。类的用法如下：

```
// 构造匹配器
cv::BFMatcher matcher(cv::NORM_L2);
// 匹配两幅图像的描述子
std::vector<cv::DMatch> matches;
matcher.match(descriptors1,descriptors2, matches);
```

这个类是 `cv::DescriptorMatcher` 的子类，后者定义了适合各种匹配策略的通用接口。返回的结果是一个 `cv::DMatch` 实例的向量。

采用 SURF 的 Hessian 阈值，第一幅图像得到 74 个关键点，第二幅图像得到 71 个关键点。这种 brute-force 方法（穷举法）将进行 74 次匹配运算。跟 9.2 节一样，使用 `cv::drawMatches` 类得到如下的图像。

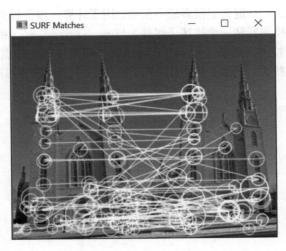

可以看到，有些匹配项正确地连接了左侧的点和右侧对应的点，也有些匹配项是错误的。部分错误是建筑物的对称性造成的，导致图像无法明确匹配。对 SIFT 采用同样数量的关键点，得到匹配结果如下所示。

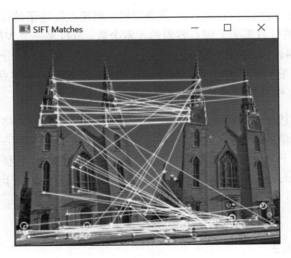

9.3.2 实现原理

好的特征描述子不受照明和视角微小变动的影响，也不受图像中噪声的影响，因此它们通常基于局部强度值的差值。SURF 描述子正是如此，它在关键点周围局部地应用下面的简易内核：

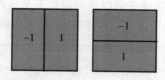

第一个内核度量水平方向的局部强度值差值（标为 dx），第二个内核度量垂直方向的差值（标为 dy）。通常将用于提取描述子向量的邻域尺寸定为特征缩放因子的 20 倍（即 20σ）。然后把这个正方形区域划分成更小的 4×4 子区域。对于每个子区域，在 5×5 等分的位置上（用尺寸为 2σ 的内核）计算内核反馈值（dx 和 dy）。用下面的方法累加这些反馈值，为每个子区域提取四个描述子值：

$$[\sum dx \quad \sum dy \quad \sum |dx| \quad \sum |dy|]$$

因为子区域的数量是 4×4=16 个，所以描述子值的总数为 64 个。注意，为了赋予邻近像素（即靠近关键点的值）更高的权重，用一个以关键点为中心的高斯算子对内核反馈值进行加权计算（用 σ=3.3）。

dx 和 dy 反馈值也用于估算特征的方向。在半径为 6σ 的圆形邻域内计算这些值（内核尺寸为 4σ），该邻域的位置用间隔 σ 进行分片。在指定的方向上，累计某个角度间隔（$\pi/3$）内的反馈值，向量最长的方向就定义为主方向。

SIFT 描述子包含的内容更多，它采用图像梯度而不是单纯的强度差值。它也将关键点周围的正方形邻域分割成 4×4 的子区域（也可以使用 8×8 或 2×2 的子区域）。在每个区域内部建立一个梯度方向直方图，这些方向被分隔进 8 个箱子，每个梯度方向数值的递增量与梯度幅值成正比。下面的图片描述了这个过程，每个星形箭头代表一个局部的梯度方向直方图。

这里有 16 个直方图，每个直方图包含 8 个连接在一起的箱子，它们形成了一个 128 维的描

述子。对于 SURF 而言，梯度值是用一个以关键点为中心的高斯滤波器加权计算得到的，用以降低邻域边界上梯度方向的突然变化对描述子的影响。为了使差值度量更加一致，最终的描述子会进行归一化处理。

使用 SURF 和 SIFT 的特征和描述子可以进行尺度无关的匹配。下面的例子展示了对两幅不同尺度的图像做 SURF 匹配的结果（这里显示了 50 个最佳的匹配项）。

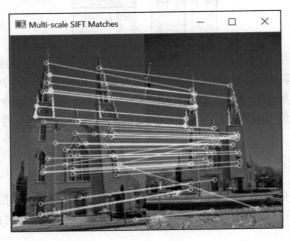

cv::Feature2D 类有一个很实用的函数，可在检测兴趣点的同时计算它们的描述子，调用方法为：

```
ptrFeature2D->detectAndCompute(image, cv::noArray(),
                              keypoints, descriptors);
```

9.3.3　扩展阅读

用任何算法得到的匹配结果都含有相当多的错误匹配项，但有一些策略可以提高匹配的质量，这里介绍其中的三种。

1. 交叉检查匹配项

有一种简单的方法可以验证得到的匹配项，即重新进行同一个匹配过程，但在第二次匹配时，将第二幅图像的每个关键点逐个与第一幅图像的全部关键点进行比较。只有在两个方向都匹配了同一对关键点（即两个关键点互为最佳匹配）时，才认为是一个有效的匹配项。函数 cv::BFMatcher 提供了一个选项来使用这个策略。把有关标志设置为 true，函数就会对匹配进行双向的交叉检查：

```
cv::BFMatcher matcher2(cv::NORM_L2,    // 度量差距
                      true);           // 交叉检查标志
```

改进后的匹配结果如下图所示（使用 SURF）。

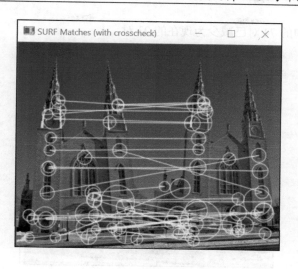

2. 比率检验法

很显然，匹配的效果并不理想，这是因为场景中有很多相似的物体，一个关键点可以与多个其他关键点匹配。其中错误的匹配项非常多，最好能够把它们排除掉。

为此我们需要为每个关键点找到两个最佳的匹配项，可以用 cv::Descriptor Matcher 类的 knnMatch 方法实现这个功能。因为只需要两个最佳匹配项，所以指定 $k = 2$：

```
// 为每个关键点找出两个最佳匹配项
std::vector<std::vector<cv::DMatch>> matches;
matcher.knnMatch(descriptors1,descriptors2,
                 matches, 2); // 找出 k 个最佳匹配项
```

下一步是排除与第二个匹配项非常接近的全部最佳匹配项。因为 knnMatch 生成了一个 std::vector 类型（此向量的长度为 k）的 std::vector 类，所以这一步的具体做法是循环遍历每个关键点匹配项，然后执行比率检验法，即计算排名第二的匹配项与排名第一的匹配项的差值之比（如果两个最佳匹配项相等，那么比率为 1）。比率值较高的匹配项将作为模糊匹配项，从结果中被排除掉。代码如下所示：

```
// 执行比率检验法
double ratio= 0.85;
std::vector<std::vector<cv::DMatch>>::iterator it;
for (it= matches.begin(); it!= matches.end(); ++it) {

  // 第一个最佳匹配项/第二个最佳匹配项
  if ((*it)[0].distance/(*it)[1].distance < ratio) {
    // 这个匹配项可以接受
    newMatches.push_back((*it)[0]);
  }
}
// newMatches 是新的匹配项集合
```

原始匹配项集合中的 74 对已减少为现在的 23 对。

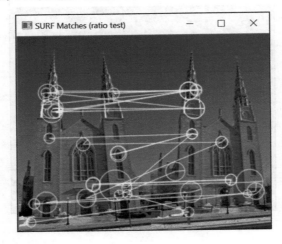

3. 匹配差值的阈值化

还有一种更加简单的策略，就是把描述子之间差值太大的匹配项排除。实现此功能的是 cv::DescriptorMatcher 类的 radiusMatch 方法：

```
// 指定范围的匹配
float maxDist= 0.4;
std::vector<std::vector<cv::DMatch>> matches2;
matcher.radiusMatch(descriptors1, descriptors2, matches2, maxDist);
                    // 两个描述子之间的最大允许差值
```

因为这个方法会保留所有差值小于指定阈值的匹配项，所以它得到的结果仍是 std::vector 类型的 std::vector 实例。这说明一个关键点在另一幅图像上可能有多个匹配点；反之，有的关键点可能会没有匹配项（对应的内部类 std::vector 的长度为 0）。这样，匹配项的数量为 50 对。

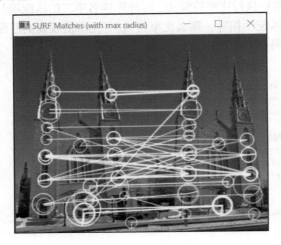

当然了，也可以将这些策略结合使用，以提升匹配效果。

9.3.4 参阅

- □ 8.4 节介绍了相关的 SURF 和 SIFT 特征检测器，并提供了更多的参考资料。
- □ 10.3 节将解释如何利用图像和场景几何形状来获得质量更高的匹配项。
- □ 14.4 节将介绍一种与 SIFT 相似的描述子——HOG。
- □ E. Vincent 和 R. Laganière 于 2001 年发表在 *Machine, Graphics and Vision* 第 237 页至第 260 页的 "Matching feature points in stereo pairs: A comparative study of some matching strategies" 描述了其他简单的匹配策略，可用于提高匹配的质量。

9.4 用二值描述子匹配关键点

上一节讲解了如何用提取自图像强度值梯度的、丰富的描述子来描述关键点。这些描述子是浮点数类型的向量，大小为 64、128，甚至更大。这导致对它们的操作将耗资巨大。为了减少内存使用、降低计算量，人们引入了将一组比特位（0 和 1）组合成二值描述子的概念。这里的难点在于，既要易于计算，又要在场景和视角变化时保持鲁棒性。本节将介绍其中的几种二值描述子，重点讲解 ORB 和 BRISK 描述子，第 8 章介绍了与它们相关的特征点检测器。

9.4.1 如何实现

因为 OpenCV 检测器和描述子具有泛型接口，所以二值描述子（例如 ORB）的用法与 SURF、SIFT 没有什么区别。基于特征的图像匹配的整个过程如下所示：

```
// 定义关键点容器和描述子
std::vector<cv::KeyPoint> keypoints1;
std::vector<cv::KeyPoint> keypoints2;
cv::Mat descriptors1;
cv::Mat descriptors2;

// 定义特征检测器/描述子
// Construct the ORB feature object
cv::Ptr<cv::Feature2D> feature = cv::ORB::create(60);
                          // 大约 60 个特征点

// 检测并描述关键点
// 检测 ORB 特征
feature->detectAndCompute(image1, cv::noArray(),
                          keypoints1, descriptors1);
feature->detectAndCompute(image2, cv::noArray(),
                          keypoints2, descriptors2);
```

9

```
// 构建匹配器
cv::BFMatcher matcher(cv::NORM_HAMMING); // 二值描述子一律使用 Hamming 规范
// 匹配两幅图像的描述子
std::vector<cv::DMatch> matches;
matcher.match(descriptors1, descriptors2, matches);
```

这里唯一的区别是使用了 Hamming 规范（cv::NORM_HAMMING 标志），它通过统计不一致的位数，计算两个二值描述子的差值。在很多处理器上，这可以用异或运算加简单的位数统计来实现，并且效率很高。下图显示了匹配的结果。

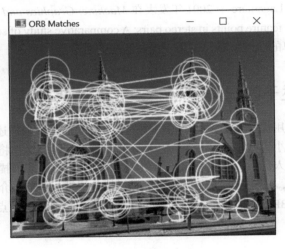

BRISK 是另一个常见的二值特征检测器（描述子），用它也能得到类似的结果。这时要调用 BRISK::create 来创建 cv::Feature2D 实例。和第 8 章一样，它的第一个参数也是一个阈值，用以控制被检测特征点的数量。

9.4.2　实现原理

ORB 算法在多个尺度下检测特征点，这些特征点含有方向。基于这些特征点，ORB 描述子通过简单比较强度值，提取出每个关键点的表征。实际上，ORB 就是在 BRIEF 描述子的基础上构建的（前面介绍过 BRIEF 描述子），然后在关键点周围的邻域内随机选取一对像素点，创建一个二值描述子。比较这两个像素点的强度值，如果第一个点的强度值较大，就把对应描述子的位（bit）设为 1，否则就设为 0。对一批随机像素点对进行上述处理，就产生了一个由若干位（bit）组成的描述子，通常采用 128 到 512 位（成对地测试）。

这就是 ORB 采用的模式。接下来就要判断用哪些像素点对构建描述子了。事实上，虽然像素点对是随机选取的，但只要它们被选中，就要进行同样的二值测试，并构建全部关键点的描述子，以确保结果的一致性。直觉告诉我们，选择合适的像素点对可以使描述子具有更大的独特性。

此外，每个关键点的方向是已经确定的，如果根据方向对该关键点进行调整（即使用相对于关键点方向的坐标），就会导致强度值模式分布的偏差。考虑到这些因素，并根据实验验证，ORB 选出了变化幅值较高、相关性极低的 256 对像素点；也就是说，针对各种关键点，这些选用的二值测试项等于 0 或 1 的概率是均等的，并且它们之间的依赖性是最小的。

BRISK 描述子的情况也非常类似，它的基础也是成对地比较强度值。但有两点不同：第一，它不是从 31×31 的邻域中随机选取像素，而是从一系列等间距的同心圆（由 60 个点组成）的采样模式中选取；第二，这些采样点的强度值都经过高斯平滑处理，处理中使用的 σ 值与该像素到圆心的距离成正比。BRISK 据此选取了 512 对点。

9.4.3 扩展阅读

此外还有一些二值描述子，有兴趣的读者可以查看相关的技术文献。这里将介绍另一种描述子，它也包含在 OpenCV 的 `contrib` 模块中。

FREAK

FREAK 全称为 Fast Retina Keypoint（**快速视网膜关键点**），也是一种二值描述子，但没有对应的检测器。它可以应用于所有已检测到的关键点，例如 SIFT、SURF 或 ORB。

与 BRISK 一样，FREAK 描述子也基于用同心圆定义的采样模式。但为了设计描述子，设计者们使用人眼进行了类比。他们发现，随着离中央凹距离越来越远，视网膜上的神经节细胞密度越来越小。因此他们用 43 个像素点构建了采样模式，中心点附近的像素密度比其他地方要高得多。为了获得它的强度值，每个像素都用高斯内核进行滤波，当与中心点的距离增加时，内核的尺寸也随之增大。

根据经验，可以采用 ORB 中的类似策略，标识出需要执行的成对比较项。通过对几千个关键点的分析，可得到具有最高变化幅值和最低相关性的二值测试项，最终为 512 对。

FREAK 还引入了阶梯式比较描述子的概念。具体做法是，先执行表示较粗略信息的前 128 位（用较大的高斯内核在外围进行测试）。只有对比的描述子通过了第一步测试，后面的测试才能进行。

用 ORB 算法检测到关键点后，只需用下面的方法创建 `cv::DescriptorExtractor` 实例即可提取出 FREAK 描述子：

```
// 用 FREAK 描述
feature = cv::xfeatures2d::FREAK::create();
```

匹配结果如下所示。

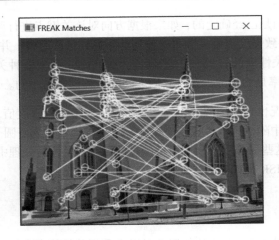

本节三个描述子使用的采样模式参见下面的示意图。

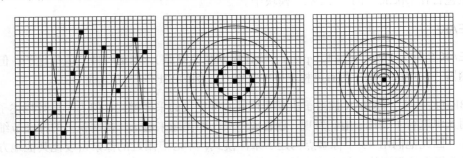

　　第一个方块是 ORB/BRIEF 描述子，像素点对是在正方形网格中随机选取的。每个像素点对用线条连接起来，表示比较两个像素强度值的概率测试。这里只显示了 8 对，ORB 默认使用 256 对。中间的方块是 BRISK 采样模式，在圆形上均匀地采样像素点（为了使画面更清晰，这里只显示了第一个圆的点）。第三个方块是 FREAK 的对数极坐标的采样网格。BRISK 的采样点是均匀分布的，而 FREAK 则是越接近中心点，密度越高。例如，BRISK 的外围圆圈上有 20 个点，而 FREAK 的外围圆圈上只有 6 个点。

9.4.4　参阅

❏ 8.5 节介绍了相关的 BRISK 和 ORB 特征检测器，并提供了更多的参考资料。

❏ E. M. Calonder、V. Lepetit、M. Ozuysal、T. Trzcinski、C. Strecha 和 P. Fua 于 2012 年发表在 *IEEE Transactions on Pattern Analysis and Machine Intelligence* 的 "BRIEF: Computing a Local Binary Descriptor Very Fast" 介绍了 BRIEF 特征描述子，引入了二值描述子的概念。

❏ A. Alahi、R. Ortiz 和 P. Vandergheynst 于 2012 年发表在 *IEEE Conference on Computer Vision and Pattern Recognition* 的 "FREAK: Fast Retina Keypoint article" 介绍了 FREAK 特征描述子。

第 10 章

估算图像之间的投影关系

本章包括以下内容：

- ❑ 计算图像对的基础矩阵；
- ❑ 用 RANSAC 算法匹配图像；
- ❑ 计算两幅图像之间的单应矩阵；
- ❑ 检测图像中的平面目标。

10.1　简介

图像通常是由数码相机拍摄的，它通过透镜投射光线，在图像传感器上捕获场景。图像是三维场景在二维平面上的投影，这表明场景和它的图像之间以及同一场景的不同图像之间都有着重要的关联。投影几何学是用数学术语描述和区分成像过程的工具。本章将介绍几种多视图图像中基本的投影关系，并解释如何在计算机视觉编程中将其投入应用。在正式开始之前，我们得先探讨一下与场景投影和成像过程有关的一些基本概念。

成像过程

照相术发明以来，生成图像的基本过程就没有变过。光线从被摄景象发出并穿过前置孔径，被相机捕获，捕获到的光线触发相机后面的成像平面（或图像传感器）。此外，透镜的使用使来自不同场景元素的光线得以集中。下面的示意图展现了成像过程。

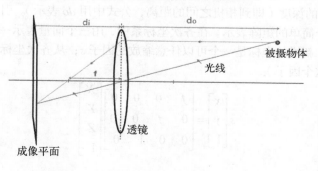

这里的 do 是透镜到被摄物体的距离，di 是透镜到成像平面的距离，f 是透镜的焦距。这些数据的关系称为薄镜公式：

$$\frac{1}{f} = \frac{1}{do} + \frac{1}{di}$$

在计算机视觉中，有多种方法可以简化这个相机模型。第一种方法是忽略镜头的影响，因为相机的口径极小。从理论上讲，这并不会改变图像的外观。（但是这么做了之后，就会创建无限景深的图像而忽略了聚焦效应。）因此，在这种情况下只需考虑中心的光线。第二种方法是假定成像平面处于焦点位置，因为大多数情况下 do>>di 成像平面。最后，根据几何学知识，我们发现成像平面上的图像是反转的。因此，只要把成像平面放在镜头前面，就能得到跟原来几乎一样却不反转的图像。从物理学上看，这显然不可行；但是从数学的角度看，结果完全是等效的。这种简化模型通常称为**针孔照相机模型**，如下图所示。

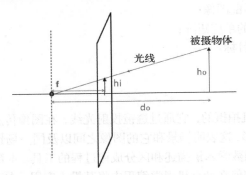

根据这个模型和相似三角形的定理，我们可以很轻松地推导出表示被摄物体与图像关系的基本投影方程：

$$hi = f \frac{ho}{do}$$

物体（实际高度为 ho）对应的图像大小（hi）与它到相机的距离（do）成反比，这是很基本的规律。在相机几何结构已知的情况下，这个关系通常决定了三维场景的点在成像平面上的投影位置。如果坐标系位于焦点上，那么 (X, Y, Z) 处的三维场景点会投影到成像平面的 $(x, y) = (fX/Z, fY/Z)$。Z 方向的值取决于点的深度（即到相机之间的距离，公式中用 do 表示）。引入齐次坐标系后，上述关系就可以用一个简单的矩阵表示。在齐次坐标系中，用三个向量表示一个二维点，用四个向量表示一个三维点（新增的坐标是一个可以任意缩放的因子 s；从齐次坐标的三向量中提取二维坐标时，需要移除这个因子）：

$$s \begin{bmatrix} x \\ y \\ 1 \end{bmatrix} = \begin{bmatrix} f & 0 & 0 & 0 \\ 0 & f & 0 & 0 \\ 0 & 0 & 1 & 0 \end{bmatrix} \begin{bmatrix} X \\ Y \\ Z \\ 1 \end{bmatrix}$$

这个 3×4 的矩阵就是投影矩阵。如果坐标系没有与焦点对齐，就需要引入旋转量 r 和偏移量 t。引入它们后，就可以把被投影的三维点表示为一个以相机为中心的坐标系，公式如下所示：

$$
s \begin{bmatrix} x \\ y \\ 1 \end{bmatrix} = \begin{bmatrix} f & 0 & 0 \\ 0 & f & 0 \\ 0 & 0 & 1 \end{bmatrix} \begin{bmatrix} r1 & r2 & r3 & t1 \\ r4 & r5 & r6 & t2 \\ r7 & r8 & r9 & t3 \end{bmatrix} \begin{bmatrix} X \\ Y \\ Z \\ 1 \end{bmatrix}
$$

这个公式的第一个矩阵包含了相机的内部参数（这里只有焦距，下一章将介绍更多内部参数）。第二个矩阵包含了外部参数，即相机与外部环境相关的参数。需要注意的是，在实际应用中，图像坐标通常用像素值表示，而三维坐标通常用实际长度表示（例如用米作为单位）。详情请参见第 11 章。

10.2 计算图像对的基础矩阵

10.1 节介绍了投影方程，用它解释了真实的场景是如何投影到单目相机的成像平面上的。本节将探讨同一场景的两幅图像之间的投影关系。可以移动相机，从两个视角拍摄两幅照片；也可以使用两个相机，分别对同一个场景拍摄照片。如果这两个相机被刚性基线分割，我们就称之为立体视觉。

10.2.1 准备工作

现在来看用两个针孔相机观察同一个场景点的情况，如下图所示。

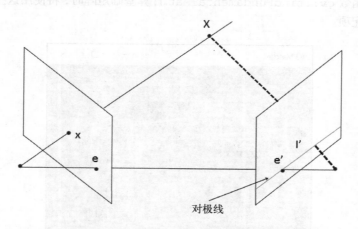

我们知道，沿着三维点 X 和相机中心点之间的连线，可在图像上找到对应的点 x。反过来，在三维空间中，与成像平面上的位置 x 对应的场景点可以位于线条上的任何位置。这说明如果要根据图像中的一个点找到另一幅图像中对应的点，就需要在第二个成像平面上沿着这条线的投影搜索。这条虚线称为点 x 的**对极线**。它规定了两个对应点必须满足的基本条件，即对于一个点，在另一视图中与它匹配的点必须位于它的对极线上，并且对极线的准确方向取决于两个相机的相对位置。事实上，所有对极线组成的结构决定了双视图系统的几何形状。

从这个双视图系统的几何形状中还能发现一个现象，即所有的对极线都通过同一个点。这个点对应着一个相机中心点在另一个相机上的投影（上图中的 e 和 e'）。这个特殊的点称为**极点**。

图像上的点和它的对极线之间的关系，在数学上可以用下面的 3×3 矩阵表示：

$$\begin{bmatrix} l'_1 \\ l'_2 \\ l'_3 \end{bmatrix} = F \begin{bmatrix} x \\ y \\ 1 \end{bmatrix}$$

在投影几何学中，可以用三维向量表示二维直线。它就是一些二维点 (x', y') 的集合，满足公式 $l'_1 x' + l'_2 y' + l'_3 = 0$（上标符号表示这条线属于第二幅图像）。因此，矩阵 F（称为基础矩阵）的作用就是把一个视图上的二维图像点映射到另一个视图上的对极线上。

10.2.2　如何实现

如果两幅图像之间有一定数量的已知匹配点，就可以利用方程组来计算图像对的基础矩阵。这样的匹配项至少要有 7 对。为了说明基础矩阵的计算过程，我们从上一章的 SIFT 特征匹配结果中选择 7 对较好的匹配项。

用 OpenCV 函数 `cv::findFundamentalMat` 计算基础矩阵时，将使用这些匹配项。这是图像对和选取的匹配项。

这些匹配项存储在 `cv::DMatch` 类型的容器中，其中每个元素代表一个 `cv::keypoint` 实例的索引。为了在 `cv::findFundamentalMat` 中使用，需要先把这些关键点转换成 `cv::Point2f` 类型。为此可用下面的 OpenCV 函数：

```cpp
// 把关键点转换成 Point2f
std::vector<cv::Point2f> selPoints1, selPoints2;
std::vector<int> pointIndexes1, pointIndexes2;
cv::KeyPoint::convert(keypoints1,selPoints1,pointIndexes1);
cv::KeyPoint::convert(keypoints2,selPoints2,pointIndexes2);
```

结果是 selPoints1 和 selPoints2 这两个容器，容器的元素为两幅图像中相关像素的坐标。容器 pointIndexes1 和 pointIndexes2 包含这些被转换的关键点的索引。于是调用 `cv::find FundamentalMat` 函数的方法为：

```cpp
// 用 7 对匹配项计算基础矩阵
cv::Mat fundamental= cv::findFundamentalMat(
                     selPoints1,       // 第一幅图像中的 7 个点
                     selPoints2,       // 第二幅图像中的 7 个点
                     cv::FM_7POINT); // 7 个点的方法
```

要想直观地验证这个基础矩阵的效果，可以选取一些点，画出它们的对极线。OpenCV 中有一个函数可计算指定点集的对极线。计算出对极线后，可用函数 `cv::line` 画出它们。下面的代码片段完成了这两个步骤（即在右侧图像中计算和画出来自左侧图像的对极线）：

```cpp
// 在右侧图像上画出对极线的左侧点
std::vector<cv::Vec3f> lines1;
cv::computeCorrespondEpilines(
                     selPoints1,    // 图像点
                     1,             // 在第一幅图像中（也可以是在第二幅图像中）
                     fundamental, // 基础矩阵
                     lines1);      // 对极线的向量
// 遍历全部对极线
for (vector<cv::Vec3f>::const_iterator it= lines1.begin();
            it!=lines1.end(); ++it) {
  // 画出第一列和最后一列之间的线条
  cv::line(image2, cv::Point(0,-(*it)[2]/(*it)[1]),
          cv::Point(image2.cols,
                 -((*it)[2]+ (*it)[0]*image2.cols)/(*it)[1]),
                 cv::Scalar(255,255,255));
}
```

用同样的方法得到左侧图像中的对极线，结果如下图所示。

一幅图像的极点位于所有对极线的交叉点，是另一个相机中心点的投影。注意，对极线的交叉点很可能（也经常）在图像边界的外面。在这个例子中，如果两幅图像是同时拍摄的，就能从第二幅图像极点所处的位置看到第一个相机。此外，这个结果可能是非常不稳定的，因为只用了7对匹配项计算基础矩阵。事实上，如果用另一对匹配项代替其中的一对，就会产生一组明显不同的对极线。

10.2.3 实现原理

前面解释过，对于图像上的一个点，可以根据基础矩阵得到一个线条的方程式，并在这个线条上找到另一个视图中与之对应的点。假设点(x, y)的对应点为(x', y')，这两个视图间的基础矩阵为F，由于(x', y')位于(x, y)和F相乘得到的对极线上（用齐次坐标表示），那么可得到以下公式：

$$\begin{bmatrix} x' \\ y' \\ 1 \end{bmatrix}^T F \begin{bmatrix} x \\ y \\ 1 \end{bmatrix} = 0$$

这个公式表示两个对应点之间的关系，称为**极线约束**。利用这个公式，就可以根据已知的匹配项计算矩阵的入口。因为基础矩阵的入口数量取决于尺度因子，所以需要计算的入口只有8个（第9个可以直接设置为1）。每个匹配项产生一个方程式。有了8个已知匹配项，就可以通过对线性方程组的求解，计算出整个矩阵。可以通过在函数 cv::findFundamentalMat 中采用 cv::FM_8POINT 标志来完成这个过程。注意，这时可以（最好）输入8个以上的匹配项。在均方意义下，可以解出线性方程组的超定系统。

计算基础矩阵时，可以使用一个附加的约束条件。从数学上看，基础矩阵把一个二维点映射到一个一维的直线束上（即相交于同一个点的直线）。所有对极线都穿过同一个点（极点）对矩阵产生了一个约束条件，这个约束条件把计算基础矩阵所需的匹配次数缩减到7次。用数学术语表示，这个基础矩阵有 7 个自由度，因而位于等级 2。不过在这种情况下，方程组将变为非线性的，最多会有三种结果（这时函数 cv::findFundamentalMat 将返回 9×3 的基础矩阵，包含三个 3×3 矩阵）。在 OpenCV 中，可通过使用 cv::FM_7POINT 标志，采用 7 次匹配方案计算基础矩阵。

最后需要指出的是，如果想要精确地计算基础矩阵，匹配项的选择是很重要的。一般来说，匹配项要在整幅图像中均匀分布，并包含场景中不同深度的点，否则结果就会不稳定。尤其当所选场景点位于同一平面时，基础矩阵（本例中）就会变差。

10.2.4　参阅

- R. Hartley 和 A. Zisserman 的 *Multiple View Geometry in Computer Vision*（剑桥大学出版社，2004 年）是有关计算机视觉投影几何学最完整的参考书。
- 10.3 节将解释如何用更多的匹配项稳定地计算基础矩阵。
- 如果匹配点位于同一平面或是纯旋转的结果，就无法计算基础矩阵，10.5 节将解释其中的原因。

10.3　用 RANSAC（随机抽样一致性）算法匹配图像

当用两个相机拍摄同一个场景时，会在不同的视角下看到相同的元素。上一章已经讲解过特征点匹配问题，本节将重新探讨这个问题，并学习如何进一步使用上一节介绍的极线约束，使图像特征的匹配更加可靠。

我们遵循的原则很简单：在匹配两幅图像的特征点时，只接受位于对极线上的匹配项。若要判断是否满足这个条件，必须先知道基础矩阵，但计算基础矩阵又需要优质的匹配项。这看起来像是"先有鸡还是先有蛋"的问题。本节将提出一种解决方案，可以同时计算基础矩阵和一批优质的匹配项。

10.3.1　如何实现

我们的目的是计算两个视图间的基础矩阵和优质匹配项。因此，所有已发现的特征点的匹配度都要用上一节的极线约束验证。我们为此创建了一个类，封装了鲁棒的匹配过程的各个步骤：

```
class RobustMatcher {
 private:
  // 特征点检测器对象的指针
  cv::Ptr<cv::FeatureDetector> detector;
  // 特征描述子提取器对象的指针
  cv::Ptr<cv::DescriptorExtractor> descriptor;
  int normType;
  float ratio;         // 第一个和第二个 NN 之间的最大比率
```

```
    bool refineF;          // 如果等于 true，则会优化基础矩阵
    bool refineM;          // 如果等于 true，则会优化匹配结果
    double distance;       // 到极点的最小距离
    double confidence;     // 可信度（概率）

public:

RobustMatcher(const cv::Ptr<cv::FeatureDetector> &detector,
              const cv::Ptr<cv::DescriptorExtractor> &descriptor=
                        cv::Ptr<cv::DescriptorExtractor>()):
              detector(detector), descriptor(descriptor),
              normType(cv::NORM_L2), ratio(0.8f),
              refineF(true), refineM(true),
              confidence(0.98), distance(1.0) {

    // 这里使用关联描述子
        if (!this->descriptor) {
          this->descriptor = this->detector;
        }
    }
}
```

使用这个类时，只需根据需要指定特征检测器和描述子即可。也可以用 setFeature Detector 和 setDescriptorExtractor 这两个设置方法来指定。

核心方法是 match，它返回匹配项、被检测的关键点和计算得到的基础矩阵。方法内部有四个独立的步骤（在代码中用注释进行了明显的划分），我们将详细探讨：

```
// 用 RANSAC 算法匹配特征点
// 返回基础矩阵和输出的匹配项
cv::Mat match(cv::Mat& image1, cv::Mat& image2,         // 输入图像
              std::vector<cv::DMatch>& matches,          // 输出匹配项
              std::vector<cv::KeyPoint>& keypoints1,     // 输出关键点
              std::vector<cv::KeyPoint>& keypoints2) {

    // 1.检测特征点
    detector->detect(image1,keypoints1);
    detector->detect(image2,keypoints2);

    // 2.提取特征描述子
    cv::Mat descriptors1, descriptors2;
    descriptor->compute(image1,keypoints1,descriptors1);
    descriptor->compute(image2,keypoints2,descriptors2);

    // 3.匹配两幅图像描述子
    //    （用于部分检测方法）
    // 构造匹配类的实例（带交叉检查）
    cv::BFMatcher matcher(normType, // 差距衡量
                          true);    // 交叉检查标志
    // 匹配描述子
    std::vector<cv::DMatch> outputMatches;
    matcher.match(descriptors1,descriptors2,outputMatches);
```

```
// 4.用 RANSAC 算法验证匹配项
cv::Mat fundamental= ransacTest(outputMatches,
                                keypoints1, keypoints2,
                                matches);
// 返回基础矩阵
return fundamental;
}
```

前面两个步骤只是检测了特征点并计算了它们的描述子。接下来和上一章一样，使用 cv::BFMatcher 类执行特征匹配。为提高匹配质量，这里使用了交叉检查标志。

第四个步骤是本节介绍的新概念。它包含了一个额外的过滤测试，在本例中表现为使用基础矩阵来排除不符合极线约束的匹配项。这个测试基于 RANSAC 算法，即使匹配项中有异常数据，该算法仍然可以计算基础矩阵（下一节将会解释这个方法）：

使用 RobustMatcher 类可以很方便地对两幅图像进行鲁棒匹配，代码如下所示：

```
// 准备匹配器（用默认参数）
// SIFT 检测器和描述子
RobustMatcher rmatcher(cv::xfeatures2d::SIFT::create(250));

// 匹配两幅图像
std::vector<cv::DMatch> matches;

std::vector<cv::KeyPoint> keypoints1, keypoints2;
cv::Mat fundamental = rmatcher.match(image1,image2,
                                     matches,
                                     keypoints1, keypoints2);
```

结果得到 54 个匹配项，如下图所示。

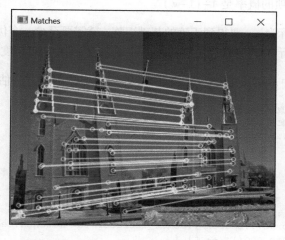

通常情况下，得到的匹配项都很合理。不过也会有意外情况发生，比如基础矩阵对应的对极线上有时会出现一些错误的匹配项。

10.3.2 实现原理

上一节说过，可以根据一些特征点匹配项计算图像对的基础矩阵。为了确保结果准确，采用的匹配项必须都是优质的。但是在实际情况中，通过比较被检测特征点的描述子得到的匹配项是无法保证全部准确的。正因为如此，人们引入了基于 RANSAC（RANdom SAmpling Consensus）策略的基础矩阵计算方法。

RANSAC 算法旨在根据一个可能包含大量局外项的数据集，估算一个特定的数学实体。其原理是从数据集中随机选取一些数据点，并仅用这些数据点进行估算。选取的数据点数量，应该是估算数学实体所需的最小数量。对于基础矩阵，最小数量是 8 个匹配对（实际上只需要 7 个，但是 8 个点的线性算法速度较快）。用这 8 个随机匹配对估算基础矩阵后，对剩下的全部匹配项进行测试，验证其是否满足根据这个矩阵得到的极线约束。标识出所有满足极线约束的匹配项（即特征点与对极线距离很近的匹配项），这些匹配项就组成了基础矩阵的支撑集。

RANSAC 算法背后的核心思想是：支撑集越大，所计算矩阵正确的可能性就越大。反之，如果一个（或多个）随机选取的匹配项是错误的，那么计算得到的基础矩阵也是错误的，并且它的支撑集肯定会很小。反复执行这个过程，最后留下支撑集最大的矩阵作为最佳结果。

因此我们的任务就是随机选取 8 个匹配项，重复多次，最后得到 8 个合适的匹配项，得到很大的支撑集。如果整个数据集中错误匹配项的比例不同，那么选取到 8 个正确匹配项的可能性也各不相同。但是我们知道，选取的次数越多，在这些选项中至少有一组优质匹配的可能性就越大。更准确地说，假设匹配项中局内项（优质匹配项）的比例是 $w\%$，那么选取 8 个优质匹配项的概率就是 w^8。因此，在一次选取中至少包含一个错误匹配项的概率是 $(1-w^8)$。如果选取的次数是 k，那么只选取到优质匹配项的概率是 $1-(1-w^8)^k$。

这就是置信概率，标为 c。要得到正确的基础矩阵，就需要至少一个优质匹配集，因此这个概率越大越好。所以在运行 RANSAC 算法时，我们需要确定得到特定可信度等级所需的选取次数 k。

在 RANSAC 算法中，用 RobustMatcher 类的 ransacTest 方法估算基础矩阵：

```
// 用 RANSAC 算法获取优质匹配项
// 返回基础矩阵和匹配项
cv::Mat ransacTest(const std::vector<cv::DMatch>& matches,
                   std::vector<cv::KeyPoint>& keypoints1,
                   std::vector<cv::KeyPoint>& keypoints2,
                   std::vector<cv::DMatch>& outMatches) {

  // 将关键点转换为 Point2f 类型
  std::vector<cv::Point2f> points1, points2;
  for (std::vector<cv::DMatch>::const_iterator it= matches.begin();
       it!= matches.end(); ++it) {

    // 获取左侧关键点的位置
    points1.push_back(keypoints1[it->queryIdx].pt);
```

```
    // 获取右侧关键点的位置
    points2.push_back(keypoints2[it->trainIdx].pt);
}

// 用 RANSAC 计算 F 矩阵
std::vector<uchar> inliers(points1.size(),0);
cv::Mat fundamental=
    cv::findFundamentalMat( points1,
                    points2,         // 匹配像素点
                    inliers,         // 匹配状态 (inlier 或 outlier)
                    cv::FM_RANSAC,   // RANSAC 算法
                    distance,        // 到对极线的距离
                    confidence);     // 置信度
    // 取出剩下的(inliers)匹配项
    std::vector<uchar>::const_iterator itIn= inliers.begin();
    std::vector<cv::DMatch>::const_iterator itM= matches.begin();
    // 遍历所有匹配项
    for ( ;itIn!= inliers.end(); ++itIn, ++itM) {
        if (*itIn) { // it is a valid match
        outMatches.push_back(*itM);
    }
    }
    return fundamental;
}
```

上述代码有些长，因为关键点必须在计算基础矩阵前转换为 `cv::Point2f`。在使用含有 `cv::FM_RANSAC` 标志的函数 `cv::findFundamentalMat` 时，会提供两个附加参数。第一个参数是可信度等级，它决定了执行迭代的次数（默认值是 `0.99`）。第二个参数是点到对极线的最大距离，小于这个距离的点被视为局内点。如果匹配对中有一个点到对极线的距离超过这个值，就视这个匹配对为局外项。这个函数返回字符值的 `std::vector`，表示对应的输入匹配项被标记为局外项（`0`）或局内项（`1`）。因此，代码最后的循环可以从原始匹配项中提取出优质的匹配项。

匹配集中的优质匹配项越多，RANSAC 算法得到正确基础矩阵的概率就越大。因此我们在匹配特征点时使用了交叉检查过滤器。你还可以使用上一节介绍的比率测试，进一步提高最终匹配集的质量。这是一个互相权衡的问题，要考虑这三点：计算复杂度、最终匹配项数量、要得到仅包含准确匹配项的匹配集所需的可信度等级。

10.3.3　扩展阅读

本节介绍了鲁棒匹配过程，即利用拥有最大支架的 8 个被选匹配项以及该支撑集包含的匹配项计算基础矩阵，然后得到基础矩阵的估算值。利用这个信息，有两种方法可以改进这些结果。

1. 改进基础矩阵

现在已经有了高质量的匹配项，用全部匹配项重新估算基础矩阵是个不错的主意。我们已经注意到，有一种线性的 8 点算法可以估算这个矩阵。因此可以得到一个超定方程组，求得最小二

乘法形式的基础矩阵。可以在 `ransacTest` 函数的后面添加这个步骤:

```
// 把关键点转换成 Point2f 类型
points1.clear();
points2.clear();
for (std::vector<cv::DMatch>::const_iterator it=
                                 outMatches.begin();
     it!= outMatches.end(); ++it) {
   // 取得左侧关键点的位置
   points1.push_back(keypoints1[it->queryIdx].pt);
   // 取得右侧关键点的位置
   points2.push_back(keypoints2[it->trainIdx].pt);
}

// 根据全部认可的匹配项, 计算 8 个点的基础矩阵
fundamental= cv::findFundamentalMat(
                 points1,points2,  // 匹配点
                 cv::FM_8POINT);   // 8 个点的方法, 用奇异值分解 (SVD) 求解
```

实际上, 通过奇异值分解求解线性方程组, `cv::findFundamentalMat` 函数确实可以接受 8 个以上的匹配项。

2. 改进匹配项

在双视图系统中, 每个点肯定位于与它对应的点的对极线上。这就是基础矩阵表示的极线约束。因此, 如果已经有了很准确的基础矩阵, 就可以利用极线约束来更正得到的匹配项, 具体做法是将强制匹配项置于它们的对极线上。使用 **OpenCV** 函数 `cv::correctMatches` 可以很方便地实现这个功能:

```
std::vector<cv::Point2f> newPoints1, newPoints2;
// 改进匹配项
correctMatches(fundamental,            // 基础矩阵
              points1, points2,        // 原始位置
              newPoints1, newPoints2); // 新位置
```

这个函数修改每个对应点的位置, 从而在最小化累积 (平方) 位移时能满足极线约束。

10.4   计算两幅图像之间的单应矩阵

10.2 节介绍了用匹配项计算图像对的基础矩阵的方法。在投影几何学中, 还有一种非常实用的数学实体。这个实体可以用多视图影像计算, 是一个具有特殊性质的矩阵。

10.4.1   准备工作

这次仍考虑三维点和它在相机中的影像之间的投影关系, 10.1 节曾介绍过这一内容。我们知道这个公式的本质是利用相机内部参数和相机的位置 (用旋转分量和平移分量表示), 建立三维

点和它的影像之间的关联关系。仔细研究这个公式，会发现有两种特殊情况需要我们注意。第一种情况是同一场景中两个视图之间的差别只有纯旋转。这时外部矩阵的第四列全部变为 0（即没有平移量）：

$$
S\begin{bmatrix} x \\ y \\ 1 \end{bmatrix} = \begin{bmatrix} f & 0 & 0 \\ 0 & f & 0 \\ 0 & 0 & 1 \end{bmatrix}\begin{bmatrix} r1 & r2 & r3 & 0 \\ r4 & r5 & r6 & 0 \\ r7 & r8 & r9 & 0 \end{bmatrix}\begin{bmatrix} X \\ Y \\ Z \\ 1 \end{bmatrix}
$$

在这种特殊情况下，投影关系就变为了 3×3 的矩阵。如果拍摄目标是一个平面，也会出现类似的有趣现象。这时，可以假设仍能保持通用性，即平面上的点都位于 z=0 的位置。最终得到下面的公式：

$$
S\begin{bmatrix} x \\ y \\ 1 \end{bmatrix} = \begin{bmatrix} f & 0 & 0 \\ 0 & f & 0 \\ 0 & 0 & 1 \end{bmatrix}\begin{bmatrix} r1 & r2 & r3 & t1 \\ r4 & r5 & r6 & t2 \\ r7 & r8 & r9 & t3 \end{bmatrix}\begin{bmatrix} X \\ Y \\ 0 \\ 1 \end{bmatrix}
$$

场景点中值为 0 的坐标会消除掉投影矩阵的第三列，从而又变成一个 3×3 的矩阵。这种特殊矩阵称为**单应矩阵**（homography），表示在特殊情况下（这里指纯旋转或平面目标），世界坐标系的点和它的影像之间是线性关系。此外，由于该矩阵是可逆的，所以只要两个视图只是经过了旋转，或者拍摄的是平面物体，那么就可以将一个视图中的像素点与另一个视图中对应的像素点直接关联起来。单应矩阵的格式为：

$$
s\begin{bmatrix} x' \\ y' \\ 1 \end{bmatrix} = H\begin{bmatrix} x \\ y \\ 1 \end{bmatrix}
$$

其中 H 是一个 3×3 矩阵。这个关系式包含了一个尺度因子，用 s 表示。计算得到这个矩阵后，一个视图中的所有点都可以根据这个关系式转换到另一个视图。本节和下一节都会使用这个特性。需要注意的是，在使用单应矩阵关系式后，基础矩阵就没有意义了。

10.4.2 如何实现

假设有两幅图像，唯一的差别只有纯旋转。如果你自己一边转圈一边对建筑物或风景拍照，就会出现这种情况。只要拍摄者与目标的距离足够远，平移量就可以忽略不计。可以选取特征点，使用 cv::BFMatcher 函数匹配这两幅图像，结果如下所示。

跟上一节一样，接下来对此应用 RANSAC 算法，这次包含基于匹配集（显然有大量的局外项）估算单应矩阵的步骤。该步骤通过 cv::findHomography 函数实现，和 cv::findFundamentalMat 函数很相似：

```
// 找到第一幅图像和第二幅图像之间的单应矩阵
std::vector<char> inliers;
cv::Mat homography= cv::findHomography(
                     points1,
                     points2,    // 对应的点
                     inliers,    // 输出的局内匹配项
                     cv::RANSAC, // RANSAC 方法
                     1.);        // 到重复投影点的最大距离
```

这里有单应矩阵（而不是基础矩阵）是因为两幅图像的差距为纯旋转量。下面展示了如何用 inliers 参数识别出的局内关键点。

单应矩阵是一个 3×3 的可逆矩阵。因此在计算单应矩阵后，就可以把一幅图像的点转移到另一幅图像上。实际上，图像中的每个像素都可以转移，因此可以把整幅图像迁移到另一幅图像的的视点上。这个过程称为图像**拼接**，常用于将多幅图像构建成一幅大型全景图。OpenCV 中有一个函数能实现这个功能，用法如下所示：

```
// 将第一幅图像扭曲到第二幅图像
cv::Mat result;
cv::warpPerspective(image1,        // 输入图像
                    result,        // 输出图像
                    homography,    // 单应矩阵
                    cv::Size(2*image1.cols,image1.rows));
                                   // 输出图像的尺寸
```

得到新图像后，可以把它附加到另一幅图像上以扩展视角（因为现在两幅图像的视角是相同的）：

```
// 把第一幅图像复制到完整图像的第一个半边
cv::Mat half(result,cv::Rect(0,0,image2.cols,image2.rows));
image2.copyTo(half);     // 把 image2 复制到 image1 的 ROI 区域
```

结果如下图所示。

10.4.3 实现原理

如果两个视图通过单应矩阵互相关联，就可以检测一幅图像中特定的场景点在另一幅图像中的位置了。如果一幅图像中的点对应到另一幅图像后超出了边界范围，这种性质就显得尤其有趣。实际上，由于第二个视图中的一部分场景在第一个视图中是不可见的，因此可以用单应矩阵通过读取另一幅图像中额外的像素点的颜色值来扩展图像。这样我们就能通过扩充第二幅图像得到新的图像，此时新图像的右侧会添加额外的列。

用函数 cv::findHomography 计算得到的单应矩阵把第一幅图像的点映射到第二幅图像的点。计算单应矩阵时至少需要四个匹配项，并且它也使用了 RANSAC 算法。在找到具有最佳支撑集的单应矩阵后，cv::findHomography 方法就会用所有识别到的局内项对它进行优化。

现在要把第一幅图像的点迁移到第二幅图像，需要做的其实就是反转单应矩阵。这正是函数 cv::warpPerspective 的默认算法，即利用输入的反转单应矩阵取得输出图像中每个像素的颜色值（这就是第 2 章中的反向映射）。如果迁移的输出像素超出了输入图像的范围，就把这个像

素设置为黑色（0）。如果要在转移像素的过程中直接使用单应矩阵，而不是反转矩阵，就可以在函数 cv::warpPerspective 的第五个可选参数中指定 cv::WARP_INVERSE_MAP 标志。

10.4.4   扩展阅读

OpenCV 中的 contrib 包提供了完整的图像拼接方法，可以用多幅图像生成高质量的全景图。

用 cv::Stitcher 生成全景图

用本节方法获得的马赛克图效果还可以，但仍有一些问题——图像并没有很好地对齐，而且因为图像的亮度和对比度不同，图像之间也能看到明显的空隙。好在 OpenCV 有了拼接解决方案，针对这些问题，能尽可能生成质量最佳的全景图。虽然这种解决方案又复杂又繁琐，但它的基本原理就是本节介绍的概念，即在图像中匹配特征点，并精确地估算出单应矩阵。此外，这个解决方案还会估算相机的内部和外部参数，以便图像能更好地对齐。它还可以修正曝光条件上的差距，提高图像的拼合质量。以下代码是在外层调用这个函数：

```
// 读取输入的图像
std::vector<cv::Mat> images;
images.push_back(cv::imread("parliament1.jpg"));
images.push_back(cv::imread("parliament2.jpg"));


cv::Mat panorama; // 输出的全景图
// 创建拼接器
cv::Stitcher stitcher = cv::Stitcher::createDefault();
// 拼接图像
cv::Stitcher::Status status = stitcher.stitch(images, panorama);
```

这个实例的很多参数都可以调节，以便得到理想的结果。感兴趣的读者可以深入研究这个程序包，了解更多的信息。上述代码得到的结果如下图所示。

很明显，任意数量的图像都可以拼接成一个大全景图。

10.4.5　参阅

□ 2.8 节讨论了反向映射的概念。

□ M. Brown 和 D. Lowe 于 2007 年发表在 *International Journal of Computer Vision* 1 月第 74 期的 "Automatic panoramic image stitching using invariant features" 描述了用多幅图像构建全景图的完整方法。

10.5　检测图像中的平面目标

上一节介绍了如何利用单应矩阵将因纯旋转而分割的图片拼接起来，组成一个全景图。一个平面上的多幅图像也可以生成视角之间的单应矩阵。本节将介绍如何利用这个特点，识别出图像中的平面目标。

10.5.1　如何实现

假定我们需要检测图像中的平面物体。这个物体可能是一张海报、一幅画、一个徽标、一个标牌，等等。利用本章所学，我们采取的方法是检测这个平面物体的特征点，然后试着在图像中匹配这些特征点。然后和前面一样，用鲁棒匹配方案来验证这些匹配项，但这次要基于单应矩阵。如果有效匹配项的数量很多，就说明该平面目标在当前图像中。

本节的目标是在图像中检测出本书的第 1 版，具体图像如下所示。

定义一个 `TargetMatcher` 类，它与 `RobustMatcher` 非常相似：

```
class TargetMatcher {
  private:
  // 特征点检测器对象的指针
  cv::Ptr<cv::FeatureDetector> detector;
```

```
// 特征描述子提取器对象的指针
cv::Ptr<cv::DescriptorExtractor> descriptor;
cv::Mat target;            // 目标图像
int normType;              // 比较描述子容器
double distance;           // 最小重投影误差
int numberOfLevels;        // 金字塔形图像的数量
double scaleFactor;        // 层级之间的范围
// 目标图像构建的金字塔以及它的关键点
std::vector<cv::Mat> pyramid;
std::vector<std::vector<cv::KeyPoint>> pyrKeypoints;
std::vector<cv::Mat> pyrDescriptors;
```

需匹配的平面物体的参考图像用 target 属性表示。将 target 图像依次进行压缩像素采样，得到一系列类似金字塔的图像，从这些图像中就可以检测到特征点，下一节将详细解释。这些匹配方法与 RobustMatcher 类中的方法非常类似，区别在于它们在 ransacTest 方法中包含了 cv::findHomography，而不是 cv::findFundamentalMat。

在使用 TargetMatcher 类时，必须实例化一个专用的特征点检测器和描述子作为构造函数的参数：

```
// 初始化匹配器
TargetMatcher tmatcher(cv::FastFeatureDetector::create(10),
                       cv::BRISK::create());
tmatcher.setNormType(cv::NORM_HAMMING);
```

这里选用 FAST 检测器和 BRISK 描述子的组合，因为它们的运算速度较快。接着，指定需检测的目标：

```
// 设定目标图像
tmatcher.setTarget(target);
```

下图为这里采用的图像。

可调用 detectTarget 方法检测该目标：

```
// 匹配目标图像
tmatcher.detectTarget(image, corners);
```

它返回图像中目标的四个角点的坐标（在成功找到目标的情况下）。然后画上线条，以验证检测结果：

```
// 画出目标的角点
if (corners.size() == 4) { // 已获得检测结果

    cv::line(image, cv::Point(corners[0]),
            cv::Point(corners[1]),
            cv::Scalar(255, 255, 255), 3);
    cv::line(image, cv::Point(corners[1]),
            cv::Point(corners[2]),
            cv::Scalar(255, 255, 255), 3);
    cv::line(image, cv::Point(corners[2]),
            cv::Point(corners[3]),
            cv::Scalar(255, 255, 255), 3);
    cv::line(image, cv::Point(corners[3]),
            cv::Point(corners[0]),
            cv::Scalar(255, 255, 255), 3);
}
```

结果如下所示。

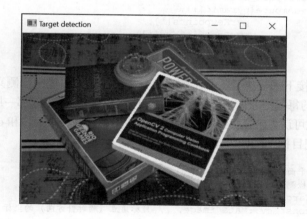

10.5.2　实现原理

因为不知道图像中目标物体的大小，所以我们把目标图像转换成一系列不同的尺寸，构建成一个金字塔。除了这种方法，也可以采用尺度不变特征。在金字塔中，目标图像的尺寸按特定比例（属性 scaleFactor，默认为 0.9）逐层缩小，金字塔的层数是属性 numberOfLevels 的值，默认为 8。对金字塔的每一层都检测特征点：

```
// 设置目标图像
void setTarget(const cv::Mat t) {

    target= t;
    createPyramid();
}
```

```
// 创建目标图像的金字塔
void createPyramid() {

    // 创建目标图像的金字塔
    pyramid.clear();
    cv::Mat layer(target);
    for (int i = 0;
         i < numberOfLevels; i++) { // 逐层缩小
      pyramid.push_back(target.clone());
      resize(target, target, cv::Size(), scaleFactor, scaleFactor);
    }

    pyrKeypoints.clear();
    pyrDescriptors.clear();
    // 逐层检测关键点和描述子
    for (int i = 0; i < numberOfLevels; i++) {
      // 在第 i 层检测目标关键点
      pyrKeypoints.push_back(std::vector<cv::KeyPoint>());
      detector->detect(pyramid[i], pyrKeypoints[i]);
      // 在第 i 层计算描述子
      pyrDescriptors.push_back(cv::Mat());
      descriptor->compute(pyramid[i],
                          pyrKeypoints[i],
                          pyrDescriptors[i]);
    }
}
```

detectTarget 接下来要执行三个步骤。第一步，在输入图像中检测兴趣点。第二步，将该图像与目标金字塔中的每幅图像进行鲁棒匹配，并把优质匹配项最多的那一层保留下来；如果这一层的匹配项足够多，就可认为已经找到目标。第三步，使用得到的单应矩阵和 cv::getPerspective Transform 函数，把目标中的四个角点重新投影到输入图像中。

```
// 检测预先定义的平面目标
// 返回单应矩阵和检测到的目标的 4 个角点
cv::Mat detectTarget(
                const cv::Mat& image, // 目标角点（顺时针方向）的坐标
                std::vector<cv::Point2f>& detectedCorners) {

    // 1.检测图像的关键点
    std::vector<cv::KeyPoint> keypoints;
    detector->detect(image, keypoints);
    // 计算描述子
    cv::Mat descriptors;
    descriptor->compute(image, keypoints, descriptors);

    std::vector<cv::DMatch> matches;
    cv::Mat bestHomography;
    cv::Size bestSize;
    int maxInliers = 0;
    cv::Mat homography;

    // 构建匹配器
```

```cpp
  cv::BFMatcher matcher(normType);

  // 2.对金字塔的每层，鲁棒匹配单应矩阵
  for (int i = 0; i < numberOfLevels; i++) {
    // 在目标和图像之间发现 RANSAC 单应矩阵
    matches.clear();
    // 匹配描述子
    matcher.match(pyrDescriptors[i], descriptors, matches);
    // 用 RANSAC 验证匹配项
    std::vector<cv::DMatch> inliers;
    homography = ransacTest(matches, pyrKeypoints[i],
                            keypoints, inliers);

    if (inliers.size() > maxInliers) { // 有更好的 H
      maxInliers = inliers.size();
      bestHomography = homography;
      bestSize = pyramid[i].size();
    }
  }

  // 3.用最佳单应矩阵找出角点坐标
  if (maxInliers > 8) { // 估算值有效

    // 最佳尺寸的目标角点
    std::vector<cv::Point2f> corners;
    corners.push_back(cv::Point2f(0, 0));
    corners.push_back(cv::Point2f(bestSize.width - 1, 0));
    corners.push_back(cv::Point2f(bestSize.width - 1,
                                  bestSize.height - 1));
    corners.push_back(cv::Point2f(0, bestSize.height - 1));

    // 重新投影目标角点
    cv::perspectiveTransform(corners, detectedCorners, bestHomography);
  }

  return bestHomography;
}
```

匹配结果如下所示。

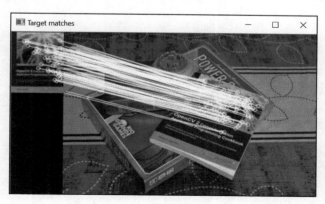

10.5.3 参阅

- ❑ H. Bazargani、O. Bilaniuk 和 R. Laganière 于 2015 年发表在 *Journal of Real-Time Image Processing* 5 月刊上的论文 "The Fast and robust homography scheme for real-time planar target detection" 介绍了一种实时检测平面目标的方法，还描述了 `cv::findHomography` 函数的 `cv::RHO` 方法。

第 11 章

三维重建

11

本章包括以下内容:

- ❑ 相机标定;
- ❑ 相机姿态还原;
- ❑ 用标定相机实现三维重建;
- ❑ 计算立体图像的深度。

11.1 简介

上一章介绍了用相机捕获三维场景的过程,即将光线投射到二维的感应平面上。这样得到的照片可以精确地反映当时从相机所在视角观察到的场景,但是这种成像过程丢失了场景中与物体深度相关的所有信息。本章将介绍如何在特定条件下,重建场景的三维结构和相机的三维姿态。想要设计三维重建的方法,就必须充分理解投影过程的几何原理,这一点非常重要。因此,我们要重温一下上一章介绍过的成像原理。一定要记住:图像是由像素组成的。

数字图像的成像过程

这里对第 10 章的针孔相机模型图做些改动,从而说明三维空间的点(X, Y, Z)与它在图像上对应的点(x, y)之间的关系,其中后者是用像素坐标表示的。

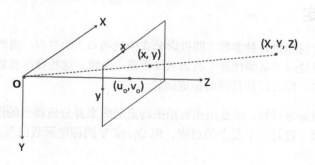

注意它与原图之间的差别。首先，我们在投影线的中间加了一个参考平面。其次，因为图像的坐标原点通常在左上角，所以为了与它兼容，我们把 Y 轴改成向下。最后，在成像平面中指定一个特殊的点，即从焦点位置引出一条与成像平面垂直的直线，与成像平面的交点为(u_0, v_0)。这个点称为主点。理论上可以认为这个主点就是成像平面的中心点，但实际上它可能偏离几个像素的距离，具体取决于相机的精确度。

上一章提过，针孔相机最关键的参数是焦距和成像平面大小（它决定了相机的视野）。此外，对于数字图像来说，成像平面上像素的数量（即分辨率）也是相机的重要参数。前面还提过，三维空间的点(X, Y, Z)会投射到成像平面上的$(fX/Z, fY/Z)$。

如果想把这个坐标转换成以像素为单位，需要将二维图像上的坐标分别除以像素的宽度（px）和高度（py）。将焦距的长度值（通常以毫米为单位）除以 px，结果为焦距（水平方向）的像素数，这个值定义为 fx。同样，$fy=f/py$ 是焦距在垂直方向的像素数。完整的投影公式为：

$$x = \frac{f_x X}{Z} + u_0$$

$$y = \frac{f_y Y}{Z} + v_0$$

前面说过，(u_0, v_0)是主点，加上它是因为要把图像的左上角作为坐标原点。此外，可以用图像传感器的大小（单位一般为毫米）除以像素数量（水平或垂直方向），得到像素的实际大小。现代图像传感器的像素通常是正方形的，即水平和垂直方向的大小相等。

第 10 章介绍过，上面的公式也可以用矩阵表示。下面是完整投影公式最通用的表示方式：

$$s \begin{bmatrix} x \\ y \\ 1 \end{bmatrix} = \begin{bmatrix} f_x & 0 & u_0 \\ 0 & f_y & v_0 \\ 0 & 0 & 1 \end{bmatrix} \begin{bmatrix} r1 & r2 & r3 & t1 \\ r4 & r5 & r6 & t2 \\ r7 & r8 & r9 & t3 \end{bmatrix} \begin{bmatrix} X \\ Y \\ Z \\ 1 \end{bmatrix}$$

11.2 相机标定

相机标定就是设置相机各种参数（即投影公式中的项目）的过程。当然也可以使用相机厂家提供的技术参数，但是对于某些任务（例如三维重建）来说，这些技术参数是不够精确的。利用正确的相机标定方法，即可得到精确的标定信息。

真正有效的相机标定过程，就是用相机拍摄特定的图案并分析得到的图像，然后在优化过程中确定最佳的参数值。这是一个复杂的过程，但 OpenCV 的标定函数已经让它变得很容易。

11.2.1 如何实现

相机标定的基本原理是，确定场景中一系列点的三维坐标并拍摄这个场景，然后观测这些点在图像上投影的位置。有了足够多的三维点和图像上对应的二维点，就可以根据投影方程推断出准确的相机参数。显然，为了得到精确的结果，就要观测尽可能多的点。一种方法是对一个包含大量三维点的场景取像。但是在实际操作中，这种做法几乎是不可行的。更实用的做法是从不同的视角为一些三维点拍摄多个照片。这种方法相对比较简单，但是它除了需要计算相机本身的参数，还需要计算每个相机视图的位置，所幸这不难实现。

OpenCV 推荐使用国际象棋棋盘的图案生成用于标定的三维场景点的集合。这个图案在每个方块的角点位置创建场景点；由于图案是平面的，可以假设棋盘位于 $Z=0$ 且 X 和 Y 的坐标轴与网格对齐的位置。

这样，标定时就只需从不同的视角拍摄棋盘图案。下面是一个在标定过程中拍摄的图案，包含 7×5 个内部角点。

可以用 OpenCV 自带的函数自动检测棋盘图案中的角点，用起来非常方便。你只需要提供一幅图像和棋盘尺寸（水平和垂直方向内部角点的数量），函数就会返回图像中所有棋盘角点的位置。如果无法找到图案，函数返回 `false`：

```cpp
// 输出图像角点的向量
std::vector<cv::Point2f> imageCorners;
// 棋盘内部角点的数量
cv::Size boardSize(7,5);
// 获得棋盘角点
bool found = cv::findChessboardCorners(
                image,          // 包含棋盘图案的图像
                boardSize,      // 图案的尺寸
                imageCorners);  // 检测到的角点列表
```

　　输出参数 `imageCorners` 将存储检测到的内部角点的像素坐标。注意，这个函数还可以使用其他参数来调节算法，这里不做讨论。此外还有一个特别的函数，它能画出棋盘图像上检测到的角点，并用线条依次连接起来：

```
// 画出角点
cv::drawChessboardCorners(image, boardSize,
                    imageCorners, found); // 找到的角点
```

得到如下图像。

　　连接角点的线条的次序，就是角点在向量中存储的次序。在进行标定前，需要指定相关的三维点。指定这些点时可自由选择单位（例如厘米或英寸），不过最简单的办法是将方块的边长指定为一个单位。这样第一个点的坐标就是 $(0, 0, 0)$（假设棋盘的纵深坐标为 $Z = 0$），第二个点的坐标是 $(1, 0, 0)$，最后一个点的坐标是 $(6, 4, 0)$。这个图案共有 35 个点；若要进行精确的标定，这些点是远远不够的。为了得到更多的点，需要从不同的视角对同一个标定图案拍摄更多的照片。可以在相机前移动图案，也可以在棋盘周围移动相机。从数学的角度看，这两种方法是完全等效的。OpenCV 的标定函数假定由标定图案确定坐标系，并计算相机相对于坐标系的旋转量和平移量。

　　我们把标定过程封装在 `CameraCalibrator` 类中。类的属性有：

```
class CameraCalibrator {

    // 输入点:
    // 世界坐标系中的点
    // (每个正方形为一个单位)
    std::vector<std::vector<cv::Point3f>> objectPoints;
    // 点在图像中的位置 (以像素为单位)
    std::vector<std::vector<cv::Point2f>> imagePoints;
    // 输出矩阵
```

```
cv::Mat cameraMatrix;
cv::Mat distCoeffs;
// 指定标定方式的标志
int flag;
```

注意，场景和图像点的输入向量实际上是由 Point 实例的 std::vector 构成的。每个向量元素也是一个向量，表示一个视角的点集。这里采用增加标定点的方法，指定一个以一批棋盘图像的文件名作为输入对象的向量，该方法负责从这些图像中提取出点的坐标：

```
// 打开棋盘图像, 提取角点
int CameraCalibrator::addChessboardPoints(
    const std::vector<std::string> & filelist, // 文件名列表
    cv::Size & boardSize) { // 标定面板的大小

    // 棋盘上的角点
    std::vector<cv::Point2f> imageCorners;
    std::vector<cv::Point3f> objectCorners;

    // 场景中的三维点:
    // 在棋盘坐标系中, 初始化棋盘中的角点
    // 角点的三维坐标(X,Y,Z)= (i,j,0)
    for (int i=0; i<boardSize.height; i++) {
    for (int j=0; j<boardSize.width; j++) {
        objectCorners.push_back(cv::Point3f(i, j, 0.0f));
        }
    }

    // 图像上的二维点:
    cv::Mat image; // 用于存储棋盘图像
    int successes = 0;
    // 处理所有视角
    for (int i=0; i<filelist.size(); i++) {

        // 打开图像
        image = cv::imread(filelist[i],0);

        // 取得棋盘中的角点
        bool found = cv::findChessboardCorners(
                        image,          // 包含棋盘图案的图像
                        boardSize,      // 图案的大小
                        imageCorners);  // 检测到角点的列表
        // 取得角点上的亚像素级精度
        if (found) {
            cv::cornerSubPix(image, imageCorners,
                cv::Size(5,5), // 搜索窗口的半径
                cv::Size(-1,-1),
                cv::TermCriteria( cv::TermCriteria::MAX_ITER +
                    cv::TermCriteria::EPS,30, // 最大迭代次数
                    0.1));                    // 最小精度

        // 如果棋盘是完好的, 就把它加入结果
        if (imageCorners.size() == boardSize.area()) {
            // 加入从同一个视角得到的图像和场景点
```

```
      addPoints(imageCorners, objectCorners);
      successes++;
    }
  }

  // 如果棋盘是完好的，就把它加入结果
  if (imageCorners.size() == boardSize.area()) {
    // 加入从同一个视角得到的图像和场景点
    addPoints(imageCorners, objectCorners);
    successes++;
  }
}
return successes;
}
```

在第一个循环中输入棋盘的三维坐标，然后通过函数 `cv::findChessboardCorners` 获得图像中对应的点；图像中所有可能的视角都会执行该过程。此外，使用 `cv::cornerSubPix` 函数可以使图像上点的位置更精确；正如函数名所示，它能以亚像素级精度定位图像中的点。用 `cv::TermCriteria` 对象指定终止的条件，它定义了最大迭代次数和最小亚像素级坐标精度。只要满足了这两个条件中的一个，这个角点细化过程就会结束。

在成功地检测到一批棋盘角点后，用自定义的 `addPoints` 方法把这些点加入图像和场景点的向量。处理完足够数量的棋盘图像后（这时就有了大量的三维场景点/二维图像点的对应关系），就可以开始计算标定参数了：

```
// 标定相机
// 返回重投影误差
double CameraCalibrator::calibrate(cv::Size &imageSize) {
  // 输出旋转量和平移量
  std::vector<cv::Mat> rvecs, tvecs;

  // 开始标定
  return
    calibrateCamera(objectPoints, // 三维点
                    imagePoints,  // 图像点
                    imageSize,    // 图像尺寸
                    cameraMatrix, // 输出相机矩阵
                    distCoeffs,   // 输出畸变矩阵
                    rvecs, tvecs, // Rs、Ts
                    flag);        // 设置选项
}
```

根据经验，10~20 个棋盘图像就足够了，但是这些图像的深度和拍摄视角必须不同。这个函数的两个重要输出对象是相机矩阵和畸变参数，后面会详细介绍。

11.2.2　实现原理

为了理解标定结果，我们需要回顾一下 11.1 节介绍的投影方程。方程中连续使用了两个矩阵，

把三维空间的点转换到二维空间的点。第一个矩阵包含了相机的全部参数，称作相机的内部参数。这是一个 3×3 矩阵，是函数 cv::calibrateCamera 输出的矩阵之一。此外还有一个 cv::calibrationMatrixValues 函数，它根据标定矩阵，显式地返回内部参数值。

第二个矩阵的内容是输入的点，以相机为坐标系中心。它由一个旋转向量（3×3 矩阵）和一个平移向量（3×1 矩阵）组成。在这个标定例子中，坐标系位于棋盘上，因此必须对每个视图计算刚体变换（由一个旋转量和一个平移量组成，旋转量用矩阵入口 r1 到 r9 表示，平移量用 t1、t2 和 t3 表示）。它们都是函数 cv::calibrateCamera 的输出参数。旋转和平移部分通常称为标定的**外部参数**，并且对于每个视图都各不相同。对于特定的相机/镜头，内部参数是固定不变的。

函数 cv::calibrateCamera 在得到标定结果之前进行了优化，以便找到合适的内部参数和外部参数，使图像点的预定义位置（根据三维点的投影计算得到）和实际位置（图像中的位置）之间的距离达到最小。每个点在标定过程中都会产生这个距离，它们的累加和就是**重投影误差**。

利用 27 个棋盘图像标定得到的内部参数为：fx=409、fy=408、u_0=237、v_0=171（单位为像素）。这些图像含有 536×356 个像素。从标定结果可以看出，主点确实非常靠近图像中心点，但仍相距几个像素。这些图像是用 18 mm 镜头的尼康 D500 相机拍摄的。查看该相机的说明书，它的传感器尺寸为 23.5 mm×15.7 mm，即像素宽度为 0.0438 mm。计算得到的焦距单位是像素，乘以像素宽度即得到实际焦距 17.8 mm，与实际使用的镜头一致。

现在来看畸变参数。到现在为止，我们一直认为在针孔相机模型下，镜头的影响是可以忽略的，但这仅限于镜头在抓取图像时不会产生严重视觉畸变的情况。但如果使用了劣质镜头或者镜头的焦距太短，情况就不同了。即使是这次实验中采用的镜头也会造成畸变：矩形棋盘的边线已经扭曲。从图像中心移开时，畸变会变得更加严重。这是超广角镜头产生的典型畸变，称为径向畸变。

通过引入合适的畸变模型，可以对变形的情况加以改善。其原理是用一系列数学公式表示因镜头产生的畸变。公式在建立后可以进行还原，以恢复图像中可见的畸变。幸好在标定阶段可以获得纠正畸变所需的准确变换参数以及其他相机参数。完成这个步骤后，用刚标定的相机拍摄的所有图像都不会有畸变。因此，我们在标定类中增加了一个额外的方法：

```
// 去除图像中的畸变（标定后）
cv::Mat CameraCalibrator::remap(const cv::Mat &image) {

    cv::Mat undistorted;

    if (mustInitUndistort) { // 每个标定过程调用一次

        cv::initUndistortRectifyMap(
                    cameraMatrix,    // 计算得到的相机矩阵
                    distCoeffs,      // 计算得到的畸变矩阵
```

11

```
                    cv::Mat(),        // 可选矫正项（无）
                    cv::Mat(),        // 生成无畸变的相机矩阵
                    image.size(),     // 无畸变图像的尺寸
                    CV_32FC1,         // 输出图片的类型
                    map1, map2);      // x 和 y 映射功能

        mustInitUndistort= false;
    }

    // 应用映射功能
    cv::remap(image, undistorted, map1, map2,
              cv::INTER_LINEAR);      // 插值类型

    return undistorted;
}
```

使用一个标定图像，运行这段代码后得到没有畸变的图像。

为了纠正畸变，OpenCV 使用了一个多项式函数，把图像点移动到未畸变的位置。默认使用 5 个系数，也可以采用有 8 个系数的模型。得到系数后，就可以计算两个 cv::Mat 类型的映射函数（分别用于 x 坐标和 y 坐标），把有畸变的图像上的像素点映射到未畸变的新位置。函数 cv::initUndistortRectifyMap 计算映射值，函数 cv::remap 把输入图像的点映射到新图像上。注意，因为是非线性变换，所以输入图像中的部分像素映射后会超出输出图像的边界。可以扩大输出图像的尺寸以弥补像素丢失，但这样的话就需要填充在输入图像中没有值的输出像素（它们将显示为黑色像素）。

11.2.3   扩展阅读

在相机标定过程中可以使用更多的选项。

1. 用已知的内部参数进行标定

如果可以准确估算相机的内部参数，那么将这些参数输入函数 cv::calibrateCamera 将十分有利。它们可作为优化处理过程的初始值。要实现这一步操作，你只需添加 cv::CALIB_USE_INTRINSIC_GUESS 标志，并在标定矩阵参数中输入这些值。你可以把图像主点强制设为某个固定的值（cv::CALIB_FIX_PRINCIPAL_POINT），通常假定它就是中心点的像素；还可以把焦距 fx 和 fy 强制设成某个固定的比例（cv::CALIB_FIX_RATIO）。在此情况下，假设像素集是一个正方形。

2. 使用圆形组成的网格进行标定

除了通常使用的棋盘图案，OpenCV 还可以使用由圆形组成的网格进行相机标定。这时就用圆心作为标定点。对应的函数与前面定位棋盘角点的函数非常类似，例如：

```
cv::Size boardSize(7,7);
std::vector<cv::Point2f> centers;
bool found = cv:: findCirclesGrid(image, boardSize, centers);
```

11.2.4　参阅

❑ Z. Zhang 于 2000 年发表在 *IEEE Transactions on Pattern Analysis and Machine Intelligence* 第 22 卷第 11 期的 "A flexible new technique for camera calibration" 是解决相机标定问题的经典论文。

11.3　相机姿态还原

标定后，相机就可以用来构建照片与现实场景的对应关系。如果一个物体的三维结构是已知的，就能得到它在相机传感器上的成像情况。11.1 节的投影方程描述了完整的成像过程。如果该方程中的大多数项目是已知的，利用若干张照片，就可以计算出其他元素（二维或三维）的值。本节将介绍在已知三维结构的情况下，如何计算出相机的姿态。

11.3.1　如何实现

来看一个简单的物体——公园里的长椅。用上一节经过标定的相机/镜头对它拍照，同时在长椅上标注 8 个点，用于相机姿态的估算。

11

来测量一下这个长椅的物理尺寸。它的椅座为 242.5 cm×53.5 cm×9 cm，靠背为 242.5 cm× 24 cm×9 cm，椅座与靠背之间相距 12 cm。利用这些信息，可以很容易地推导出这 8 个点的三维坐标（这里把椅座与靠背的交叉线的左侧顶点作为坐标系原点）。下面创建包含这些坐标的 cv::Point3f 容器：

```
// 输入物体上的点
std::vector<cv::Point3f> objectPoints;
objectPoints.push_back(cv::Point3f(0, 45, 0));
objectPoints.push_back(cv::Point3f(242.5, 45, 0));
objectPoints.push_back(cv::Point3f(242.5, 21, 0));
objectPoints.push_back(cv::Point3f(0, 21, 0));
objectPoints.push_back(cv::Point3f(0, 9, -9));
objectPoints.push_back(cv::Point3f(242.5, 9, -9));
objectPoints.push_back(cv::Point3f(242.5, 9, 44.5));
objectPoints.push_back(cv::Point3f(0, 9, 44.5));
```

现在的问题是，要计算出拍照时相机与这些点之间的相对位置。因为在二维成像平面中，包含这些点的图像的坐标是已知的，所以解决这个问题非常简单，只需调用 cv::solvePnP 函数即可。这里三维点和二维点的对应关系是人为指定的，但是也可以找到自动获取这些信息的方法。

```
// 输入图像上的点
std::vector<cv::Point2f> imagePoints;
imagePoints.push_back(cv::Point2f(136, 113));
imagePoints.push_back(cv::Point2f(379, 114));
imagePoints.push_back(cv::Point2f(379, 150));
imagePoints.push_back(cv::Point2f(138, 135));
imagePoints.push_back(cv::Point2f(143, 146));
imagePoints.push_back(cv::Point2f(381, 166));
imagePoints.push_back(cv::Point2f(345, 194));
imagePoints.push_back(cv::Point2f(103, 161));
```

```
// 根据三维/二维点得到相机姿态
cv::Mat rvec, tvec;
cv::solvePnP(
            objectPoints, imagePoints,      // 对应的三维/二维点
            cameraMatrix, cameraDistCoeffs, // 标定
            rvec, tvec);                    // 输出姿态

// 转换成三维旋转矩阵
cv::Mat rotation;
cv::Rodrigues(rvec, rotation);
```

这个函数实际上是做了一个刚体变换（旋转和平移），把物体坐标转换到以相机为中心的坐标系上（即以焦点为坐标原点）。还有一点需要注意，这个函数得到的旋转量是一个三维容器。这是一种简洁的表示方法，表示物体绕着一个单位向量（旋转轴）转了某个角度。这种"轴+角度"的表示方法又称为**罗德里格旋转公式**（Rodrigues rotation formula）。在 OpenCV 中，旋转角度对应着输出的旋转向量的值，该向量与旋转轴一致。正因如此，投影公式中使用了 cv::Rodrigues 函数来获取旋转的三维矩阵。

这里的姿态还原过程非常简单，但是如何确认得到的相机/物体的姿态是正确的呢？使用 cv::viz 模块可以显示三维信息，从而直观地评测效果。13.3.3 节将介绍如何使用该模块，这里先显示物体和相机的简易三维图。

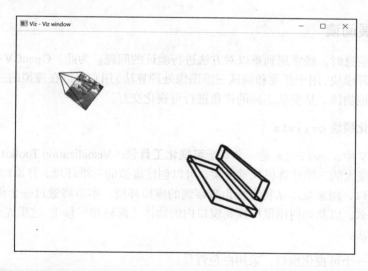

只看这个图是很难判断姿态还原结果是好还是坏的，但你如果是在计算机上进行测试，就能用鼠标移动三维物体，更直观地查看结果。

11.3.2 实现原理

本节假定物体的三维结构是已知的，物体上的点与图像中的点的对应关系也是已知的；通过

标定，相机的内部参数也是已知的。对于 11.1 节投影公式来说，这意味着那些点的坐标(X, Y, Z)和(x, y)都是已知的。而且第一个矩阵的元素（内部参数）也是已知的，只有第二个矩阵是未知的——它包含了相机的外部参数，即相机/物体的姿态信息。我们要做的就是观察三维场景中的点，并计算出这些未知的参数。这就是**透视 *n* 点定位**（Perspective-n-Point，PnP）问题。

旋转有三个自由度（例如饶三个轴旋转的角度），平移也有三个自由度，因此共有六个未知项。对于每个"物体点/图像点"对，可根据投影公式得到三个代数方程；但由于投影公式有缩放因子，实际上只能得到两个独立的方程。因此，若要求解方程，至少需要三个点。当然了，点的数量越多，估算的效果就越好。

在实际应用中，可以用很多不同的算法获取结果，OpenCV 的 `cv::solvePnP` 函数也提供了多种实现方法。默认方法对重投影误差进行了优化。一般来说，若想根据照片获取精确的三维信息，就要尽量减小重投影误差。在本例中，就是要找到最佳的相机位置，使被投影的三维点（利用投影公式得到）和观测到的图像点之间的二维距离达到最小。

注意，OpenCV 还提供了 `cv::SolvePnPRansac` 函数。顾名思义，它使用 RANSAC 算法来求解 PnP 问题。这个函数能识别出错误的物体点/图像点对，并将其标记为异常数据。如果数据对是自动获取的，就难免有一些错误的点，那这个函数就能派上用场了。

11.3.3 扩展阅读

处理三维信息时，经常遇到难以对方法进行验证的问题。为此，OpenCV 提供了一个简便又高效的视觉处理模块，用于开发和调试三维图像处理算法。用它可以在虚拟的三维空间中插入点、线、相机和其他物体，从而从不同的视角进行可视化交互。

三维可视化模块 `cv::viz`

在 OpenCV 中，`cv::viz` 是一个基于**可视化工具包**（Visualization Toolkit，VTK）的附加模块。它是一个强大的三维计算机视觉框架，可以创建虚拟的三维环境，并添加各种物体。它会创建可视化的窗口，用来显示从特定视角观察到的虚拟环境。本节将通过一个例子说明 `cv::viz`窗口能显示什么，以及如何用鼠标控制窗口内的物体（旋转和平移）。这里先介绍一下 `cv::viz`模块的基本用法。

首先创建一个可视化窗口，采用白色背景：

```
// 创建 viz 窗口
cv::viz::Viz3d visualizer("Viz window");
visualizer.setBackgroundColor(cv::viz::Color::white());
```

然后创建虚拟物体并加入到场景。预定义的物体有很多种，其中一个对我们特别有用，即创建一个虚拟针孔相机：

```
// 创建一个虚拟相机
cv::viz::WCameraPosition cam(
                cMatrix, // 内部参数矩阵
                image,   // 平面上显示的图像
                30.0,    // 缩放因子
                cv::viz::Color::black());
// 在环境中添加虚拟相机
visualizer.showWidget("Camera", cam);
```

变量 cMatrix 的类型为 cv::Matx33d（即 cv::Matx<double,3,3>），表示标定时得到的内部相机参数。默认情况下，相机放在坐标系的原点。用两个长方体表示长椅：

```
// 用长方体表示虚拟的长椅
cv::viz::WCube plane1(cv::Point3f(0.0, 45.0, 0.0),
                cv::Point3f(242.5, 21.0, -9.0),
                true,    // 显示线条框架
                cv::viz::Color::blue());
plane1.setRenderingProperty(cv::viz::LINE_WIDTH, 4.0);
cv::viz::WCube plane2(cv::Point3f(0.0, 9.0, -9.0),
                cv::Point3f(242.5, 0.0, 44.5),
                true, // 显示线条框架
                cv::viz::Color::blue());
plane2.setRenderingProperty(cv::viz::LINE_WIDTH, 4.0);
// 把虚拟物体加入到环境中
visualizer.showWidget("top", plane1);
visualizer.showWidget("bottom", plane2);
```

虚拟长椅也放在坐标原点，然后用 cv::solvePnP 函数计算出以相机为中心的位置，并把长椅移动到该位置。这个过程在 setWidgetPose 方法中完成。这里只是根据估算值进行了旋转和平移：

```
cv::Mat rotation;
// 将 rotation 转换成 3×3 的旋转矩阵
cv::Rodrigues(rvec, rotation);

// 移动长椅
cv::Affine3d pose(rotation, tvec);
visualizer.setWidgetPose("top", pose);
visualizer.setWidgetPose("bottom", pose);
```

最后用一个循环，不断显示可视化窗口。中间暂停 1 毫秒，以响应鼠标事件：

```
// 循环显示
while(cv::waitKey(100)==-1 && !visualizer.wasStopped()) {

  visualizer.spinOnce(1,         // 暂停 1 毫秒
                    true);       // 重绘
}
```

关闭可视化窗口或者在 OpenCV 图像窗口上输入任意键就可以结束循环。在循环内部移动物体（用 setWidgetPose），即可产生动画。

11.3.4　参阅

- ☐ D. DeMenthon 和 L. S. Davis 于 1992 年发表在 *European Conference on Computer Vision* 第 335 页至第 343 页的 "Model-based object pose in 25 lines of code" 是根据场景点进行相机 姿态还原的著名方法。
- ☐ 10.3 节描述了 RANSAC 算法。
- ☐ 1.2 节介绍了安装 RANSAC cv::viz 模块的方法。

11.4　用标定相机实现三维重建

上一节讲过，只要相机经过标定，就有可能根据三维场景还原相机的位置。这是因为在特定 情况下，三维场景中某些点的坐标是已知的。本节将说明，当从多个视角观察同一个场景时，即 使没有三维场景的任何信息，也可以重建三维姿态和结构。我们这次将利用不同视角下图像点之 间的关系，计算出三维信息。本节还将介绍一种新的数学实体，用来表示一个已标定相机的两个 视图之间的关系；此外，还将引入三角剖分的概念，根据二维图像重建三维点。

11.4.1　如何实现

这里仍使用本章一开始标定的相机对同一个场景拍摄两张照片。我们可以使用某种方法（例 如第 8 章介绍的 SIFT 检测器和第 9 章介绍的描述子）匹配出这两个视图的特征点。

相机的标定参数是能够获取到的，因此可以使用世界坐标系，还可以用它在相机姿态和对应 点的位置之间建立一个物理约束。这里引入一个新的数学实体——本质矩阵。简单来说，本质矩阵 就是经过标定的基础矩阵（有关基础矩阵的介绍见上一章）。它有一个和 cv::findFundametalMat （详情请参见 10.2 节）一样的函数，即 cv::findEssentialMat。调用该函数时输入已经建立 的点之间的对应关系，它会剔除掉偏离较大的点，只留下与检测到的几何形状一致的匹配项：

```
// 关键点和描数子的容器
std::vector<cv::KeyPoint> keypoints1;
std::vector<cv::KeyPoint> keypoints2;
cv::Mat descriptors1, descriptors2;

// 创建 SIFT 特征检测器
cv::Ptr<cv::Feature2D> ptrFeature2D =
                    cv::xfeatures2d::SIFT::create(500);

// 检测 SIFT 特征和相关的描述子
ptrFeature2D->detectAndCompute(image1, cv::noArray(),
                        keypoints1, descriptors1);
ptrFeature2D->detectAndCompute(image2, cv::noArray(),
                        keypoints2, descriptors2);
```

```
// 匹配两幅图像的描述子
// 创建匹配器并交叉检查
cv::BFMatcher matcher(cv::NORM_L2, true);
std::vector<cv::DMatch> matches;
matcher.match(descriptors1, descriptors2, matches);

// 将关键点转换成 Point2f 类型
std::vector<cv::Point2f> points1, points2;
for (std::vector<cv::DMatch>::const_iterator it =
        matches.begin(); it != matches.end(); ++it) {

   // 获取左侧关键点的位置
   float x = keypoints1[it->queryIdx].pt.x;
   float y = keypoints1[it->queryIdx].pt.y;
   points1.push_back(cv::Point2f(x, y));
   // 获取右侧关键点的位置
   x = keypoints2[it->trainIdx].pt.x;
   y = keypoints2[it->trainIdx].pt.y;
   points2.push_back(cv::Point2f(x, y));
}

// 找出 image1 和 image2 之间的本质矩阵
cv::Mat inliers;
cv::Mat essential = cv::findEssentialMat(points1, points2,
                        Matrix,           // 内部参数
                        cv::RANSAC,
                        0.9, 1.0,         // RANSAC 方法
                        inliers);         // 提取到的内点
```

得到的内点匹配项如下图所示。

本质矩阵封装了表示两个视图之间差异的旋转量和平移量,下一节会具体介绍。所以,根据这个矩阵,我们可以直接还原两个视图之间的相对姿态。OpenCV 提供了 `cv::recoverPose` 函数,可实现这个功能,用法如下所示:

```
// 根据本质矩阵还原相机的相对姿态
cv::Mat rotation, translation;
cv::recoverPose(essential,                    // 本质矩阵
```

```
        points1, points2,          // 匹配的关键点
        cameraMatrix,              // 内部矩阵
        rotation, translation,     // 计算的移动值
        inliers);                  // 内点匹配项
```

　　现在已经得到了两个相机之间的相对姿态，可以用它计算连接两个视图之间的点所处的位置。下面的示意图说明了计算的原理，其中两个相机的位置是计算得到的（左侧相机的位置为坐标原点）。同时选取一对匹配的点，并且根据投影几何模型，对每个点画一条直线，对应三维点的位置在这条直线上：

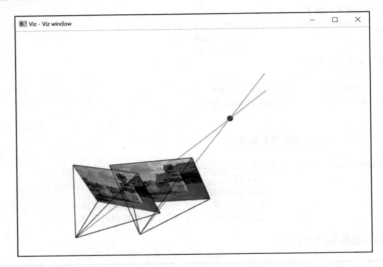

　　因为这两个图像点是由同一个三维点产生的，所以这两条直线肯定会相交，并且交点就是三维点的位置。在确定两个相机的相对位置后，两个相关图像点的投影线相交，这种方法就是**三角剖分**。完成这个过程的先决条件是有两个投影矩阵，并且对每个匹配项都是有效的。不过要注意，这些投影矩阵必须用世界坐标系表示——这可用 cv::undistortPoints 实现。

　　最后调用 triangulate 函数，计算三角剖分点的位置，后面会详细介绍：

```
// 根据旋转量 R 和平移量 T 构建投影矩阵
cv::Mat projection2(3, 4, CV_64F); // 3×4 的投影矩阵
rotation.copyTo(projection2(cv::Rect(0, 0, 3, 3)));
translation.copyTo(projection2.colRange(3, 4));
// 构建通用投影矩阵
cv::Mat projection1(3, 4, CV_64F, 0.); // 3×4 的投影矩阵
cv::Mat diag(cv::Mat::eye(3, 3, CV_64F));
diag.copyTo(projection1(cv::Rect(0, 0, 3, 3)));

// 用于存储内点
std::vector<cv::Vec2d> inlierPts1;
std::vector<cv::Vec2d> inlierPts2;
```

```
// 创建输入内点的容器，用于三角剖分
int j(0);
for (int i = 0; i < inliers.rows; i++) {
  if (inliers.at<uchar>(i)) {
    inlierPts1.push_back(cv::Vec2d(points1[i].x, points1[i].y));
    inlierPts2.push_back(cv::Vec2d(points2[i].x, points2[i].y));
  }
}

// 矫正并标准化图像点
std::vector<cv::Vec2d> points1u;
cv::undistortPoints(inlierPts1, points1u,
                    cameraMatrix, cameraDistCoeffs);
std::vector<cv::Vec2d> points2u;
cv::undistortPoints(inlierPts2, points2u,
                    cameraMatrix, cameraDistCoeffs);

// 三角剖分
std::vector<cv::Vec3d> points3D;
triangulate(projection1, projection2,
            points1u, points2u, points3D);
```

得到位于场景表面的一批三维点。

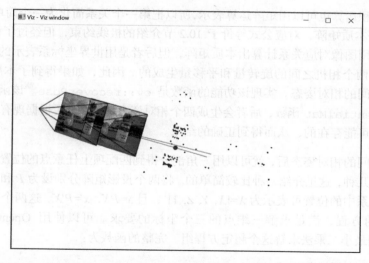

注意，从这个新的视角观察，两条直线并没有相交，下一节会具体解释。

11.4.2　实现原理

利用标定矩阵可把像素坐标系转换成世界坐标系，这样将图像点与原始的三维点建立关联就会变得更加容易，如下图所示。下面对照这幅图片，来说明世界坐标系中的点与多幅图像之间的简单关系。

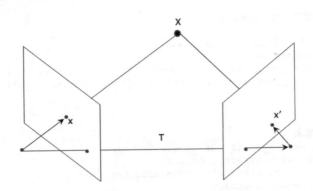

图中有两个相机，相对的旋转量为 R，平移量为 T。平移向量 T 刚好连接了两个相机的投影中心点。此外，向量 x 连接第一个相机的中心点与一个图像点，向量 x' 连接第二个相机的中心点与对应的图像点。因为这两个相机之间的移动量是已知的，所以可以用与第二个相机的相对值来表示 x 的方向，记为 Rx。仔细观察图像点的几何形状，就能发现 T、Rx 和 x' 在同一个平面上。这个关系可用数学公式表示：

$$x'(T \times Rx) = x'Ex = 0$$

因为交叉乘积运算也可以用矩阵运算表示，所以把第一个关系简化为一个简单的 3×3 矩阵 E。这个矩阵 E 就是本质矩阵，对应公式等价于 10.2 节介绍的极线约束，但经过了标定。和基础矩阵一样，你可以用图像对应关系计算出本质矩阵，但后者是用世界坐标系表示的。前面提到过，本质矩阵也是由两个相机之间的旋转量和平移量生成的。因此，如果得到了本质矩阵，就可以分解得到相机之间的相对姿态。实现该功能的函数是 `cv::recoverPose`。该函数会调用 `cv::decomposeEssentialMat` 函数，后者会生成四个相对姿态结果。然后根据现有的匹配项，判断哪种相对姿态是可能存在的，从而得到正确的结果。

得到相机之间的相对姿态后，就可以用三角剖分得到匹配项上任意点的位置。求解三角剖分问题的方法有好几种，这里介绍一种比较简单的。将两个投影矩阵分别设为 P 和 P'，待求解的三维点在齐次坐标系中的位置可表示为 $X=[X, Y, Z, 1]^{\mathrm{T}}$，且 $x=PX$，$x'=P'X$。这两个齐次方程可分别得到两个独立的方程，满足求解三维点的三个坐标的要求。可以使用 OpenCV 的工具函数 `cv::solve`，用最小二乘法求解这个超定方程组。完整的函数为：

```
// 用线性最小二乘法求解三角剖分
cv::Vec3d triangulate(const cv::Mat &p1,
                      const cv::Mat &p2,
                      const cv::Vec2d &u1,
                      const cv::Vec2d &u2) {

// 方程组假定 image=[u,v]、X=[x,y,z,1]
// u(p3.X)=p1.X 和 v(p3.X)=p2.X
cv::Matx43d A(u1(0)*p1.at<double>(2, 0) - p1.at<double>(0, 0),
              u1(0)*p1.at<double>(2, 1) - p1.at<double>(0, 1),
              u1(0)*p1.at<double>(2, 2) - p1.at<double>(0, 2),
```

```
            u1(1)*p1.at<double>(2, 0) - p1.at<double>(1, 0),
            u1(1)*p1.at<double>(2, 1) - p1.at<double>(1, 1),
            u1(1)*p1.at<double>(2, 2) - p1.at<double>(1, 2),
            u2(0)*p2.at<double>(2, 0) - p2.at<double>(0, 0),
            u2(0)*p2.at<double>(2, 1) - p2.at<double>(0, 1),
            u2(0)*p2.at<double>(2, 2) - p2.at<double>(0, 2),
            u2(1)*p2.at<double>(2, 0) - p2.at<double>(1, 0),
            u2(1)*p2.at<double>(2, 1) - p2.at<double>(1, 1),
            u2(1)*p2.at<double>(2, 2) - p2.at<double>(1, 2));
   cv::Matx41d B(p1.at<double>(0, 3) - u1(0)*p1.at<double>(2, 3),
            p1.at<double>(1, 3) - u1(1)*p1.at<double>(2, 3),
            p2.at<double>(0, 3) - u2(0)*p2.at<double>(2, 3),
            p2.at<double>(1, 3) - u2(1)*p2.at<double>(2, 3));

   // X 包含重建点的三维坐标
   cv::Vec3d X;
   // 求解 AX=B
   cv::solve(A, B, X, cv::DECOMP_SVD);
   return X;
}
```

前面反复提到过，由于噪声和数字化过程的影响，理想情况下应该相交的投影线在实际中一般不会相交。所以用最小二乘法就可以大致找到交点的位置。但这种方法无法重建无穷远处的点，因为它们的齐次坐标的第 4 个元素为 0，而不是假定的 1。

还有一点很重要，三维重建只受限于缩放因子。如果要测量实际尺寸，就必须预先确定至少一个长度值，例如两个相机之间的实际距离或者画面中某个物体的实际高度。

11.4.3 扩展阅读

在计算机视觉研究中，三维重建的内容非常广泛，OpenCV 中相关的内容也会不断扩充。

1. 分解单应矩阵

前面说过，本质矩阵是可以分解的，从而得到两个相机之间的旋转量和平移量。而上一章说过，平面的两个视图之间存在一个单应矩阵，这里的单应矩阵也包含旋转量和平移量这两个分量。此外，它还包含平面的信息，即从每个相机到平面的法线。你可以用 cv::decomposeHomographyMat 函数分解单应矩阵；当然了，前提是必须有经过标定的相机。

2. 光束调整

这里首先根据匹配项计算相机位置，然后通过三角剖分实现三维重建。这个过程可以一般化，使用任意数量的视图。对每个视图都检测特征点，并与其他视图匹配。有了这些信息，就可以建立方程，将视图间旋转/偏移量、三维点集以及标定信息关联起来。然后，进行一个很长的优化过程，使所有点在每个视图（如果视图上有这个点）上的重投影误差达到最小，使全部未知项得到优化。这个经过组合的优化过程就是**光束调整**。查看 cv::detail::BundleAdjusterReproj 类就会发现，它实现了一个相机参数细化算法，可以最小化重投影误差的平方和。

11.4.4　参阅

□ R. Hartley 和 P. Sturm 于 1997 年在 *Computer Vision and Image Understanding* 第 68 卷第 2 期中分析了各种三角剖分方法。

□ N. Snavely、S.M. Seitz 和 R. Szeliski 于 2008 年在 *Modeling the World from Internet Photo Collections by in International Journal of Computer Vision* 第 80 卷第 2 期中介绍了通过光束调整进行大规模三维重建的方法。

11.5　计算立体图像的深度

人类用两只眼睛观察三维世界，装上两台相机后，机器也可以看到三维世界，这就是**立体视觉**。在同一个设备上安装两台相机，让它们观察同一个场景，并且两者之间有固定的基线（即相机之间的距离），就构成了一个立体视觉装置。本节将介绍如何利用立体图像计算视图间的密集对应计算出深度图。

11.5.1　准备工作

一个立体视觉系统通常需要两台并排的相机，并且都对准同一个场景。下面是一个立体视觉系统的示意图，其中两台相机完全对齐。

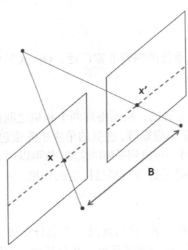

在这种理想情况下，两台相机之间只有水平方向的平移，因此它们的所有对极线都是水平方向的。这意味着所有关联点的 y 坐标都是相同的，只需要在一维的线条上寻找匹配项即可。关联点 x 坐标的差值则取决于点的深度。无穷远处的点对应图像点的坐标相同，都是 (x, y)，而它们离装置越近，x 坐标的差值就越大。这种现象可以在投影方程中反映出来。如果两台相机之间只有水平方向的平移，第二台（右侧）相机的投影方程就变为：

$$
s\begin{bmatrix} x' \\ y' \\ 1 \end{bmatrix} = \begin{bmatrix} f & 0 & u_0 \\ 0 & f & v_0 \\ 0 & 0 & 1 \end{bmatrix} \begin{bmatrix} 1 & 0 & 0 & -B \\ 0 & 1 & 0 & 0 \\ 0 & 0 & 1 & 0 \end{bmatrix} \begin{bmatrix} X \\ Y \\ Z \\ 1 \end{bmatrix}
$$

为了简化，我们假定图像为正方形，两台相机的标定参数相同。这时计算差值 $x - x'$（注意要除以 s 以符合齐次坐标系），并分离出 z 坐标，可得到：

$$
Z = f \frac{(x - x')}{B}
$$

这个 $(x - x')$ 就是**视差**。要计算立体视觉系统的深度图，就必须计算每个像素的视差。下面将介绍具体方法。

11.5.2　如何实现

前面讲的理想配置在实际应用中很难实现。即使对立体视觉装置的相机精确定位，也难免有一些额外的平移和旋转。不过好在可以对图像进行矫正，得到水平方向的极线。具体方法是用某种算法，例如上一章的鲁棒匹配算法，计算立体视觉系统的基础矩阵。下面是对两个立体图像应用该算法的情况（画出了部分对极线）。

OpenCV 提供了一个矫正函数，它利用单应变换将每个相机的图像平面投影到完全对齐的虚拟平面上。这个变换过程使用了一批匹配点和一个基础矩阵。然后用这些单应矩阵变换图像：

```cpp
// 计算单应变换矫正量
cv::Mat h1, h2;
cv::stereoRectifyUncalibrated(points1, points2,
                              fundamental,
                              image1.size(), h1, h2);
```

```
// 用变换实现图像矫正
cv::Mat rectified1;
cv::warpPerspective(image1, rectified1, h1, image1.size());
cv::Mat rectified2;
cv::warpPerspective(image2, rectified2, h2, image1.size());
```

这是经过矫正的图像对。

接下来就可以调用相关的方法计算视差图了，调用时相机和水平对极线都是平行的：

```
// 计算视差
cv::Mat disparity;
cv::Ptr<cv::StereoMatcher> pStereo =
    cv::StereoSGBM::create(0,    // 最小视差
                           32,   // 最大视差
                           5);   // 块的大小
pStereo->compute(rectified1, rectified2, disparity);
```

下图显示了计算得到的视差图，亮的地方表示视差大。而根据前面的介绍，视差大的地方表示物体的距离较近。

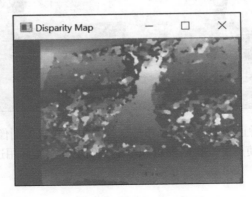

计算视差的质量主要取决于场景中不同物体的分布情况。反差较大的区域比较容易准确匹配，因而计算得到的视差也更加精确。另外，基线越大，能检测到的深度值范围也越大。但是扩大基线后，视差的计算过程会更加复杂，可靠性也会降低。

11.5.3 实现原理

计算视差的关键是像素匹配。前面提过，如果图像经过正确的矫正，匹配时就只需在图像的水平方向进行搜索。但问题的难点在于，视差图在立体视觉中是非常密集的，也就是说需要将一幅图像中的所有像素与另一幅图像的像素进行匹配。

这样做的难度，比从图像中选取少量特殊点并从另一幅图像中找到匹配点的难度更大。所以说视差计算是一个非常复杂的过程，通常包含以下四个步骤。

(1) 计算量很大的匹配过程。
(2) 计算量很大的聚合过程。
(3) 计算视差并优化。
(4) 细化结果。

下面详细说明这四个步骤。

计算像素视差的过程，实际上就是在立体视觉装置中找出一对匹配的点。求解最佳视差图是一个需要不断优化的过程。在匹配两个点时，必须计算出特定矩阵的匹配代价。这个过程可能是简单的求绝对值，也可能是计算强度、色彩或梯度的均方差。在搜寻最佳结果时，通常要在一片区域上聚合得到匹配代价，以应对局部不确定性带来的噪声；然后，用能量函数（包括平滑视差图、处理可能出现的目标遮挡以及强制唯一性约束等）得到全局视差图；最后，做后期处理以优化视差结果，例如检测平面区域、检测深度中断等。

OpenCV 中有很多计算视差的方法，这里使用了 `cv::StereoSGBM` 方法。最简单的方法是基于块匹配的 `cv::StereoBM`。

最后需要指出的是，如果进行了完整的标定过程，矫正结果就能更加精确。这时可以在同一标定模式下组合使用 `cv::stereoCalibrate` 和 `cv::stereoRectify` 函数。矫正映射会计算新的相机投影矩阵，而不是简单的单应变换。

11.5.4 参阅

- D. Scharstein 和 R. Szeliski 于 2002 年发表在 *International Journal of Computer Vision* 第 47 卷的文章 "A Taxonomy and Evaluation of Dense two-Frame Stereo Correspondence Algorithms" 是视差计算方面的经典论文。
- H. Hirschmuller 于 2008 年发表在 *IEEE Transactions on Pattern Analysis and Machine Intelligence* 第 30 卷第 2 期第 328 页至第 341 页的论文 "Stereo processing by semiglobal matching and mutual information" 介绍了本节采用的视差计算方法。

第 12 章

处理视频序列 *12*

本章包括以下内容：

❑ 读取视频序列；
❑ 处理视频帧；
❑ 写入视频帧；
❑ 提取视频中的前景物体。

12.1 简介

视频信号是重要的视觉信息来源。视频由一系列图像构成，这些图像称为**帧**，帧是以固定的时间间隔获取的（称为**帧速率**，通常用帧/秒表示），据此可以显示运动中的场景。随着高性能计算机的出现，现在已经能够对视频序列进行高级的视觉分析，被分析的帧速率可以接近甚至超过实际视频的帧速率。本章将介绍如何读取、处理和存储视频序列。

如果从视频序列中提取出独立的帧，就可以对其应用本书介绍的各种图像处理函数了。此外，我们还将学习对视频序列做时序分析的算法，即比较相邻的帧并根据时间累计图像统计数据，以提取前景物体。

12.2 读取视频序列

要处理视频序列，首先要读取每个帧。OpenCV 提供了一个便于使用的框架来提取帧，帧的来源可以是视频文件，也可以是 USB 或 IP 摄像机。本节将介绍它的用法。

12.2.1 如何实现

总的来说，要从视频序列读取帧，只需创建一个 `cv::VideoCapture` 类的实例，然后在一个循环中提取并读取每个视频帧即可。下面这个基本的 `main` 函数显示了视频序列中的帧：

```cpp
int main()
{
  // 打开视频文件
  cv::VideoCapture capture("bike.avi");
  // 检查视频是否成功打开
  if (!capture.isOpened())
    return 1;

  // 取得帧速率
  double rate= capture.get(CV_CAP_PROP_FPS);

  bool stop(false);
  cv::Mat frame; // 当前视频帧
  cv::namedWindow("Extracted Frame");

  // 根据帧速率计算帧之间的等待时间，单位为ms
  int delay= 1000/rate;

  // 循环遍历视频中的全部帧
  while (!stop) {

    // 读取下一帧（如果有）
    if (!capture.read(frame))
      break;

    cv::imshow("Extracted Frame",frame);

    // 等待一段时间，或者通过按键停止
    if (cv::waitKey(delay)>=0)
      stop= true;
  }

  // 关闭视频文件
  // 不是必须的，因为类的析构函数会调用
  capture.release();
  return 0;
}
```

程序会显示一个播放视频的窗口，如下图所示。

12.2.2　实现原理

只需指定视频文件名即可打开视频，可以在 cv::VideoCapture 对象的构造函数中指定文件名。如果 cv::VideoCapture 对象已经创建，也可以使用它的 open 方法。成功打开视频后（可用 isOpened 方法验证），就可以开始提取帧。也可使用 get 方法并采用正确的标志，通过 cv::VideoCapture 对象查询视频文件的有关信息。在前面的例子中，我们用 CV_CAP_PROP_FPS 标志获得了帧速率。因为它是一个通用函数，所以即使有的时候需要其他类型，它也总会返回一个 double 类型的数值。可用下面的方法获得视频文件的总帧数（整数）：

```
long t= static_cast<long>( capture.get(CV_CAP_PROP_FRAME_COUNT));
```

要了解视频中能获得的信息类型，请查阅 OpenCV 文档提供的各种标志。

此外，还可以用 set 方法输入 cv::VideoCapture 实例的参数，例如可以用 CV_CAP_PROP_POS_FRAMES 标志让视频跳转到指定的帧：

```
// 跳转到第 100 帧
double position= 100.0;
capture.set(CV_CAP_PROP_POS_FRAMES, position);
```

还可以用 CV_CAP_PROP_POS_MSEC 以毫秒为单位指定位置，或者用 CV_CAP_PROP_POS_AVI_RATIO 指定视频内部的相对位置（0.0 表示视频开始位置，1.0 表示结束位置）。如果参数设置成功，函数会返回 true。对于一个特定的视频来说，参数能否读取或设置在很大程度上取决于用来压缩和存储视频序列的编解码器。如果某些参数不能使用，可能就是编解码器造成的。

成功打开视频后，可以像前面那样反复调用 read 方法，按顺序访问每一帧。也可调用重载的读取运算子，作用完全一样：

```
capture >> frame;
```

还能使用这两个基本方法：

```
capture.grab();
capture.retrieve(frame);
```

注意，我们在显示每一帧时都采用了延时方法，那就是 cv::waitKey 函数。这里采用的延时时长取决于视频的帧速率（假设 fps 为每秒的帧数，1/fps 就是两个帧之间的毫秒数）。可以通过修改这个数值，让视频慢进或快进。播放视频时很重要的一点是，采用的延时时长要保证窗口有足够的时间进行刷新（因为这是一个低优先级的进程，如果 CPU 太忙就不会刷新）。使用 cv::waitKey 函数后，就可以通过按任意键中断这个读取过程。这时，函数会返回按键的 ASCII 码。注意，如果 cv::waitKey 函数中指定的延时为 0，那么它将永远等待下去，直到用户按下一个键。这种方法非常适用于需要通过逐帧检查以跟踪一个过程的情况。

最后的语句调用 release 方法关闭视频文件。不过这并不是必须的，因为在 cv::VideoCapture

的析构函数中也会调用 `release`。

有一点需要特别注意，计算机中必须安装有相关的编解码器，才能打开指定的视频文件，否则 `cv::VideoCapture` 将无法对文件进行解码。一般来说，如果用视频播放器（例如 Windows Media Player）可以打开该视频文件，那么 OpenCV 就能读取它。

12.2.3 扩展阅读

你还可以连接摄像机和计算机，读取摄像机（例如 USB 摄像机）生成的视频流。只需在 open 函数中指定一个 ID（整数）取代原来的文件名即可。ID 为 0 表示打开默认摄像机。这种情况下就必须用 `cv::waitKey` 函数来终止处理过程，因为摄像机视频流的读取过程是不会结束的。

最后，也可以装载 Web 上的视频。这需要提供一个正确的网址，例如：

```
cv::VideoCapture capture("http://www.laganiere.name/bike.avi");
```

12.2.4 参阅

- ❑ 12.4 节将更详细地介绍视频编解码器。
- ❑ 网站 http://ffmpeg.org/ 上有音频/视频读取、记录、转换和成流的完整源码和跨平台解决方案。

12.3 处理视频帧

本节的目标是对视频序列中的每一帧应用几个处理函数。我们将创建一个自定义类，封装 OpenCV 的视频捕获框架。可以在这个类中指定一个函数，每次提取到新的帧时就会调用该函数。

12.3.1 如何实现

我们要指定一个函数（回调函数），让视频序列的每一帧都调用它。该函数定义为输入一个 `cv::Mat` 实例，输出一个处理完毕的帧。因此，框架中有效的回调函数必须遵循以下签名：

```
void processFrame(cv::Mat& img, cv::Mat& out);
```

这是一个简单的处理函数，它的功能是计算输入图像的 Canny 边缘：

```
void canny(cv::Mat& img, cv::Mat& out) {
  // 转换成灰度图像
  if (img.channels()==3)
    cv::cvtColor(img,out,cv::COLOR_BGR2GRAY);
  // 计算 Canny 边缘
  cv::Canny(out,out,100,200);
```

12

```
// 反转图像
cv::threshold(out,out,128,255,cv::THRESH_BINARY_INV);
}
```

自定义类 VideoProcessor 完整地封装了视频处理任务。使用这个类的程序可以创建类的实例、指定输入视频文件、指定回调函数，然后开始处理。这些步骤在编程时都是用这个自定义类实现的，代码如下所示：

```
// 创建实例
VideoProcessor processor;
// 打开视频文件
processor.setInput("bike.avi");
// 声明显示视频的窗口
processor.displayInput("Current Frame");
processor.displayOutput("Output Frame");
// 用原始帧速率播放视频
processor.setDelay(1000./processor.getFrameRate());
// 设置处理帧的回调函数
processor.setFrameProcessor(canny);
// 开始处理
processor.run();
```

运行这段代码，会在两个窗口中播放输入图像和输出结果，播放速率为原始帧速率（因为用 setDelay 方法做了延时处理）。如果输入上节用于显示帧的视频，输出窗口将如下所示。

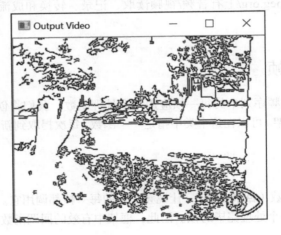

12.3.2　实现原理

跟前面一样，我们要创建一个封装视频处理算法通用功能的类。类中包含一些成员变量，用于控制处理视频帧的各个参数：

```
class VideoProcessor {

  private:
```

```
    // OpenCV 视频捕获对象
    cv::VideoCapture capture;
    // 处理每一帧时都会调用的回调函数
    void (*process)(cv::Mat&, cv::Mat&);
    // 布尔型变量，表示该回调函数是否会被调用
    bool callIt;
    // 输入窗口的显示名称
    std::string windowNameInput;
    // 输出窗口的显示名称
    std::string windowNameOutput;
    // 帧之间的延时
    int delay;
    // 已经处理的帧数
    long fnumber;
    // 达到这个帧数时结束
    long frameToStop;
    // 结束处理
    bool stop;
```

第一个成员变量是 cv::VideoCapture 对象。第二个属性是函数指针 process，它指向一个回调函数。可以用对应的设置方法指定这个函数：

```
// 设置针对每一帧调用的回调函数
void setFrameProcessor(void (*frameProcessingCallback)
                       (cv::Mat&, cv::Mat&)) {

  process= frameProcessingCallback;
}
```

用下面的方法打开视频文件：

```
// 设置视频文件的名称
bool setInput(std::string filename) {

  fnumber= 0;
  // 防止已经有资源与 VideoCapture 实例关联
  capture.release();
  // 打开视频文件
  return capture.open(filename);
}
```

显示经过处理的帧通常会比较有趣，因此用两个方法来创建显示窗口：

```
// 用于显示输入的帧
void displayInput(std::string wn) {

  windowNameInput= wn;
  cv::namedWindow(windowNameInput);
}
```

```
// 用于显示处理过的帧
void displayOutput(std::string wn) {
```

12

```
    windowNameOutput= wn;
    cv::namedWindow(windowNameOutput);
}
```

主函数名为 run，它包含了提取帧的循环：

```
// 抓取（并处理）序列中的帧
void run() {
    // 当前帧
    cv::Mat frame;
    // 输出帧
    cv::Mat output;

    // 如果没有设置捕获设备
    if (!isOpened())
        return;

    stop= false;
    while (!isStopped()) {
        // 读取下一帧（如果有）
        if (!readNextFrame(frame))
            break;
        // 显示输入的帧
        if (windowNameInput.length()!=0)
            cv::imshow(windowNameInput,frame);

        // 调用处理函数
        if (callIt) {

            // 处理帧
            process(frame, output);
            // 递增帧数
            fnumber++;

        }
        else {
            // 没有处理
            output= frame;
        }

        // 显示输出的帧
        if (windowNameOutput.length()!=0)
            cv::imshow(windowNameOutput,output);
        // 产生延时
        if (delay>=0 && cv::waitKey(delay)>=0)
            stopIt();

        // 检查是否需要结束
        if (frameToStop>=0 && getFrameNumber()==frameToStop)
            stopIt();
    }
}
```

```
// 结束处理
void stopIt() {
  stop= true;
}

// 处理过程是否已经停止?
bool isStopped() {
  return stop;
}

// 捕获设备是否已经打开?
bool isOpened() {
  capture.isOpened();
}

// 设置帧之间的延时,
// 0 表示每一帧都等待,
// 负数表示不延时
void setDelay(int d) {
  delay= d;
}
```

这个方法使用了一个用于读取帧的 private 方法:

```
// 取得下一帧,
// 可以是视频文件或者摄像机
bool readNextFrame(cv::Mat& frame) {
  return capture.read(frame);
}
```

　　run 方法先调用类 cv::VideoCapture 的 read 方法, 然后执行一系列操作。但是在执行之前, 要先检查该操作是否需要执行。只有指定了输入窗口的名称 (用 displayInput 方法), 才会显示输入窗口; 只有指定了回调函数 (用 setFrameProcessor 方法), 才会运行回调函数; 只有定义了输出窗口的名称 (用 displayOutput), 才会显示输出窗口; 只有指定了延时 (用 set Delay), 才会执行延时; 最后, 如果定义了停止帧 (用 stopAtFrameNo), 就需要检查当前的帧数。

　　你或许还希望打开并播放视频文件 (不调用回调函数), 所以我们准备了两个方法, 以指定是否需要调用回调函数:

```
// 需要调用回调函数 process
void callProcess() {
  callIt= true;
}

// 不需要调用回调函数 process
void dontCallProcess() {
  callIt= false;
}
```

最后可指定是否需要在处理完一定数量的帧后就结束：

```
void stopAtFrameNo(long frame) {
  frameToStop= frame;
}

// 返回下一帧的编号
long getFrameNumber() {
  // 从捕获设备获取信息
  long fnumber= static_cast<long>(capture.get(CV_CAP_PROP_POS_FRAMES));
  return fnumber;
}
```

类中还包含了一些获取方法和设置方法，这些方法基本上只是封装了 cv::VideoCapture 框架的常规方法 set 和 get。

12.3.3　扩展阅读

使用 VideoProcessor 类有助于视频处理模块的部署。它还可以做几项改进。

1. 处理图像序列

输入序列有时是一批独立存储的图像。简单地改动一下这个类，就可以适应这种输入——只需要添加一个存储了图像文件名向量和对应的迭代器的成员变量：

```
// 作为输入对象的图像文件名向量
std::vector<std::string> images;
// 图像向量的迭代器
std::vector<std::string>::const_iterator itImg;
```

用新的 setInput 方法指定需要读取的文件：

```
// 设置输入图像的向量
bool setInput(const std::vector<std::string>& imgs) {
  fnumber= 0;
  // 防止已经有资源与 VideoCapture 实例关联
  capture.release();

  // 将这个图像向量作为输入对象
  images= imgs;
  itImg= images.begin();
  return true;
}
```

isOpened 方法现在变成了这样：

```
// 捕获设备是否已经打开?
bool isOpened() {
  return capture.isOpened() || !images.empty();
}
```

最后需要修改私有方法 readNextFrame，让它能根据输入内容，选择从视频读取还是从文件名向量读取。判断方法是查看图像文件名向量是否为空，如不为空就表明输入是图像序列。调用 setInput 并传入视频文件名将清空该向量：

```cpp
// 取得下一帧
// 可以是视频文件、摄像机、图像向量
bool readNextFrame(cv::Mat& frame) {

    if (images.size()==0)
        return capture.read(frame);

    else {
        if (itImg != images.end()) {
            frame= cv::imread(*itImg);
            itImg++;
            return frame.data != 0;
        } else

            return false;
    }
}
```

2. 使用帧处理类

在面向对象的编程中，最好使用帧处理类而不是帧处理函数。实际上，在定义视频处理算法时，使用类能提供更大的灵活性。我们可以定义一个接口，在 VideoProcessor 内部使用的每个类都需要实现该接口：

```cpp
// 帧处理的接口
class FrameProcessor {
  public:
    // 处理方法
    virtual void process(cv:: Mat &input, cv:: Mat &output)= 0;
};
```

你可在设置方法中为 VideoProcessor 框架输入一个 FrameProcessor 实例，并把这个实例赋给新增的成员变量 frameProcessor，这个成员变量是指向 FrameProcessor 对象的指针：

```cpp
// 设置实现 FrameProcessor 接口的实例
void setFrameProcessor(FrameProcessor* frameProcessorPtr) {
    // 使回调函数失效
    process= 0;
    // 这个就是即将被调用的帧处理实例
    frameProcessor= frameProcessorPtr;
    callProcess();
}
```

在指定帧处理实例后，要让之前设置的帧处理函数失效。如果指定的是一个帧处理函数，也需要让之前设置的实例失效。run 方法中的 while 循环也要做相应的修改：

```
while (!isStopped()) {

  // 读取下一帧 (如果有)
  if (!readNextFrame(frame))
    break;

  // 显示输入的帧
  if (windowNameInput.length()!=0)
    cv::imshow(windowNameInput,frame);

  // ** 调用处理函数或方法 **
  if (callIt) {

    // 处理帧
    if (process) // 如果是回调函数
      process(frame, output);
    else if (frameProcessor)
      // 如果是类的接口
      frameProcessor->process(frame,output);
    // 递增帧数
    fnumber++;
  }
  else {
    output= frame;
  }
  // 显示输出的帧
  if (windowNameOutput.length()!=0)
    cv::imshow(windowNameOutput,output);
  // 产生延时
  if (delay>=0 && cv::waitKey(delay)>=0)
    stopIt();
  // 检查是否需要结束
  if (frameToStop>=0 && getFrameNumber()==frameToStop)
    stopIt();
}
```

12.3.4   参阅

❑ 13.2 节将介绍如何使用 FrameProcessor 类接口。

❑ GitHub 上的项目https://github.com/asolis/vivaVideo展示了一个更复杂的框架，在 OpenCV 中用多线程处理视频。

12.4   写入视频帧

前面几节介绍了如何读取视频文件并提取帧，本节将介绍如何写入帧并创建视频文件。这样，典型的视频处理过程就完成了：读取输入视频流，处理其中的帧，然后在新的视频文件中存储结果。

12.4.1　如何实现

OpenCV 用 `cv::VideoWriter` 类写视频文件。构建实例时需指定文件名、播放视频的帧速率、每个帧的尺寸以及是否为彩色视频：

```
writer.open(outputFile,    // 文件名
            codec,         // 所用的编解码器
            framerate,     // 视频的帧速率
            frameSize,     // 帧的尺寸
            isColor);      // 彩色视频?
```

另外，必须指明保存视频数据的方式，即 `codec` 参数。本节最后将对此进行详细探讨。

打开视频文件后，可以通过反复地调用 `write` 方法，在视频文件中加入帧：

```
writer.write(frame); // 在视频文件中加入帧
```

简单地改动上节的 `VideoProcessor` 类，就可以增加用 `cv::VideoWriter` 类写视频文件的功能。下面是一个简单的程序，包含读视频、处理视频和把结果写入视频文件的功能：

```
// 创建实例
VideoProcessor processor;

// 打开视频文件
processor.setInput("bike.avi");
processor.setFrameProcessor(canny);
processor.setOutput("bikeOut.avi");
// 开始处理
processor.run();
```

跟上节一样，要让用户能选择把帧写入独立的图像。框架中采用的命名规则由前缀和固定位数的数字组成。在存储帧的时候，这个数字会自动递增。为了把输出结果保存成一系列图像，需要把上面的代码换成：

```
processor.setOutput("bikeOut",  // 前缀
                    ".jpg",     // 扩展名
                    3,          // 数字的位数
                    0)          // 开始序号
```

有了这个位数之后，调用时就会创建 bikeOut000.jpg、bikeOut001.jpg 和 bikeOut002.jpg 等文件了。

12.4.2　实现原理

现在介绍如何修改 `VideoProcessor` 类，使它能写入视频文件。首先要添加一个 `cv::VideoWriter` 类型的成员变量（还有几个其他属性）：

12

```
class VideoProcessor {

  private:

    // OpenCV 写视频对象
    cv::VideoWriter writer;
    // 输出文件名
    std::string outputFile;
    // 输出图像的当前序号
    int currentIndex;
    // 输出图像文件名中数字的位数
    int digits;
    // 输出图像的扩展名
    std::string extension;
```

用一个额外的方法指定（并打开）输出视频文件：

```
// 设置输出视频文件
// 默认情况下会使用与输入视频相同的参数
bool setOutput(const std::string &filename, int codec=0,
               double framerate=0.0, bool isColor=true) {

  outputFile= filename;
  extension.clear();
  if (framerate==0.0)
    framerate= getFrameRate(); // 与输入相同

  char c[4];
  // 使用与输入相同的编解码器
  if (codec==0) {
    codec= getCodec(c);
  }

  // 打开输出视频
  return writer.open(outputFile,        // 文件名
                     codec,             // 所用的编解码器
                     framerate,         // 视频的帧速率
                     getFrameSize(),    // 帧的尺寸
                     isColor);          // 彩色视频?
}
```

这是名为 writeNextFrame 的私有方法处理帧的写入过程（写入到视频文件或一系列图像）：

```
// 写输出的帧
// 可以是视频文件或图像组
void writeNextFrame(cv::Mat& frame) {
  if (extension.length()) { // 写入到图像组

    std::stringstream ss;
    // 组合成输出文件名
    ss << outputFile << std::setfill('0')
       << std::setw(digits)
       << currentIndex++ << extension;
    cv::imwrite(ss.str(),frame);
```

```
  } else {
    // 写入到视频文件
    writer.write(frame);
  }
}
```

如果输出是独立的图像文件，就需要一个额外的设置方法：

```
// 设置输出为一系列图像文件
// 扩展名必须是.jpg 或.bmp
bool setOutput(const std::string &filename,  // 前缀
               const std::string &ext,       // 图像文件的扩展名
               int numberOfDigits=3,         // 数字的位数
               int startIndex=0) {           // 开始序号

  // 数字的位数必须是正数
  if (numberOfDigits<0)
    return false;

  // 文件名和常用的扩展名
  outputFile= filename;
  extension= ext;

  // 文件编号方案中数字的位数
  digits= numberOfDigits;
  // 从这个序号开始编号
  currentIndex= startIndex;

  return true;
}
```

最后在 run 方法的视频捕获循环中添加一个新的步骤：

```
while (!isStopped()) {

  // 读取下一帧（如果有）
  if (!readNextFrame(frame))
    break;

  // 显示输入帧
  if (windowNameInput.length()!=0)
    cv::imshow(windowNameInput,frame);

  // 调用处理函数或方法
  if (callIt) {

    // 处理帧
    if (process)
      process(frame, output);
    else if (frameProcessor)
      frameProcessor->process(frame,output);
    // 递增帧数
    fnumber++;
  } else {
```

12

```
      output= frame;
    }

    // ** 写入到输出的序列 **
    if (outputFile.length()!=0)
      writeNextFrame(output);
    // 显示输出的帧
    if (windowNameOutput.length()!=0)
      cv::imshow(windowNameOutput,output);
    // 产生延时
    if (delay>=0 && cv::waitKey(delay)>=0)
      stopIt();

    // 检查是否需要结束
    if (frameToStop>=0 && getFrameNumber()==frameToStop)
      stopIt();
  }
}
```

12.4.3   扩展阅读

在把视频写入文件时，需要使用一个编解码器。**编解码器**是一个软件模块，用于编码和解码视频流。编解码器定义了文件格式和用于存储信息的压缩方案。很明显，用某种编解码器进行编码的视频，必须用同一种编解码器才能解码。因此人们使用四个字符的代码来指定一种编解码器。这样，软件工具在写入视频文件之前，需要先读取这个四字符代码，以决定采用哪种编解码器。

编解码器的四字符代码

顾名思义，四字符代码是由 4 个 ASCII 字符组成的，拼在一起也可以转换成一个整数。用 cv::VideoCapture 打开视频文件，然后在 get 方法中使用 cv::CAP_PROP_FOURCC 标志，就能得到该视频文件的代码。我们可以在 VideoProcessor 类中定义一个方法，返回输入视频的四字符代码：

```
// 取得输入视频的编解码器
int getCodec(char codec[4]) {
  // 本方法对图像向量无意义
  if (images.size()!=0) return -1;
  union { // 表示四字符代码的数据结构
    nt value;
    char code[4];
  } returned;

  // 取得代码
  returned.value= static_cast<int>(capture.get(cv::CAP_PROP_FOURCC));
  // 取得四个字符
  codec[0]= returned.code[0];
  codec[1]= returned.code[1];
  codec[2]= returned.code[2];
  codec[3]= returned.code[3];
```

```
// 返回代码的整数值
return returned.value;
}
```

　　get 方法总是返回一个 double 型数值，后者随即转换成整数。这个整数就是代码，可以用 union 数据结构从这个代码提取出四个字符。打开测试用的视频序列，然后使用以下代码：

```
char codec[4];
processor.getCodec(codec);
std::cout << "Codec: " << codec[0] << codec[1]
          << codec[2] << codec[3] << std::endl;
```

　　用上述语句可得到这个结果：

```
Codec : XVID
```

　　在写入视频文件时，必须用四字符代码指定编解码器。这就是 cv::VideoWriter 类 open 方法的第二个参数。你可以使用与输入视频相同的代码（这是 setOutput 方法的默认选项）；也可以传入值-1，该方法会弹出一个窗口，让用户选择可用的编解码器。窗口中列表所显示的就是该计算机中已经安装的编解码器。选中某个编解码器后，它的代码就会自动传给 open 方法。

12.4.4　参阅

❑ 网站 https://www.xvid.com/提供了基于 MPEG-4 视频压缩标准的开源视频编解码器程序库。Xvid 还有个竞争者，名为 DivX，它提供了专有但免费的编解码器和软件工具。

12.5　提取视频中的前景物体

　　本章的内容是读、写和处理视频，目的是分析完整的视频序列。本节将通过一个实际案例，介绍如何对视频序列进行时序分析，以提取运动中的前景物体。实际上，用固定位置的像机拍摄时，背景部分基本上是保持不变的。这种情况下，我们关注的是场景中的移动物体。为了提取这些前景物体，我们需要构建一个背景模型，然后将模型与当前帧做比较，检测出所有的前景物体。这正是本节要实现的内容。前景提取是智能监控程序的基本步骤。

　　如果有该场景的背景图像（即没有前景物体的帧）供我们使用，那么提取当前帧的前景物体就会非常容易，只需要比较两幅图像即可：

```
// 计算当前图像与背景图像之间的差异
cv::absdiff(backgroundImage,currentImage,foreground);
```

　　每个差异足够大的像素都可作为前景像素。但是在大多数情况下，背景图像是很难获得的。保证一幅图像中没有任何前景物体是非常困难的，而且这种情况在纷繁的场景中也是极少出现的。此外，由于光照条件变化（从日出到日落）、背景中物体的增加或减少，背景也会随着时间产生变化。

　　因此有必要动态地构建背景模型，实现方法是观察该场景并持续一段时间。如果我们假设在每个像素位置，背景在绝大部分时间都是可见的，那么建立背景模型的方法就很简单，只需计算所有观察结果的平均值即可。但这种做法其实并不可行。首先，在计算背景之前需要存储大量的图像；其次，在为计算平均值而累计图像的时候，并没有提取到前景物体。这种解决方案还需要考虑两个问题：为了计算可靠的背景模型，需要累计何时的、多少数量的图像。另外，如果有些图像中的某个像素正在监视一个前景物体，那么它们就会对计算平均背景产生很大的影响。

　　更好的策略是用定时更新的方式，动态地构建背景模型。实现方法是计算**滑动平均值**（又叫**移动平均值**）。这是一种计算时间信号平均值的方法，该方法还考虑了最新收到的数值。假设 p_t 是时间 t 的像素值，μ_{t-1} 是当前的平均值，那么要用下面的公式来更新平均值：

$$\mu_t = (1-\alpha)\mu_{t-1} + \alpha p_t$$

　　其中参数 α 称为**学习速率**，它决定了当前值对计算平均值有多大影响。这个值越大，滑动平均值对当前值变化的响应速度就越快；但如果学习速率太大，缓慢移动的物体就可能会消失在背景中。实际上，应该采用多大的学习速率在很大程度上取决于场景的变化速度。为了构建背景模型，必须在新的帧到达时对每个像素计算滑动平均值。然后就可以根据当前图像与背景模型之间的差异，判断一个像素是否为前景像素。

12.5.1　如何实现

　　创建一个用滑动平均值动态构造背景模型的类，并通过减法运算提取前景物体。这个类需要有以下属性：

```
class BGFGSegmentor : public FrameProcessor {
    cv::Mat gray;           // 当前灰度图像
    cv::Mat background;     // 累积的背景
    cv::Mat backImage;      // 当前背景图像
    cv::Mat foreground;     // 前景图像
    // 累计背景时使用的学习速率
    double learningRate;
    int threshold;          // 提取前景的阈值
```

主要处理过程包括将当前帧与背景模型做比较，然后更新该模型：

```
// 处理方法
void process(cv:: Mat &frame, cv:: Mat &output) {
    // 转换成灰度图像
    cv::cvtColor(frame, gray, cv::COLOR_BGR2GRAY);
    // 采用第一帧初始化背景
    if (background.empty())
```

```
                gray.convertTo(background, CV_32F);
        // 将背景转换成 8U 类型
        background.convertTo(backImage,CV_8U);

        // 计算图像与背景之间的差异
        cv::absdiff(backImage,gray,foreground);
        // 在前景图像上应用阈值
        cv::threshold(foreground,output,threshold,
                      255,cv::THRESH_BINARY_INV);

        // 累积背景
        cv::accumulateWeighted(gray, background,
                               // alpha*gray + (1-alpha)*background
                               learningRate,  // 学习速率
                               output);       // 掩码
    }
```

使用自定义的视频处理框架，可以这样构建前景提取程序：

```
int main() {
    // 创建视频处理类的实例
    VideoProcessor processor;
    // 创建背景/前景的分割器
    BGFGSegmentor segmentor;
    segmentor.setThreshold(25);

    // 打开视频文件
    processor.setInput("bike.avi");

    // 设置帧处理对象
    processor.setFrameProcessor(&segmentor);

    // 声明显示视频的窗口
    processor.displayOutput("Extracted Foreground");

    // 用原始帧速率播放视频
    processor.setDelay(1000./processor.getFrameRate());

    // 开始处理
    processor.run();
}
```

最后得到一些二值前景图像，其中一个如下图所示。

12

12.5.2 实现原理

用 cv::accumulateWeighted 函数计算图像的滑动平均值非常方便,它在图像的每个像素上应用滑动平均值计算公式。注意,作为结果的图像必须是浮点数类型的。所以,在比较背景模型与当前帧之前,必须先把前者转换成背景图像。对差异绝对值进行阈值化(先用 cv::absdiff 计算,再用 cv::threshold)以提取前景图像。然后把这个前景图像作为 cv::accumulate Weighted 函数的掩码,防止修改已被认定为前景的像素。之所以能这么做,是因为在前景图像中,已被认定为前景的像素值为 false,即 0(这也是结果图像的前景物体呈黑色的原因)。

最后需要注意的是,为了简化,我们在构建背景模型时采用了被提取帧的灰度图像。如果构建彩色背景,就需要在多个色彩空间下计算滑动平均值。上述方法的主要难点在于,如何针对特定的视频选择合适的阈值,以得到满意的结果。这也是参数化计算机视觉算法中经常遇到的问题。

12.5.3 扩展阅读

上述提取前景物体的方法比较简单,适用于背景相对固定的简易场景。但是在很多情况下,背景中的某些部位会在不同的值之间波动,导致背景检测结果频繁出错。背景物体的移动(如树叶)、刺眼的物体(如水面)等因素都是产生这种现象的原因。物体的阴影也会带来问题,因为阴影也是会移动的。为了解决这些问题,我们引入了更复杂的背景模型。

混合高斯模型

混合高斯方法是这些改进型算法中的一种。它的处理方式与前面介绍的基本一致,但做了几项改进。

首先,该方法适用于每个像素有不止一个模型(即不止一个滑动平均值)的情况。这样的话,如果一个背景像素在两个值之间波动,那么就会存储两个滑动平均值。只有当新的像素值不属于任何一个频繁出现的模型时,才会认为这个像素是前景。模型的数量可以在参数中设置,通常为 5 个。

其次,每个模型不仅保存了滑动平均值,还保存了滑动方差。它的计算方法如下所示:

$$\sigma_t^2 = (1-\alpha)\sigma_{t-1}^2 + \alpha(p_t - \mu_t)^2$$

计算得到的平均值和方差用于构建高斯模型,根据高斯模型就可计算某个像素值属于背景的概率。用概率替代绝对差值后,阈值的选择就会更加容易。这样,如果某个区域的背景波动较大,就需要有更大的差值才能被认定为前景物体。

最后,这是一个自适应模型。也就是说,如果某个高斯模型满足条件的概率不够高,它就会被排除在背景模型之外;反之,如果发现一个像素值在当前背景模型之外(即为一个前景像素),那么就会创建一个新的高斯模型。如果这个新建的模型随后频繁收到像素,就把它作为正确的背景模型。

比起前面的前景/背景分割法,这个算法更加复杂,实现起来更加困难。幸好 OpenCV 已经有了现成的类,名为 cv::bgsegm::BackgroundSubtractorMOG,它是 cv::BackgroundSubtractor 的子类,后者的通用性更强。如果采用默认参数,使用这个类就变得非常简单:

```cpp
int main(){
  // 打开视频文件
  cv::VideoCapture capture("bike.avi");
  // 检查是否成功打开视频
  if (!capture.isOpened())
    return 0;

  // 当前视频帧
  cv::Mat frame;
  // 前景的二值图像
  cv::Mat foreground;
  // 背景图像
  cv::Mat background;
  cv::namedWindow("Extracted Foreground");
  // 混合高斯模型类的对象,全部采用默认参数
  cv::Ptr<cv::BackgroundSubtractor> ptrMOG =
                  cv::bgsegm::createBackgroundSubtractorMOG();
  bool stop(false);
  // 遍历视频中的所有帧
  while (!stop) {
    // 读取下一帧(如果有)
    if (!capture.read(frame))
      break;

    // 更新背景并返回前景
    ptrMOG->apply(frame,foreground,0.01);
```

12

```
    // 改进图像效果
    cv::threshold(foreground,foreground, 128,
                   255,cv::THRESH_BINARY_INV);
    // 显示前景和背景
    cv::imshow("Extracted Foreground",foreground);

    // 产生延时，或者按键结束
    if (cv::waitKey(10)>=0)
      stop= true;
  }
}
```

在代码中，只需创建这个类的实例并调用它的一个方法，这个方法就会更新背景并返回前景图像（额外的参数是学习速率）。另外，这里计算的背景模型是彩色的。OpenCV 实现的方法还包含了排除阴影的机制，其原理是检查亮度的局部变化是否为像素值变化的唯一原因（如果是，那就应该是阴影），或者是否包含了色度的变化。

该模型还有第二种实现方法，称为 cv::BackgroundSubtractorMOG2，它能动态地确定每个像素上有多少高斯模型。你可以在上述例子中用这个类替代原来使用的类，或者对一些视频使用这两种方法，观察它们各自的性能。一般来说，使用 cv::BackgroundSubtractorMOG2 会快得多。

12.5.4　参阅

❑ C. Stauffer 和 W. E. L. Grimson 于 1999 年发表在 *Conf. on Computer Vision and Pattern Recognition* 的论文 "Adaptive Background Mixture Models for Real-Time Tracking" 更完整地描述了混合高斯算法。

第 13 章
跟踪运动目标 *13*

本章包括以下内容：

❑ 跟踪视频中的特征点；
❑ 估算光流；
❑ 跟踪视频中的物体。

13.1 简介

视频序列显示的是运动中的场景和物体，非常有趣。上一章介绍了读取、处理和存储视频的工具，本章将介绍几种跟踪图像序列中运动物体的算法。之所以能产生这种可见运动或**表观运动**，是因为物体以不同的速度在不同的方向上移动，或者是因为相机在移动（或者两者都有）。

在很多应用程序中，跟踪表观运动都是极其重要的。它可用来追踪运动中的物体，以测定它们的速度、判断它们的目的地。对于手持摄像机拍摄的视频，可以用这种方法消除抖动或减小抖动幅度，使视频更加平稳。运动估值还可用于视频编码，用以压缩视频，便于传输和存储。本章将介绍几种在图像序列中跟踪运动物体的算法，被跟踪的运动可以是稀疏的（图像的少数位置上有运动，称为**稀疏运动**），也可以是稠密的（图像的每个像素都有运动，称为**稠密运动**）。

13.2 跟踪视频中的特征点

从前面章节介绍的内容可以看出，根据特殊的点分析图像，可以使计算机视觉算法更加实用又高效。对于图像序列也是如此，通过分析特征点的运动，可以判断场景中各种物体的运动情况。本节将通过跟踪在多个帧之间移动的特征点，对图像序列进行时序分析。

13.2.1 如何实现

在启动跟踪过程时，首先要在最初的帧中检测特征点，然后在下一帧中跟踪这些特征点。因为我们处理的是一个视频序列，所以特征点所属的物体很可能会移动（这种移动也可能是摄像机

的移动引起的)。因此，如果想找到特征点在下一帧的新位置，就必须在它原来位置的周围进行搜索。这个功能由函数 `cv::calcOpticalFlowPyrLK` 实现。在函数中输入两个连续的帧和第一幅图像中特征点的向量，将返回新的特征点位置的向量。为了在整个视频序列中跟踪特征点，要一帧一帧地重复上述过程。在整个视频序列中跟踪特征点时，部分特征点的丢失是无法避免的，这会导致被跟踪特征点的数量逐渐减少。因此，最好经常检测新特征点。

现在用第 12 章的视频处理框架定义一个类，实现 12.3 节介绍的 `FrameProcessor` 接口。这个类的数据属性包含检测和跟踪特征点所需的变量：

```
class FeatureTracker : public FrameProcessor {

    cv::Mat gray;            // 当前的灰度图像
    cv::Mat gray_prev;       // 上一个灰度图像
    // 被跟踪的特征，从 0 到 1
    std::vector<cv::Point2f> points[2];
    // 被跟踪特征点的初始位置
    std::vector<cv::Point2f> initial;
    std::vector<cv::Point2f> features;  // 被检测的特征
    int max_count;           // 检测特征点的最大个数
    double qlevel;           // 检测特征点的质量等级
    double minDist;          // 两个特征点之间的最小差距
    std::vector<uchar> status;   // 被跟踪特征的状态
    std::vector<float> err;      // 跟踪中出现的误差

    public:

        FeatureTracker() : max_count(500), qlevel(0.01), minDist(10.) {}
```

接下来定义 process 方法，它将在处理序列中的每个帧时被调用。一般来说，处理过程包含以下几个步骤：首先根据实际需要检测特征点；然后跟踪这些特征点，剔除无法跟踪或不需要跟踪的特征点，准备处理跟踪成功的特征点；最后，把当前帧和当前特征点作为下一个迭代项的上一帧和上一批特征点。下面是具体代码：

```
void process(cv:: Mat &frame, cv:: Mat &output) {

    // 转换成灰度图像
    cv::cvtColor(frame, gray, CV_BGR2GRAY);
    frame.copyTo(output);

    // 1.如果必须添加新的特征点
    if(addNewPoints()){
        // 检测特征点
        detectFeaturePoints();
        // 在当前跟踪列表中添加检测到的特征点
        points[0].insert(points[0].end(),
                        features.begin(), features.end());
        initial.insert(initial.end(),
                      features.begin(),features.end());
    }
```

```
        // 对于序列中的第一幅图像
        if(gray_prev.empty())
          gray.copyTo(gray_prev);

        // 2.跟踪特征
        cv::calcOpticalFlowPyrLK(
                gray_prev, gray,    // 两个连续图像
                points[0],          // 输入第一幅图像的特征点位置
                points[1],          // 输出第二幅图像的特征点位置
                status,             // 跟踪成功
                err);               // 跟踪误差

        // 3.循环检查被跟踪的特征点，剔除部分特征点
        int k=0;
        for( int i= 0; i < points[1].size(); i++ ) {

          // 是否保留这个特征点?
          if (acceptTrackedPoint(i)) {
            // 在向量中保留这个特征点
            initial[k]= initial[i];
            points[1][k++] = points[1][i];
          }
        }

        // 剔除跟踪失败的特征点
        points[1].resize(k);
        initial.resize(k);

        // 4.处理已经认可的被跟踪特征点
        handleTrackedPoints(frame, output);

        // 5.让当前特征点和图像变成前一个
        std::swap(points[1], points[0]);
        cv::swap(gray_prev, gray);
}
```

这个函数利用了四个工具类方法。你可以随意替换这几个方法，以实现自定义的跟踪功能。第一个方法检测特征点，8.2 节已经讨论过这个 cv::goodFeatureToTrack 方法：

```
// 特征点检测方法
void detectFeaturePoints() {

    // 检测特征点
    cv::goodFeaturesToTrack(gray, // 图像
                    features,     // 输出检测到的特征点
                    max_count,    // 特征点的最大数量
                    qlevel,       // 质量等级
                    minDist);     // 特征点之间的最小差距
}
```

第二个方法判断是否需要检测新的特征点。如果现有特征点非常少，就要检测新的：

13

```
// 判断是否需要添加新的特征点
bool addNewPoints() {

  // 如果特征点数量太少
  return points[0].size()<=10;
}
```

第三个方法根据应用程序定义的条件剔除部分被跟踪的特征点。这里剔除静止的特征点（还有不能被 cv::calcOpticalFlowPyrLK 函数跟踪的特征点）。我们假定静止的点属于背景部分，可以忽略：

```
// 判断需要保留的特征点
bool acceptTrackedPoint(int i) {

  return status[i] &&
    // 如果特征点已经移动
    (abs(points[0][i].x-points[1][i].x)+
    (abs(points[0][i].y-points[1][i].y))>2);
}
```

第四个方法处理被跟踪的特征点，具体做法是在当前帧画直线，连接特征点和它们的初始位置（即第一次检测到它们的位置）：

```
// 处理当前跟踪的特征点
void handleTrackedPoints(cv:: Mat &frame, cv:: Mat &output) {

  // 遍历所有特征点
  for (int i= 0; i < points[1].size(); i++ ) {

    // 画线和圆
    cv::line(output, initial[i],  // 初始位置
            points[1][i],        // 新位置
            cv::Scalar(255,255,255));
    cv::circle(output, points[1][i], 3,
            cv::Scalar(255,255,255),-1);
  }
}
```

可以写一个简单的 main 函数，跟踪视频序列中的特征点：

```
int main(){
  // 创建视频处理类的实例
  VideoProcessor processor;
  // 创建特征跟踪类的实例
  FeatureTracker tracker;
  // 打开视频文件
  processor.setInput("bike.avi");

  // 设置帧处理类
  processor.setFrameProcessor(&tracker);

  // 声明显示视频的窗口
  processor.displayOutput("Tracked Features");
```

```
// 以原始帧速率播放视频
processor.setDelay(1000./processor.getFrameRate());

// 开始处理
processor.run();
}
```

最终程序显示被跟踪的特征点随时间移动的过程。这里用两个不同瞬间的帧作为例子。这个视频中的摄像机是固定不动的，移动的物体只有骑车的孩子。下面是处理完一些帧后得到的结果。

几秒钟后，得到下面的帧。

13.2.2 实现原理

要逐帧地跟踪特征点，就必须在后续帧中定位特征点的新位置。假设每个帧中特征点的强度值是不变的，这个过程就是寻找如下的位移(u, v)：

$$I_t(x, y) = I_{t+1}(x+u, y+v)$$

其中 I_t 和 I_{t+1} 分别是当前帧和下一个瞬间的帧。强度值不变的假设普遍适用于相邻图像上的微小位移。我们可使用泰勒展开式得到近似方程式（包含图像导数）：

$$I_{t+1}(x+u, y+v) \approx I_t(x, y) + \frac{\partial I}{\partial x}u + \frac{\partial I}{\partial y}v + \frac{\partial I}{\partial t}$$

根据第二个方程式，可以得到另一个方程式（根据强度值不变的假设，去掉了两个表示强度值的项）：

$$\frac{\partial I}{\partial x}u + \frac{\partial I}{\partial y}v = -\frac{\partial I}{\partial t}$$

这就是基本的**光流约束方程**，也称作**亮度恒定方程**。

Lukas-Kanade 特征跟踪算法使用了这个约束方程。除此之外，该算法还做了一个假设，即特征点邻域中所有点的位移量是相等的。因此，我们可以将光流约束应用到所有位移量为(u, v)的点（u 和 v 还是未知的）。这样就得到了更多的方程式，数量超过未知数的个数（两个），因此可以在均方意义下解出这个方程组。在实际应用中，我们采用迭代的方法来求解。为了使搜索更高效且适应更大的位移量，OpenCV 还提供了在不同分辨率下进行计算的方法。默认的图像等级数量为 3，窗口大小为 15；当然，这些参数是可以修改的。你还可以设定一个终止条件，符合这个条件时就停止迭代搜索。`cv::calcOpticalFlowPyrLK` 函数的第六个参数是剩余均方误差，用于评定跟踪的质量。第五个参数包含二值标志，表示是否成功跟踪了对应的点。

这些就是 Lukas-Kanade 跟踪算法的基本规则。具体实现时还做了优化和改进，使该算法在计算大量特征点的位移时更加高效。

13.2.3 参阅

- 第 8 章详细介绍了检测特征点的方法。
- 13.4 节将通过跟踪特征点来跟踪物体。
- B. Lucas 和 T. Kanade 于 1981 年发表在 *Int. Joint Conference in Artificial Intelligence* 第 674 页至第 679 页的经典论文 "An Iterative Image Registration Technique with an Application to Stereo Vision" 描述了原始的特征点跟踪算法。

❑ J. Shi 和 C. Tomasi 于 1994 年发表在 *IEEE Conference on Computer Vision and Pattern Recognition* 第 593 页至第 600 页的"Good Features to Track"描述了原始特征点跟踪算法的改进版本。

13.3 估算光流

相机在进行拍摄时，物体的亮度值被投影到成像传感器上，从而形成了照片。我们通常关注视频序列中运动的部分，即场景中不同元素的三维运动在成像平面上的投影。三维运动向量的投影图被称作**运动场**。但是在只有一个相机传感器的情况下，是不可能直接测量三维运动的，我们只能观察到帧与帧之间运动的亮度模式。亮度模式上的表观运动被称作**光流**。通常认为运动场和光流是等同的，但其实不一定。典型的例子是观察均匀的物体；例如相机在白色的墙壁前移动时就不产生光流。

还有一个常见的例子，就是理发店门口的旋转灯柱。

这个例子中，运动场上的运动向量是水平方向的，因为灯柱绕垂直的轴心旋转。但是在路人眼中，红色和蓝色带子是向上运动的，而这正是光流的方向。虽然有这些差异，但仍可以用光流粗略地表示运动场。本节将解释如何估算出图像序列的光流。

13.3.1 准备工作

估算光流其实就是量化图像序列中亮度模式的表观运动。首先来看视频中某个时刻的一帧画面。观察当前帧的某个像素(x, y)，我们要知道它在下一帧会移动到哪个位置。也就是说，这个点的坐标在随着时间变化（表示为$(x(t), y(t))$），而我们要估算出这个点的速度$(dx/dt, dy/dt)$。可以从对应的帧中获取这个点在 t 时刻的亮度，表示为 $I(x(t), y(t), t)$。

根据**图像亮度恒定**的假设，可以认为这个点的亮度不会随着时间变化：

$$\frac{dI(x(t), y(t), t)}{dt} = 0$$

利用链式法则，可以写作：

$$\frac{dI}{dx}\frac{dx}{dt} + \frac{dI}{dy}\frac{dy}{dt} + \frac{dI}{dt} = 0$$

这就是**亮度恒定方程**，它建立了光流分量（x 和 y 对时间的导数）与图像导数之间的关系。这就是上一节推导出的方程，这里只是用另一种方式表示。

但这个单一方程（含两个未知量）无法计算出一个像素位置的光流，我们还需要增加一个额外的约束条件。常见的方法是假定光流具有一定的平滑度，即相邻的光流向量是相似的。如果不能满足这个假定条件，就无法进行计算。这个约束条件可以用基于光流的拉普拉斯算子的公式表示：

$$\frac{\partial^2}{\partial x^2}\left(\frac{dx}{dt}\right) + \frac{\partial^2}{\partial y^2}\left(\frac{dy}{dt}\right)$$

现在要做的就是找到光流场，使亮度恒定公式的偏差和光流向量的拉普拉斯算子都达到最小值。

13.3.2　如何实现

估算稠密光流的方法有很多，OpenCV 已经实现了其中的几种。我们可以使用 `cv::Algorithm` 的子类 `cv::DualTVL1OpticalFlow`。实现模式后，先来创建这个类的实例，并获取其指针：

```
// 创建光流算法
cv::Ptr<cv::DualTVL1OpticalFlow> tvl1 = cv::createOptFlow_DualTVL1();
```

这个实例已经可以使用了，所以只需调用计算两个帧之间的光流场的方法即可：

```
cv::Mat oflow; // 二维光流向量的图像
// 计算 frame1 和 frame2 之间的光流
tvl1->calc(frame1, frame2, oflow);
```

所得结果是二维向量（`cv::Point`）组成的图像，每个二维向量表示一个像素在两个帧之间的变化值。要展示结果，就必须显示这些向量。为此我们创建了一个函数，用来创建光流场的图像映射。为控制向量的可见性，需要使用两个参数。第一个参数是步长，表示每隔一定数量的像素再显示一个向量；这个步长确定了显示向量的空间。第二个参数是缩放因子，用来延长向量，以提高清晰度。每个光流向量就是一条短线，线的末端有一个代表箭头的圆圈。映射函数的代码为：

```cpp
// 绘制光流向量图
void drawOpticalFlow(const cv::Mat& oflow, // 光流
        cv::Mat& flowImage,          // 绘制的图像
        int stride,                   // 显示向量的步长
        float scale,                  // 放大因子
        const cv::Scalar& color)  // 显示向量的颜色
{
    // 必要时创建图像
    if (flowImage.size() != oflow.size()) {
        flowImage.create(oflow.size(), CV_8UC3);
        flowImage = cv::Vec3i(255,255,255);
    }

    // 对所有向量，以 stride 作为步长
    for (int y = 0; y < oflow.rows; y += stride)
        for (int x = 0; x < oflow.cols; x += stride) {
            // 获取向量
            cv::Point2f vector = oflow.at< cv::Point2f>(y, x);
            // 画线条
            cv::line(flowImage, cv::Point(x,y),
                    cv::Point(static_cast<int>(x + scale*vector.x + 0.5),
                            static_cast<int>(y + scale*vector.y + 0.5)),
                    color);
            // 画顶端圆圈
            cv::circle(flowImage,
                    cv::Point(static_cast<int>(x + scale*vector.x + 0.5),
                            static_cast<int>(y + scale*vector.y + 0.5)),
                    1, color, -1);
        }
}
```

看下面两个帧。

使用这两个帧时，可以用上面的函数绘制光流场：

```
// 绘制光流图
cv::Mat flowImage;
drawOpticalFlow(oflow,                    // 输入光流向量
                flowImage,                // 生成的图像
                8,                        // 每隔 8 个像素显示一个向量
                2,                        // 长度延长 2 倍
                cv::Scalar(0, 0, 0));     // 向量颜色
```

结果如下图所示。

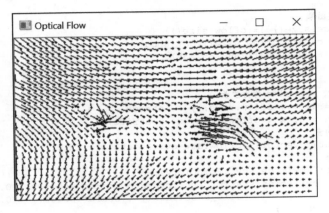

13.3.3　实现原理

前面讲过，通过优化亮度恒定约束和光滑函数的组合函数，可以估算出光流场。这个方程组就是光流场的经典公式，并且已经得到了很多优化。

前面使用的方法被称作**双 DV L1** 方法，由两部分组成。第一部分使用光滑约束，使光流梯度的绝对值（不是平方值）最小化；选用绝对值可以削弱平滑度带来的影响，尤其是对于不连续的区域，运动物体和背景部分的光流向量的差别很大。第二部分使用**一阶泰勒近似**，使亮度恒定约束公式线性化。这里不讨论公式的细节，但可以肯定的是，线性化更有利于迭代估算光流场。但由于线性化近似只对位移量很小的情况有效，因此这个算法需要采用由粗到细的估算模式。

本节使用这个方法时，参数都采用了默认值。你也可以用设置方法和获取方法修改参数，以调整处理效果和计算速度。例如，可以修改金字塔算法的层数，也可以调节迭代步骤的终止条件，使它更严格或更宽松。此外还有一个很重要的参数，即亮度恒定约束与光滑度约束的相对权重。如果把亮度约束的权重减 2，产生的光流场就会更加光滑：

```
// 计算两个帧之间更加光滑的光流
tvl1->setLambda(0.075);
tvl1->calc(frame1, frame2, oflow);
```

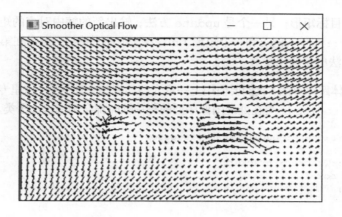

13.3.4　参阅

- B. K. P. Horn 和 B. G. Schunck 于 1981 年发表在 *Artificial Intelligence* 上的论文 "Determining optical flow" 是有关光流计算的经典文章。
- C. Zach、T. Pock 和 H. Bischof 于 2007 年发表在 *IEEE conference on Computer Vision and Pattern Recognition* 上的论文 "A duality based approach for real time tv-l1 optical flow" 详细介绍了双 TV-L1 算法。

13.4　跟踪视频中的物体

前面两节介绍了如何在图像序列中跟踪运动的点和像素，但在很多应用程序中，更希望能够跟踪视频中一个特定的运动物体。为此要先标识出该物体，然后在很长的图像序列中对它进行跟踪。这是一个很有挑战性的课题，因为随着物体在场景中的运动，物体的图像会因视角和光照改变、非刚体运动、被遮挡等原因而不断变化。

本节将介绍 OpenCV 实现的几种物体跟踪算法。为了便于方法之间的替换，这些实现方法都是基于同一个框架的。开源软件贡献者也提供了很多新的算法。值得注意的是，4.8 节已经介绍了一种物体跟踪算法，它使用了根据积分图像计算得到的直方图。

13.4.1　如何实现

在处理可视化物体跟踪问题时，通常假设事先并不知道待跟踪的物体。开始跟踪前，要先在一个帧中标识出物体，然后从这个位置开始跟踪。标识物体的方法就是指定一个包含该物体的矩形，而跟踪模块的任务就是在后续的帧中重新识别出这个物体。

与之对应，OpenCV 中的物体跟踪框架类 cv::Tracker 包含两个主方法，一个是 init 方

13

法，用于定义初始目标矩形；另一个是 update 方法，输出新的帧中对应的矩形。两个方法的参数都是一个帧（cv::Mat 实例）和一个矩形（cv::Rect2D 实例），矩形在第一个方法中是输入参数，在第二个方法中是输出参数。

为验证一种物体跟踪算法，我们要使用上一章介绍的视频处理框架。这里专门定义了一个框架处理子类，VideoProcessor 类在处理图像序列的每一帧时都会调用这个子类。该子类的属性有：

```cpp
class VisualTracker : public FrameProcessor {

  cv::Ptr<cv::Tracker> tracker;
  cv::Rect2d box;
  bool reset;

  public:
  // 构造函数指定选用的跟踪器
  VisualTracker(cv::Ptr<cv::Tracker> tracker) :
                 reset(true), tracker(tracker) {}
```

每次指定包含新物体的矩形时，跟踪模块都会重新初始化，reset 属性被设为 true。用 setBoundingBox 方法存储新的物体位置：

```cpp
// 设置矩形，以启动跟踪过程
void setBoundingBox(const cv::Rect2d& bb) {
  box = bb;
  reset = true;
}
```

用于处理每一帧的回调函数会直接调用跟踪模块中相关的方法，计算出新的矩形并在帧中显示出来：

```cpp
// 回调函数
void process(cv:: Mat &frame, cv:: Mat &output) {

  if (reset) { // 新跟踪会话
    reset = false;
    tracker->init(frame, box);

  } else {
    // 更新目标位置
    tracker->update(frame, box);
  }

  // 在当前帧中绘制矩形
  frame.copyTo(output);
  cv::rectangle(output, box, cv::Scalar(255, 255, 255), 2);
}
```

下面使用 OpenCV 的中值流量（Median Flow）跟踪器，说明 VideoProcessor 和 FrameProcessor 实例是如何实现物体跟踪的：

```cpp
int main(){
    // 创建视频处理器实例
    VideoProcessor processor;

    // 生成文件名
    std::vector<std::string> imgs;
    std::string prefix = "goose/goose";
    std::string ext = ".bmp";

    // 添加用于跟踪的图像名称
    for (long i = 130; i < 317; i++) {

        std::string name(prefix);
        std::ostringstream ss; ss << std::setfill('0') <<
                std::setw(3) << i; name += ss.str();
        name += ext;
        imgs.push_back(name);
    }

    // 创建特征提取器实例
    VisualTracker tracker(cv::TrackerMedianFlow::createTracker());

    // 打开视频文件
    processor.setInput(imgs);

    // 设置帧处理器
    processor.setFrameProcessor(&tracker);

    // 声明显示视频的窗口
    processor.displayOutput("Tracked object");

    // 定义显示的帧速率
    processor.setDelay(50);

    // 指定初始目标位置
    tracker.setBoundingBox(cv::Rect(290,100,65,40));

    // 开始跟踪
    processor.run();
}
```

第一个矩形是图像序列中的一只鹅，在后续的帧中会被自动跟踪。

13

但随着视频的推进，跟踪结果难免会产生误差。细小的误差逐渐累积起来，会导致跟踪结果慢慢偏离实际目标。下面是处理完 130 帧后的跟踪结果。

跟踪器最终会完全丢失目标。是否能长时间不失去目标，是判断跟踪器好坏最重要的指标。

13.4.2　实现原理

本节介绍了跟踪图像序列中物体的通用类 `cv::Tracker`，并选用了中值流量跟踪算法来展示跟踪效果。如果被跟踪的物体带纹理、运动速度不太快且没有明显的遮挡，这种方法是简单又有效的。

中值流量跟踪算法的基础是特征点跟踪。它先在被跟踪物体上定义一个点阵。你也可以改为检测物体的兴趣点，例如采用第 8 章介绍的 FAST 算子检测兴趣点。但是使用预定位置的点有很多好处：它不需要计算兴趣点，因而节约了时间；它可以确保用于跟踪的点的数量足够多，还能确保这些点分布在整个物体上。默认情况下，中值流量法采用 10×10 的点阵。

下一步将使用 13.2 节介绍的 Lukas-Kanade 特征跟踪算法。在下一帧中跟踪点阵上的每个点。

接着，中值流量算法估算跟踪过程中产生的误差。估算误差的一种方法是在点的初始位置和跟踪位置的周边设一个窗口，计算窗口内像素差值的绝对值之和。计算这种类型的误差非常方便，调用 cv::calcOpticalFlowPyrLK 函数即可。另一种衡量中值流量算法误差的方法称作前进–后退误差。从第一帧到第二帧跟踪一批点后，从新的位置反向跟踪回来，看它们是否回到了初始位置。比较前进–后退的位置与初始位置，得到的差值就是跟踪误差。

计算出每个点的跟踪误差后，只使用其中误差最小的 50% 来计算矩形在下一幅图像中的位置。计算出每个点的位置后，取它们的中值。为计算图像缩放比例，要把这些点分组，每组两个；然后分别计算这两个点在初始帧和后续帧中的距离，并计算这两个距离的比值。同样，这里要采用这些比值的中值。

中值跟踪法是众多基于特征点跟踪的可视物体跟踪方法中的一种。还有一类方法基于模板匹配，即 9.2 节介绍的概念。其中有代表性的是 Kernelized Correlation 滤波法（Kernelized Correlation Filter，KCF），它在 OpenCV 中用 cv::TrackerKCF 类实现：

```
VisualTracker tracker(cv::TrackerKCF::createTracker());
```

总的来说，它把标识目标的矩形看作一个模板，用于搜寻物体在下一个视图中的位置。按理来说，可以使用简单的关联性计算模板，但是 KCF 算法使用了一个特殊的技巧——基于傅里叶变换（6.1 节曾做过简要介绍）——来计算模板。这里不讨论具体细节，根据信号处理理论，在图像上关联模板就相当于是频域内的图像乘法运算。采用这种方法，可以显著提高在下一帧中识别匹配窗口的速度，KCF 也因此成为最快和鲁棒性最好的跟踪器之一。下面的例子是用 KCF 跟踪 130 帧后矩形的位置。

13

13.4.3　参阅

- ❏ Z. Kalal、K. Mikolajczyk 和 J. Matas 于 2010 年发表在 *Int. Conf. on Pattern Recognition* 上的论文 "Forward-backward error:Automatic detection of tracking failures" 描述了中值流量算法。
- ❏ Z. Kalal、K. Mikolajczyk 和 J. Matas 于 2012 年发表在 *IEEE Transactions on Pattern Analysis and Machine Intelligence* 第 34 卷第 7 期中的论文 "Tracking-learning-detection" 介绍了一种利用中值流量算法的高级跟踪方法。
- ❏ J. F. Henriques、R. Caseiro、P. Martins 和 J. Batista 于 2014 年发表在 *IEEE Transactions on Pattern Analysis and Machine Intelligence* 第 37 卷第 3 期中的论文 "High-Speed Tracking with Kernelized Correlation Filters" 描述了 KCF 跟踪算法。

第 14 章

实用案例

本章包括以下内容：

❑ 用最邻近局部二值模式实现人脸识别；
❑ 通过级联 Haar 特征实现物体和人脸定位；
❑ 用支持向量机和方向梯度直方图实现物体和行人检测。

14.1 简介

人们现在通常用机器学习来解决复杂的计算机视觉问题。机器学习是一个内容非常广泛的研究领域，包含很多重要概念，写成一本书绝对不为过。本章将探讨几种主要的机器学习技术，并说明如何在 OpenCV 计算机视觉系统中加以应用。

机器学习的核心内容是建立一套计算机系统，使其能自己学会如何处理数据。向机器学习系统输入带有明确结果的样本数据，它就能自动适应并不断改进，而不需要显式的编程。训练过程完成后，系统就会对新的输入做出正确的响应。

机器学习可以解决很多类型的问题，这里将重点关注分类问题。理论上，要构建一个分类器，使其能识别带有某些特性的事物，就必须用大量带有标注的样本数据对其进行训练。对于二类分类问题，这些训练数据包括**正样本**和**负样本**，其中正样本代表属于该类别的实例，而负样本代表不属于该类型的反例。通过这些样本，分类器将产生一个能对任何实例做出正确判断的**决策函数**。

在计算机视觉领域，样本就是图像（或视频片段）。机器学习的第一步是要找到一种模型，可以用简洁又有差异性的方式准确地反映每幅图像的内容。最简单的模型就是采用固定大小的缩略图；把缩略图的像素逐行列出，组成一个向量，作为机器学习算法的训练样本。此外还可以使用其他效果更好的模型。本章将分析几种不同的图像模型，并介绍几种常用的机器学习算法。需要强调的是，本章不会涉及各种机器学习技术的细节，而是着重关注实现相关功能的基本原理。

14.2 人脸识别

本节将先介绍**最近邻分类法**，它可能是最简单的机器学习方法；再介绍局部二值模式特征，它对图像纹理和轮廓进行独立编码，是一种常用的图像模型。

我们用人脸识别作为具体示例。这是一个很有挑战性的课题，人们在最近 20 年对此进行了大量研究。本节将介绍一种基本方法，它是 OpenCV 实现人脸识别的几种方法之一。这种方法的鲁棒性明显不高，只能在非常理想的情况下使用，但它是机器学习和人脸识别的极佳入门案例。

14.2.1 如何实现

OpenCV 提供了很多人脸识别方法，它们都是通用类 cv::face::FaceRecognizer 的子类。本节选用 cv::face::LBPHFaceRecognizer 类，因为它基于一种简单但通常很有效的分类方法——最邻近分类法。而且它使用的图像模型基于**局部二值模式**（local binary pattern，LBP）特征，这是一种很常见的图像描述模式。

调用 cv::face::LBPHFaceRecognizer 的静态函数 create 以创建它的实例：

```
cv::Ptr<cv::face::FaceRecognizer> recognizer =
    cv::face::createLBPHFaceRecognizer(1, // LBP 模式的半径
        8,        // 使用邻近像素的数量
        8, 8,     // 网格大小
        200.8);   // 最邻近的距离阈值
```

前面两个参数声明了所用 LBP 特征的属性，后面会详细解释。接着要向识别器输入一批参考人脸图像，具体为提供两个向量，一个存放人脸图像，另一个存放对应的标签。每个标签就是一个任意大小的整数，代表一个具体的人。训练识别器的方法就是向它输入不同的图像，让它识别每幅图像上的人。很显然，提供的参考图像越多，正确识别人脸的概率就越高。下面是一个简化的例子，只提供两个人，每人两幅图像。调用训练方法的代码为：

```
// 参考图像和标签的向量
std::vector<cv::Mat> referenceImages;
std::vector<int> labels;
// 打开参考图像
referenceImages.push_back(cv::imread("face0_1.png",
                          cv::IMREAD_GRAYSCALE));
labels.push_back(0); // 编号为 0 的人
referenceImages.push_back(cv::imread("face0_2.png",
                          cv::IMREAD_GRAYSCALE));
labels.push_back(0); // 编号为 0 的人
referenceImages.push_back(cv::imread("face1_1.png",
                          cv::IMREAD_GRAYSCALE));
labels.push_back(1); // 编号为 1 的人
referenceImages.push_back(cv::imread("face1_2.png",
                          cv::IMREAD_GRAYSCALE));
```

```
labels.push_back(1);  // 编号为 1 的人

// 通过计算 LBPH 进行训练
recognizer->train(referenceImages, labels);
```

这是所用的图像,第一行是编号为 0 的人,第二行是编号为 1 的人。

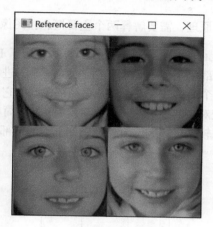

参考图像的质量也非常重要。此外,最好把图像归一化,使关键的面部特征处于标准位置。例如让鼻子在图像中心,同一图像的两只眼睛在同一水平线上。可以调用现成的面部特征检测方法,自动对人脸图像进行归一化处理。这个例子中并没有进行归一化处理,因此它的鲁棒性并不高。不过即便如此,它已经可以使用了。输入一幅图像,它就可以计算出图中人脸对应的人员编号:

```
// 识别图像对应的编号
recognizer->predict(inputImage,      // 人脸图像
                    predictedLabel,  // 识别结果
                    confidence);     // 置信度
```

输入图像如下所示。

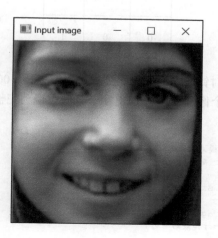

识别器除了返回识别结果，还返回了一个置信度。对于 `cv::face::LBPHFaceRecognizer`，置信度数值越小，识别结果越可信。这个例子得到了正确的识别结果(1)，置信度的值为 90.3。

14.2.2　实现原理

为了理解人脸识别方法的原理，需要解释两个主要概念：图像模型和分类方法。

正如其名，`cv::face::LBPHFaceRecognizer` 算法使用了 LBP 特征，采用相对独立的方法描述图像模式。它是一种局部模式，把每个像素转换为一个二进制数模型，表示邻近位置的图像强度模式。为此需要应用一个简单的规则：将一个局部像素与它的每个邻近像素进行比较，如果它的值大于邻近像素，就把对应的位设为 0，否则设为 1。最简单也是最常用的做法是将每个像素与它的 8 个邻近像素做比较，得到 8 位模式，例如下面的局部模式：

87	98	17
21	26	89
19	24	90

应用上述规则，得到以下二进制数值：

1	1	0
0		1
0	0	1

从左上角的像素开始顺时针方向提取，得到二进制串 11011000，用它表示中心的像素。遍历图像中的所有像素，对每个像素计算其 LBP 字节，即可得到完整的 8 位 LBP 图像。这一步由下面的函数实现：

```
// 计算灰度图像的局部二值模式
void lbp(const cv::Mat &image, cv::Mat &result) {

  result.create(image.size(), CV_8U); // 必要时分配空间

  for (int j = 1; j<image.rows - 1; j++) {
    // 逐行处理（除了第一行和最后一行）
```

```
// 输入行的指针
const uchar* previous = image.ptr<const uchar>(j - 1);
const uchar* current  = image.ptr<const uchar>(j);
const uchar* next     = image.ptr<const uchar>(j + 1);
uchar* output = result.ptr<uchar>(j);            // 输出行

for (int i = 1; i<image.cols - 1; i++) {

   // 构建局部二值模式
   *output =  previous[i - 1] > current[i] ? 1 : 0;
   *output |= previous[i] > current[i] ?        2 : 0;
   *output |= previous[i + 1] > current[i] ? 4 : 0;
   *output |= current[i - 1] > current[i] ? 8 : 0;
   *output |= current[i + 1] > current[i] ? 16 : 0;
   *output |= next[i - 1] > current[i] ?       32 : 0;
   *output |= next[i] > current[i] ?           64 : 0;
   *output |= next[i + 1] > current[i] ?      128 : 0;
   output++; // 下一个像素
}
}
// 将未处理的像素设为 0
result.row(0).setTo(cv::Scalar(0));
result.row(result.rows - 1).setTo(cv::Scalar(0));
result.col(0).setTo(cv::Scalar(0));
result.col(result.cols - 1).setTo(cv::Scalar(0));
}
```

在循环内部，将每个像素与它周围的 8 个像素进行比较，并通过移位运算得到每一位的值。使用下面的图像：

得到 LBP 图像，并作为灰度图像显示。

表示成灰度图像并不是很直观，这里只是用它来说明编码过程。

再来看 cv::face::LBPHFaceRecognizer 类，它的 create 方法的前两个参数分别指定了邻域的大小（半径，单位为像素）和维度（圆上的像素数量，可用于插值）。把得到的 LBP 图像分割成一个网格，网格大小由 create 方法的第三个参数指定。对网格上的每个区块构建直方图。最后，把这些直方图的箱子数组合成一个大的向量，得到全局图像模型。对于 8×8 的网格，计算 256-箱子直方图，得到 16 384 维的向量。

cv::face::LBPHFaceRecognizer 类的 train 函数对每个参考图像都用上述方法计算出一个很长的向量。每个人脸图像都可看作是高维空间上的一个点。识别器用 predict 方法得到一个新图像后，就能找到与它距离最近的参考点。该参考点对应的标签就是识别结果，它们的距离就是置信度。这就是最近邻分类器的基本原理。还有一个因素需要考虑：如果输入点与最近的参考点之间的距离太远，就说明它其实并不属于任何类别，那么“距离太远”的判断标准是什么？这由 cv::face::LBPHFaceRecognizer 的 create 方法的第四个参数决定。

显然，这种方法的原理很简单，并且如果不同的类别在描述空间中生成各自独立的“点云”，它的效果就非常好。另外，它只是从最近的邻域中读取分类结果，因而可以处理多个类别，这也是它的一个优势。它的主要缺点是计算量较大——要从这么大的空间中（参考点的数量还可能很多）找出最近的点，需要耗费很长时间。此外，保存这些参考点也要耗费较大的存储空间。

14.2.3   参阅

❏ T. Ahonen、A. Hadid 和 M. Pietikainen 于 2006 年发表在 *IEEE transaction on Pattern Analysis and Machine Intelligence* 上的论文 “Face description with Local Binary Patterns: Application to Face Recognition” 介绍了如何用 LBP 进行人脸识别。

❑ B. Froba 和 A. Ernst 于 2004 年发表在 *IEEE conference on Automatic Face and Gesture Recognition* 上的论文 "Face detection with the modified census transform" 介绍了 LBP 特征的一个变种。

❑ M. Uricar、V. Franc 和 V. Hlavac 于 2012 年发表在 *International Conference on Computer Vision Theory and Applications* 上的论文 "Detector of Facial Landmarks Learned by the Structured Output SVM" 介绍了一种基于 SVM（详情请参见 14.4 节）的面部特征检测器。

14.3　人脸定位

　　上一节介绍了机器学习的几个基本概念，讲解了如何通过选取不同类别的样本构建分类器。根据上一节的方法，训练分类器时只需保存所有样本的模型，然后在输入新的实例时，从中找出最接近（最邻近）的样本，从而得到新实例的标签。对于大多数机器学习算法，训练样本是一个迭代过程，构建训练模型时要循环遍历全部样本。这样创建的分类器的效果会随着样本的增加而逐步提高。一旦效果达到某个特定标准，或者对于当前训练集已经无法继续提升效果，就可以终止学习过程。本节将介绍一种这样的机器学习算法，即级联增强分类器。

　　但是在讨论这种分类器之前，我们要先了解一下 Haar 特征图像模型。我们知道，一个鲁棒的分类器必须有一个好的模型。上一节介绍的 LBP 就是一种不错的模型，下面介绍另一种常用的模型。

14.3.1　准备工作

　　想要构建分类器，首先要组建一个大（尽量大）的图像样本集，每个样本表示某种类别的不同实例。研究表明，样本的建模方式对分类器的性能有非常重要的影响。通常认为像素级别的建模方式过于低级，难以鲁棒地表示每个类别的内在特性。选用的模型最好能在多种尺度下描述图像的独特图案。这正是 Haar 特征（有时也称作类 Haar 特征）的目标，因为它基于 Haar 变换基函数。

　　Haar 特征定义了包含像素的小型矩形区域，然后用减法运算比较这些矩形。常用的配置有三种，即二矩形特征、三矩形特征和四矩形特征。

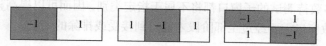

　　这些特征可以为任意大小，可以应用于图像上的任何区域，例如下图是应用于人脸图像的两个 Haar 特征。

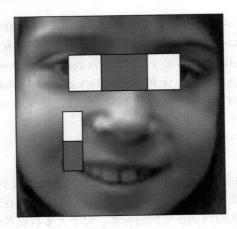

构建 Haar 模型的步骤是，先选取一定数量的特定类型、尺寸和位置的 Haar 特征，然后将它们应用于图像。从选取的 Haar 特征中提取特征值，就构成了图像模型。这里的难点在于如何选择这些特征。实际上，有些 Haar 特征比其他特征更适于区分物体类别。例如在对人脸图像进行分类时，最好使用眼睛之间（见上图）的三矩形 Haar 特征，因为它对所有人脸图像稳定地生成高特征值。可用的 Haar 特征多达几十万，手动挑选显然是很困难的。因此，我们要采用机器学习方法，为特定的类别选择最适合的特征。

14.3.2   如何实现

本节将介绍如何用 OpenCV 构建**增强型级联特征**，并用它创建二类分类器。首先解释一下相关术语。所谓二类分类器，就是能区分出属于某个类的实例（例如人脸图像）和不属于这个类的实例（例如非人脸图像）的分类器。这些实例分别称为**正样本**（即人脸图像）和**负样本**（即非人脸图像），后者又称为背景图。本节介绍的分类器由多个简单分类器按一定的顺序级联而成。级联中的每个阶段根据小规模的特征子集取得特征值，并根据这个特征值快速地判断，决定拒绝或接受这个目标。如果每个阶段的判断都比上一个阶段更加精确，使性能得到提升（增强），那么整个级联分类器都会增强。这种做法的主要优势在于，级联中前面的阶段只进行一些简单的测试，可以快速排除掉那些明显不属于指定类别的实例。在早期阶段将它们排除掉后，通过扫描图像搜索某类物体时，大多数待测试的子窗口都将不属于指定类别，因而可以提高整个级联分类器的速度。这样，只有少数窗口需要经过全部阶段才能得到接受或排除的结论。

为了训练针对特定类别的增强型级联分类器，OpenCV 提供了一个软件工具，可以完成全部必需的操作。安装该软件后，在对应的 bin 目录下有两个可执行文件，即 opencv_createsamples.exe 和 opencv_traincascade.exe。要确保系统的 PATH 指向这个目录，以便能在任何位置启动这些工具。

训练分类器的第一件事就是选取样本。正样本就是含有目标类的实例的图像。下面是一个简单的例子，要训练一个能识别停止路标的分类器。选取的一些正样本如下图所示。

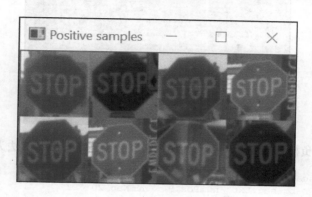

正样本清单必须存储在一个文本文件中，这里的文件名为 stop.txt。文件中包含图像文件名和矩形的坐标：

```
stop00.png 1 0 0 64 64
stop01.png 1 0 0 64 64
stop02.png 1 0 0 64 64
stop03.png 1 0 0 64 64
stop04.png 1 0 0 64 64
stop05.png 1 0 0 64 64
stop06.png 1 0 0 64 64
stop07.png 1 0 0 64 64
```

图像文件名后的第一个数字表示图像中正样本的数量，紧接着的两个数字表示包含正样本的矩形的左上角坐标，然后是矩形的宽度和高度。在这个例子中，因为已经从原始图像中提取出了正样本，所以每个文件只有一个样本，且左上角坐标都是(0,0)。生成这个文件后，就可以调用提取工具生成正样本文件。

```
opencv_createsamples -info stop.txt -vec stop.vec -w 24 -h 24 -num 8
```

上述操作的输出文件是 stop.vec，文件存储了文本文件中指定的全部正样本。注意，这里的样本尺寸变小了，从原始尺寸(64×64)变为了(24×24)。提取工具会根据指定的尺寸缩放样本。通常情况下，Haar 特征更适合使用较小的模板，但也要看具体的情况。

负样本就是背景图像，即没有包含所需类别的实例（在本例中就是没有停止路标）。但是这些图像应该包含分类器所需的各种内容。没有关于需要多少负样本图像的要求，训练时会从中随机提取。我们用下面的图片作为背景图像。

准备好正样本和负样本后，就可以开始训练级联分类器了。调用方法为：

```
opencv_traincascade  -data classifier -vec stop.vec
                -bg neg.txt -numPos 9  -numNeg 20
                -numStages 20 -minHitRate 0.95
                -maxFalseAlarmRate 0.5 -w 24 -h 24
```

这些参数的意义将在后面说明。需要注意的是，训练过程所需的时间可能会很长；有些复杂的训练过程包含数千个样本，可能会耗费几天的时间。在运行过程中，每执行完一个阶段都会输出性能报告。其中需要特别关注的是当前**命中率**（hit rate，HR）；这个值表示当前被接受的正样本的百分比（即当前被识别为正实例，又称**真正样本**），这个数值越接近 1.0 越好。此外还会有当前**虚警率**（false alarm rate，FA），它表示被误认为正实例的负样本（又称**假正样本**），这个数值越接近 0.0 越好。每个阶段的每个特征都会显示这两个数值。

这个例子比较简单，只需运行几秒钟。分类器的训练结果存储在一个 XML 文件里。到这一步，分类器就已经可以使用了！向它提交任何样本，都可以得到判断结果，表明该样本是正样本还是负样本。

这个例子用了 24×24 的图像训练分类器，但在一般情况下，我们需要能在图像（无论大小）的全部位置找出指定类的实例。为此就必须扫描图像，并提取出任意尺寸的样本窗口。如果分类器足够精准，就只会把包含特定物体的窗口作为正样本。但这仅限于正样本的尺寸都比较一致的情况。如果样本尺寸不一致，就必须构建一个图像金字塔，在每一层以固定比例缩小图像。从上往下遍历金字塔，物体会逐层变大，肯定会有一层与被训练的样本大小匹配。这个过程非常漫长，好在 OpenCV 已经提供了实现这个过程的类。它的用法非常简单，首先装载对应的 XML 文件，构建分类器：

```
cv::CascadeClassifier cascade;
if (!cascade.load("stopSamples/classifier/cascade.xml")) {
  std::cout << "Error when loading the cascade classfier!"
          << std::endl;
  return -1;
}
```

然后针对输入图像调用检测函数：

```
cascade.detectMultiScale(inputImage, // 输入图像
        detections,            // 检测结果
        1.1,                   // 缩小比例
        2,                     // 所需近邻数量
        0,                     // 标志位（不用）
        cv::Size(48, 48),      // 检测对象的最小尺寸
        cv::Size(128, 128));   // 检测对象的最大尺寸
```

结果为由 `cv::Rect` 的实例组成的向量。只要在输入图像上画出这些矩形，就可以显示检测结果：

```
for (int i = 0; i < detections.size(); i++)
  cv::rectangle(inputImage, detections[i],
          cv::Scalar(255, 255, 255), 2);
```

用一幅图像测试这个分类器，得到如下结果。

14.3.3　实现原理

根据前面的介绍，我们知道可以用某类物体的正样本和负样本构建 OpenCV 级联分类器。现在来回顾一下用于训练级联分类器的算法的主要步骤。前面用 Haar 特征（详情请参见 14.1 节）训练了一个级联分类器，下面你将看到，任何其他的单一特征都能用于构建增强型级联分类器。增强型学习的理论和概念非常复杂，这里不展开讨论，相关资料可参见 14.3.5 节。

首先来回顾一下支撑增强型级联分类器的两个原理。第一个原理，将多个弱分类器（即基于单一特征的分类器）组合起来，可以形成一个强分类器。第二个原理，因为机器视觉中的负样本比正样本多得多，所以可以把分类过程分为多个阶段，以提高效率。前面的阶段可以快速排除掉明显不符合要求的实例，后面的阶段可以处理更复杂的样本，进行更精确的判断。下面将基于这

两个原理解释增强型级联学习算法，并使用一种最常用的增强类型，即 AdaBoost。此外，还将对 opencv_traincascade 工具的部分参数进行说明。

本节将利用 Haar 特征构建弱分类器。每应用一个 Haar 特征（指定类型、大小和位置），就得到一个特征值。只要找到根据特征值区分负实例和正实例的最佳阈值，就得到了一个单一分类器。为找到这个最佳阈值，就需要一批正样本和负样本（opencv_traincascade 的参数 -numPos 和 -numNeg 分别表示所用正样本和负样本的数量）。因为可用的 Haar 特征非常多，所以需要逐个检查并选取最适用于区分样本的特征。显然，这种非常基本的分类器可能会出错（即对一些样本进行错误分类），因此需要构建多个分类器；每当要寻找分类效果最好的新 Haar 特征时，就增加一个分类器。在迭代时要重点关注被错误分类的样本，评价分类性能时要给这些样本更高的权值。这样就得到了一批单一分类器，然后把这些弱分类器进行加权累计（性能较好的分类器获得更高的权值），继而构建一个强分类器。采用这种方法将数百个单一特征组合起来，即可得到一个性能良好的强分类器。

级联分类器的核心思想是在早期排除掉不符合要求的样本。我们不希望在构建强分类器时使用大量的弱分类器，而是要找到只用少量 Haar 特征的极小型分类器，以便快速排除明显的负样本，并保留全部正样本。AdaBoost 的典型形式就是通过统计假负样本（被看作负样本的正样本）和假正样本（被看作正样本的负样本）的数量，使分类错误的总数最小化。这种情况下，需要大多数（最好全部）正样本能被正确分类，以降低假正率。好在 AdaBoost 是可以调节的，能使真正样本的可靠性更高。因此，训练级联分类器的每个阶段都必须设置两个约束条件：最小命中率和最大虚警率，可以通过在 opencv_traincascade 中设置参数 -minHitRate（默认为 0.995）和 -maxFalseAlarmRate（默认为 0.5）实现。只有满足了这两个性能指标，才会在这个阶段加入 Haar 特征。设置的最小命中率必须足够大，以确保正实例能顺利进入下一阶段。注意，如果一个阶段排除了正实例，这个错误就无法修复。因此，为了避免分类器的生成过程太复杂，要把最大虚警率设置得高一点，否则在训练阶段就需要大量 Haar 特征才能满足性能指标，这违背了早期排除和快速计算的初衷。

一个好的级联分类器，前期阶段的特征数要很少，到后期再逐步增加。在 opencv_traincascade 工具中，用参数 -maxWeakCount（默认值 100）设置每个阶段的最大特征数，用 -numStages（默认值 20）设置阶段的个数。

每开启一个新的训练阶段，都要选取新的负样本，这些负样本是从背景图中提取的。这里的难点在于，要找出通过了前面所有阶段的负样本（即被错误地认作正样本）。完成的阶段越多，找出这种负样本的难度就越大。正因为如此，背景图的种类一定要多，这一点很重要。接着，可以从这些难以分类的样本（因为它们与正样本非常相似）中提取出小块。另外需要注意，如果在一个阶段中，在不需要增加新特征的情况下就能满足两个性能指标，那就在此时停止级联分类器的训练（这个分类器已经能够使用；也可以加入更难的样本，重新训练）。反之，如果这个阶段无法满足性能指标，也应该停止训练；这时应该降低性能指标，重新训练。

很明显,一个包含 n 个阶段的级联分类器的整体性能至少要好于 `minHitRate`^{n} 和 `maxFalse` `AlarmRate`^{n}。这是因为在级联分类器中,每个阶段都是在前面阶段的基础上构建的。例如 `opencv_traincascade` 使用默认参数时,级联分类器的精度(命中率)预计为 0.995^{20},虚警率预计为 0.5^{20}。这意味着 90% 的正实例会被正确地标识,0.001% 的负样本会被错误地标识为正样本。注意,有少数正样本会随着训练阶段的推进而丢失,因此一定要提供比每个阶段所需数量更多的正样本。在上述例子中,`numPos` 应该设为可用正样本数量的 90%。

训练时该使用多少样本?这个问题很重要。虽然具体的数字很难确定,但是很明显,正样本的数量必须足够多,以覆盖识别对象的各种外观。背景图也应该采用相关的图片,比如在识别停止路牌的例子中,我们选用了城市背景的图片,因为这种地方很可能出现路牌。根据经验,通常采用 `numNeg=2*numPos`,但这取决于具体情况。

最后,本节解释了如何用 Haar 特征构建级联分类器。Haar 特征也可以用其他特征来构建,例如上一节介绍的局部二值模式,或者下一节将介绍的方向梯度直方图。在 `opencv_traincascade` 中使用 `-featureType`,可以选用其他类型的特征。

14.3.4　扩展阅读

OpenCV 中有一些预先训练好的级联分类器,可用于检测人脸、脸部特征、人类和其他物体。这些级联分类器以 XML 文件的形式存储在源文件的 **data** 目录下。

用 Haar 级联实现人脸检测

经过预先训练的模型可以直接使用。只需用相应的 XML 文件,创建 `cv::CascadeClassifier` 类的实例:

```
cv::CascadeClassifier faceCascade;
if (!faceCascade.load("haarcascade_frontalface_default.xml")) {
  std::cout << "Error when loading the face cascade classfier!"
            << std::endl;
  return -1;
}
```

然后用 Haar 特征检测人脸,代码为:

```
faceCascade.detectMultiScale(picture, // 输入图像
                detections,            // 检测结果
                1.1,                   // 缩小比例
                3,                     // 所需近邻数量
                0,                     // 标志位 (不用)
                cv::Size(48, 48),      // 检测对象的最小尺寸
                cv::Size(128, 128));   // 检测对象的最大尺寸
// 在图像上画出检测结果
for (int i = 0; i < detections.size(); i++)
  cv::rectangle(picture, detections[i],
                cv::Scalar(255, 255, 255), 2);
```

14

可以用同样的过程检测眼睛，得到如下结果。

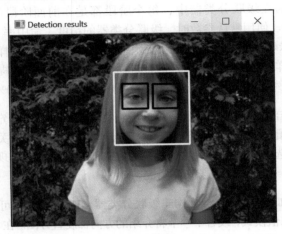

14.3.5　参阅

❑ 9.3 节介绍了 SURF 描述子，它也使用了类似 Haar 的特征。

❑ P. Viola 和 M. Jones 于 2001 年发表在 *Computer Vision and Pattern Recognition conference* 上的论文 "Rapid object detection using a boosted cascade of simple features" 是有关增强型级联分类器和 Haar 特征的经典论文。

❑ Y. Freund 和 R. E. Schapire 于 1999 年发表在 *Journal of Japanese Society for Artificial Intelligence* 上的论文 "A short introduction to boosting" 介绍了分类器增强的理论基础。

❑ S. Zhang、R. Benenson 和 B. Schiele 于 2015 年发表在 *IEEE Conference on Computer Vision and Pattern Recognition* 上的论文 "Filtered Channel Features for Pedestrian Detection" 介绍了与 Haar 类似的特征，可进行极其准确的检测。

14.4　行人检测

本节将介绍另一种机器学习方法，即支持向量机（Support Vector Machines，SVM），它可以利用训练数据生成非常精确的二类分类器。支持向量机可以解决很多计算机视觉问题，已经得到了广泛的应用。它使用一个数学公式来解决分类问题，该公式用于解决高维空间的几何学问题。

本节还将介绍一种新的图像模型，它常与 SVM 组合使用，构建鲁棒的目标检测器。

14.4.1　准备工作

物体的图片主要靠形状和纹理区分彼此，这些特征可以用**方向梯度直方图**（Histogram of

Oriented Gradients，HOG）模型表示。正如其名，这种模型的基础就是图像梯度的直方图；具体来说是梯度方向的分布图，因为我们更加关注形状和纹理。此外，为了观察这些梯度的空间分布，需要把图像划分成网格，并以此计算多个直方图。

构建 HOG 模型的第一步就是计算图像的梯度。把图像分割成小的单元格（例如 8 像素×8 像素），并针对每个单元格计算方向梯度直方图。方向的值会被分割成多个箱子。通常只考虑梯度的方向，不考虑正负（称作无符号梯度）。这里的方向值范围是 0 度~180 度。采用 9 个箱子的直方图，方向值的分割间距为 20 度。每个单元格的梯度向量产生一个箱子，该箱子的权重对应梯度的幅值。

然后把这些单元格组合成多个区块，每个区块包含固定数量的单元格。图像上的区块可以互相重叠（即可以共用一些单元格）。例如由 2×2 的单元格组成的一个区块，每个单元格都可以定义一个区块；也就是说，区块的步长为一个单元格，每个单元格（除了每行的最后一个）属于两个区块。如果区块的步长是两个单元格，那么区块之间就不会重叠。每个区块包含特定数量的单元格直方图（例如 2×2 的区块有 4 个直方图）。这些直方图串联起来就构成了一个很长的向量（假设每个直方图有 9 个箱子，4 个直方图就构成长度为 36 的向量）。为了使模型具有可比性，要对向量做归一化处理（例如将每个元素除以向量幅值）。最后将所有区块的向量（逐行）串联起来，组成一个非常大的向量（假设图像为 64×64，每个单元格为 8×8，每个区块为 16×16，步长为 1 个单元格，共得到 7 个区块；最终得到向量的维度是 49×36=1764）。这个大向量就是图像的 HOG 模型。

由此可见，图像 HOG 模型的向量的维度非常高（14.4 节将介绍如何显示 HOG 模型）。这个向量就代表了图像的特征，可用于各种物体图像的分类。为此，我们需要一种能处理这种高维向量的机器学习方法。

14.4.2　如何实现

本节将构建另一种停止路牌识别器。这只是一个简单的例子，用来说明机器学习的过程。和上一节一样，第一步是选取训练用的样本。这次使用的正样本如下图所示。

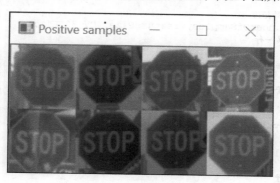

14

负样本（很少）如下图所示。

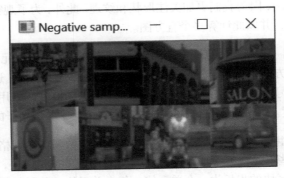

下面介绍如何用 SVM（`cv::svm` 类）区分这两种类别的样本。为构建鲁棒的分类器，需要用本节介绍的 HOG 来表示这些样本。具体来说，用 8×8 的区块、2×2 的单元格、步长为 1 个单元格：

```
cv::HOGDescriptor hogDesc(positive.size(),  // 窗口大小
                          cv::Size(8, 8),   // 区块大小
                          cv::Size(4, 4),   // 区块步长
                          cv::Size(4, 4),   // 单元格大小
                          9);               // 箱子数量
```

样本为 64×64，采用 9 箱直方图，产生的 HOG 向量（共 225 个区块）大小为 8100。对每个样本计算描述子，并转换成单一矩阵（每行一个 HOG）：

```
// 计算第一个描述子
std::vector<float> desc;
hogDesc.compute(positives[0], desc);

// 样本描述子矩阵
int featureSize = desc.size();
int numberOfSamples = positives.size() + negatives.size();

// 创建存储样本 HOG 的矩阵
cv::Mat samples(numberOfSamples, featureSize, CV_32FC1);
// 用第一个描述子填第一行
for (int i = 0; i < featureSize; i++)
  samples.ptr<float>(0)[i] = desc[i];

// 计算正样本的描述子
for (int j = 1; j < positives.size(); j++) {
  hogDesc.compute(positives[j], desc);
  // 用当前描述子填下一行
  for (int i = 0; i < featureSize; i++)
    samples.ptr<float>(j)[i] = desc[i];
}
// 计算负样本的描述子
for (int j = 0; j < negatives.size(); j++) {
  hogDesc.compute(negatives[j], desc);
```

```
      // 用当前描述子填下一行
      for (int i = 0; i < featureSize; i++)
        samples.ptr<float>(j + positives.size())[i] = desc[i];
  }
```

计算第一个 HOG 以取得描述子大小，并创建描述子矩阵。然后创建第二个矩阵，包含每个样本的标签。这里前面几行是正样本（标签肯定为 1），后面几行是负样本（标签为-1）：

```
  // 创建标签
  cv::Mat labels(numberOfSamples, 1, CV_32SC1);
  // 正样本的标签
  labels.rowRange(0, positives.size()) = 1.0;
  // 负样本的标签
  labels.rowRange(positives.size(), numberOfSamples) = -1.0;
```

下一步是构建 SVM 分类器，用于训练；还要选择 SVM 的类型和选用的内核（后面会解释这些参数）：

```
  // 创建 SVM 分类器
  cv::Ptr<cv::ml::SVM> svm = cv::ml::SVM::create();
  svm->setType(cv::ml::SVM::C_SVC);
  svm->setKernel(cv::ml::SVM::LINEAR);
```

现在可以开始训练了。首先在分类器中输入带标签的样本，并调用 train 方法：

```
  // 准备训练数据
  cv::Ptr<cv::ml::TrainData> trainingData =
        cv::ml::TrainData::create(samples,
                        cv::ml::SampleTypes::ROW_SAMPLE, labels);
  // SVM 训练
  svm->train(trainingData);
```

训练过程结束后，就可以向分类器提供未知样本，分类器会判断出它的类别（这里用四个样本做测试）：

```
  cv::Mat queries(4, featureSize, CV_32FC1);

  // 每行填入查询描述子
  hogDesc.compute(cv::imread("stop08.png",
                      cv::IMREAD_GRAYSCALE), desc);
  for (int i = 0; i < featureSize; i++)
    queries.ptr<float>(0)[i] = desc[i];
  hogDesc.compute(cv::imread("stop09.png",
                      cv::IMREAD_GRAYSCALE), desc);
  for (int i = 0; i < featureSize; i++)
    queries.ptr<float>(1)[i] = desc[i];
  hogDesc.compute(cv::imread("neg08.png",
                      cv::IMREAD_GRAYSCALE), desc);
  for (int i = 0; i < featureSize; i++)
    queries.ptr<float>(2)[i] = desc[i];
  hogDesc.compute(cv::imread("neg09.png",
                      cv::IMREAD_GRAYSCALE), desc);
```

```
for (int i = 0; i < featureSize; i++)
  queries.ptr<float>(3)[i] = desc[i];
cv::Mat predictions;

// 测试分类器
svm->predict(queries, predictions);
for (int i = 0; i < 4; i++)
  std::cout << "query: " << i << ": " <<
              ((predictions.at<float>(i,) < 0.0)?
                  "Negative" : "Positive") << std::endl;
```

如果训练分类器的样本具有代表性，它就应该能够对新样本做出正确的判断。

14.4.3 实现原理

在这个识别停止路牌的案例中，8100 维 HOG 空间中的一个点表示一个实例。维度这么高的空间显然是不可能直接显示的，但是支持向量机的本质是要得到一条边界，用以分割属于一个类和属于其他类的点集。具体来说，这条边界其实就是一个单一的超平面。将二维空间中的实例用二维点来表示就很容易理解了，这时的超平面就是一条直线。

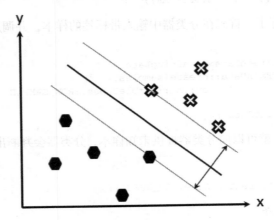

显然，这只是一个简化的例子。但是从概念上讲，二维空间和 8100 维空间的处理方法是一样的。上面的图片说明了如何用一条直线正确地分割两种类别的点。在这个例子中，有很多直线都可以作为分割线，问题在于如何选择最佳的直线。回答这个问题前要先明白，创建分类器时使用的样本只是实际应用中可能遇到的实例的一小部分。因此分类器不仅要能够正确地分割现有样本，还要能对新增的实例做出最佳判断。这一概念通常叫作分类器的**泛化能力**。直观点看，我们认为分割超平面应该在两个类的中间，到两边的距离相等。如果用更正式的语言来说，根据 SVM 理论，超平面与预定义边界之间的边缘应该达到最大化。**边缘**的定义为，分割超平面和最近的正样本点之间的距离，加上超平面与最近的负样本点之间的距离。这些最近的点（计算边缘的点）称作**支持向量**。根据 SVM 的数学原理，有一个优化函数可以标识出这些支持向量。

但是实际的分类问题不可能那么简单。如果样本点的分布如下图所示，该如何处理？

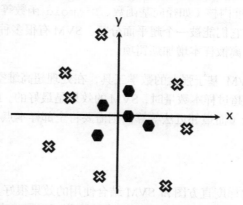

这种情况下，已经不能用简单的超平面（就是本例中的直线）来分割样本。为此，SVM 引入了人工变量，通过某些非线性变换，在更高的维度空间求解问题。在上述例子中，可考虑把与原点的距离作为附加变量，即计算每个样本点的 $r = sqrt(x^2 + y^2)$。现在已经转换为三维空间；为了简化，只画出 (r, x) 平面上的点：

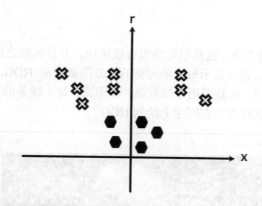

显然，现在已经可以用单一的超平面来分割样本点了。这意味着必须在新的维度空间中匹配支持向量。在 SVM 中，并不需要把全部点都转换到新的维度空间，只需要定义一种方法，衡量样本点到超平面在高维空间中的距离。SVM 定义了一些**内核函数**，可以计算这个距离，而且不需要计算样本点在高维空间中的坐标。它使用了一个数学技巧，可以在（人为的）高维空间中快速计算出能产生最大边缘值的支持向量。正因为如此，在使用支持向量机时必须指定所用的内核。使用了这些内核，才能把非线性分割转换成内核空间的分割。

不过有一点非常重要。因为支持向量机经常用来处理非常高的维度空间（例如前面的 8100 维）内的特征，可以用单一超平面分割样本的概率就非常大。因此最好不要使用非线性的内核（准确地说，就是要使用线性内核，即 `cv::ml::SVM::LINEAR`），不要在原始的特征空间内处理问

14

题，这样分类器的计算会比较简单。但对于更加复杂的分类问题，非线性内核仍是非常有效的工具。OpenCV 提供了一批标准内核（如径向基函数、Sigmoid 函数等），它们的作用是把样本转换到更大的非线性空间，使它们能被一个超平面分割。SVM 有很多种类，最常见的是 C-SVM，它会对被超平面错误划分的离散样本增加惩罚项。

最后需要强调一点，SVM 基于强大的数学工具，在处理超高维空间的特征时效果很好。实践表明，当特征空间的维度超过样本数量时，SVM 的效果是最好的。此外，SVM 占用内存很少，因为它只需要存放支持向量（而最邻近法等算法则需要将全部样本点存放在内存中）。

14.4.4　扩展阅读

构建分类器时，将方向梯度直方图和 SVM 结合使用的效果很好。原因之一是 HOG 可以看作是一个鲁棒的高维描述子，能准确反映一个类别的本质特征。HOG-SVM 分类器已经有很多成功的应用案例，例如行人检测。

最后，作为本书的结尾，本节将讨论机器学习的最新趋势，它将为计算机视觉和人工智能带来革命性的变化。

1. HOG 的可视化

HOG 是根据单元格创建的，这些单元格组合成区块，并且区块之间可以重叠，因此很难对它进行直观显示。不过可以通过显示每个单元格的直方图来表示 HOG。显示方向直方图时，不用与箱子方向一致的柱状图，而是采用更加直观的星形图，每个线条的方向与箱子对应，长度与箱子数量成正比。可以用这种方法在图像上绘制 HOG。

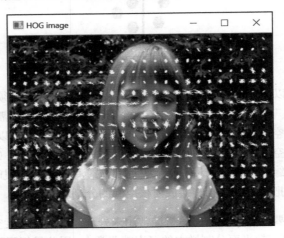

每个单元格的 HOG 都可以由一个简单的函数产生，函数输入为一个指向直方图的迭代器。然后显示每个箱子对应的特定方向和长度的线条：

```
// 画出一个单元格的 HOG
void drawHOG(std::vector<float>::const_iterator hog,
                    // HOG 迭代器
            int numberOfBins, // HOG 中的箱子数量
            cv::Mat &image, // 单元格的图像
            float scale=1.0) { // 长度缩放比例

  const float PI = 3.1415927;
  float binStep = PI / numberOfBins;
  float maxLength = image.rows;
  float cx = image.cols / 2.;
  float cy = image.rows / 2.;

  // 逐个箱子
  for (int bin = 0; bin < numberOfBins; bin++) {

    // 箱子方向
    float angle = bin*binStep;
    float dirX = cos(angle);
    float dirY = sin(angle);
    // 线条长度，与箱子大小成正比
    float length = 0.5*maxLength* *(hog+bin);

    // 画线条
    float x1 = cx - dirX * length * scale;
    float y1 = cy - dirY * length * scale;
    float x2 = cx + dirX * length * scale;
    float y2 = cy + dirY * length * scale;
    cv::line(image, cv::Point(x1, y1), cv::Point(x2, y2),
            CV_RGB(255, 255, 255), 1);
  }
}
```

HOG 可视化函数可以对每个单元格调用上面的函数：

```
// 在图像上绘制 HOG
void drawHOGDescriptors(const cv::Mat &image, // 输入图像
        cv::Mat &hogImage, // 结果 HOG 图像
        cv::Size cellSize, // 每个单元格的大小（忽略区块）
        int nBins) {       // 箱子数量

  // 区块大小等于图像大小
  cv::HOGDescriptor hog(
        cv::Size((image.cols / cellSize.width) * cellSize.width,
            (image.rows / cellSize.height) * cellSize.height),
        cv::Size((image.cols / cellSize.width) * cellSize.width,
            (image.rows / cellSize.height) * cellSize.height),
        cellSize,    // 区块步长（这里只有一个区块）
        cellSize,    // 单元格大小
        nBins);      // 箱子数量
  // 计算 HOG
  std::vector<float> descriptors;
  hog.compute(image, descriptors);
  ...
```

```
float scale= 2.0 / *
            std::max_element(descriptors.begin(),descriptors.end());
hogImage.create(image.rows, image.cols, CV_8U);
std::vector<float>::const_iterator itDesc= descriptors.begin();
for (int i = 0; i < image.rows / cellSize.height; i++) {
  for (int j = 0; j < image.cols / cellSize.width; j++) {
    // 画出每个单元格
      hogImage(cv::Rect(j*cellSize.width, i*cellSize.height,
              cellSize.width, cellSize.height));
    drawHOG(itDesc, nBins,
            hogImage(cv::Rect(j*cellSize.width,
                        i*cellSize.height,
                        cellSize.width, cellSize.height)),
            scale);
    itDesc += nBins;
  }
 }
}
```

这个函数计算的 HOG 描述子有固定的单元格大小，但只有一个很大的区块（即区块与图像的大小相等）。这种模型避免了每个区块归一化的影响。

2. 行人检测

OpenCV 提供了一个基于 HOG 和 SVM 且经过训练的行人检测器。和上一节的级联分类器一样，可以用这个 SVM 分类器以不同尺度的窗口扫描图像，在完整的图像中检测特定物体。只需构建分类器并进行检测即可：

```
// 创建检测器
std::vector<cv::Rect> peoples;
cv::HOGDescriptor peopleHog;
peopleHog.setSVMDetector(
cv::HOGDescriptor::getDefaultPeopleDetector());
// 检测图像中的行人
peopleHog.detectMultiScale(myImage, // 输入图像
        peoples,          // 输出矩形列表
        0,          // 判断检测结果是否有效的阈值
        cv::Size(4, 4),   // 窗口步长
        cv::Size(32, 32), // 填充图像
        1.1,              // 缩放比例
        2);               // 分组阈值
```

窗口步长决定了这个 128×64 的模板在图像上移动的方式（这里是水平和垂直方向每次移动4 个像素）。步长越大，检测速度就越快（因为计算的窗口少），但是可能会丢失窗口之间的行人。填充图像参数只是为了在图像边框上添加一些像素，以便检测到图像边缘的行人。SVM 分类器的标准阈值是 0（1 表示正样本，–1 表示负样本）。如果你要确保检测到的图片一定有一个人，可以提高阈值（这意味着提高**检测准确度**，但可能会漏掉一些人）；反之，如果要确保检测到所有行人（即希望有较高的**召回率**），那就要降低阈值，但这样可能会有更多的错误结果。

下图是检测结果。

有一点很重要，在完整的图像上使用分类器时，会在连续的位置上使用多个窗口，这样就会在正样本附近得到多个检测结果。当同一位置上有两个或两个以上矩形时，最好只保留一个。函数 `cv::groupRectangles` 可以把位置相近、大小相似的矩形合并（`detectMultiScale` 会自动调用该函数）。实际上，如果在同一位置检测到多个结果，甚至可以据此判定这个位置真的有正实例。基于这种现象，`cv::groupRectangles` 函数中可以设定一个最小集群值，超过这个值就判定结果为真实的（孤立的检测结果将会被丢弃）。这是 `detectMultiScale` 的最后一个参数，设为 0 表示保留所有检测结果（不分组）。上述例子采用该参数，得到的结果如下所示。

3. 深度学习与卷积神经网络

说到机器学习，就不能不提到深度卷积神经网络。采用深度卷积神经网络处理计算机视觉的分类问题已经获得了极大成功。它处理实际问题的效果非常好，为很多前所未有的应用程序打开了大门。

深度学习的理论基础是 20 世纪 50 年代后期引入的神经网络。它现在为何如此引人注目？主要有两个原因。首先，如今的计算能力已经足以支撑大型神经网络，解决一些高难度的问题。第

14

一代神经网络（感知器）只有一层，可调节的权重参数也很少；而现在的神经网络可以有几百层，更有数以百万计的优化参数（故名深度神经网络）。第二，现在有海量数据可用于训练。在实际应用中，深度神经网络要想得到最佳效果，可能需要上千乃至百万个带标注的样本（因为需要优化的参数非常多）。

最常见的深度神经网络就是**卷积神经网络**（Convolutional Neural Networks，CNN）。从名称就能看出，它基于卷积运算（详情请参见第 6 章）。它的学习参数就是组成网络的滤波器内核的数值。滤波器被分成很多层，前面的层负责提取基本形状（例如线条和角点），后面的层负责进一步检测更复杂的图案（例如人脸检测的眼睛、嘴巴、头发等）。

OpenCV 3 中有一个**深度神经网络**模块，但它主要用来导入用其他工具训练得到的深度神经网络，这些工具包括 TensorFlow、Caffe、Torch 等。要开发先进的计算机视觉应用程序，就一定要了解深度学习理论和相关的工具。

14.4.5 参阅

- □ 9.3 节介绍了与 HOG 非常相似的 SIFT 描述子。
- □ N. Dalal 和 B. Triggs 于 2005 年发表在 *Computer Vision and Pattern Recognition conference* 上的 "Histograms of Oriented Gradients for Human Detection" 是用方向梯度直方图进行行人检测的经典论文。
- □ Y. LeCun、Y. Bengio 和 G. Hinton 于 2015 年发表在 *Nature* 第 521 期的 "Deep Learning" 是有关深度学习的极好入门资料。